U0036734

深智數位
股份有限公司

深智數位
股份有限公司

推薦序
FOREWORDS

　　第一次和馮輝接觸是幾年前他邀請我參加濟南 .NET 俱樂部的活動，當時我因工作原因未能赴約，到現在仍深感遺憾。在年初的時候得知他正在撰寫一本講解 .NET 框架的書，又有幸被邀請為該書寫序，在忐忑之餘，我也想借這個機會介紹一下自己在 .NET 這條路的心路歷程供讀者參考。

　　在程式設計道路上，有兩件事對我產生過很大的影響。第一件事可以追溯到 10 年前我第一次接觸程式設計時，當時我使用 .NET 中的 XNA 框架和 WP 框架開發了我的第一款手機 RPG 遊戲並在 Lumia 820 上執行。這次成功開發遊戲的經歷極大地增強了我對從事程式設計的信心和對 .NET 的興趣。之後因為工作的需要，我對 WPF、WCF 和 ASP.NET 等不同方向的 .NET 技術都有所涉獵。第二件事可以追溯到 Microsoft 宣佈第一個開放原始碼的 .NET 版本 ASP .NET VNext 時，當時我就對 VNext 產生了極大的興趣。在學習和推廣 VNext 時，我結識了 Alex LEWIS、He Zhenxi、Xie Yang 等好友，之後我們一起建立了 NCC（.NET Core Community）社區。

　　最初，.NET Core 提供英文文件作為為數不多的使用參考，所以 NCC 社區剛剛成立時，我們做的第一件事是翻譯 ASP.NET Core 最初版本的英文文件。得益於 Microsoft 的開放原始碼策略，學習 .NET Core 的另一個途徑就是閱讀 GitHub 官網上的原始程式碼，我也由此養成了閱讀開放原始碼專案程式的習慣，並且受益至今。受萬物皆「Services」並且完全管線化的 ASP.NET Core 框架的啟發，我設計了 AspectCore AOP 庫，也在從事雲端原生開發之後在 Go 語言上繼續參考 ASP.NET Core 實現了以相依性插入作為核心的模組化開發框架。

即使對 .NET Core 已經相對熟悉，我在閱讀本書樣稿之後還是感覺眼前一亮。本書由淺入深地介紹了 .NET Core 框架的核心部分，如相依性插入、設定與選項、中介軟體、快取、日誌、多執行緒等。我相信，不管是 .NET Core 的初學者，還是想要繼續進階的中高級開發工程師，都能從這本書中獲得很大的幫助。

近幾年技術浪潮興替，從大數據、行動網際網路、雲端運算技術的興起，再到如今人工智慧、雲端原生技術的流行，.NET Core 完成了從執行時期、BCL（Base Class Library，基礎類別庫）到開發框架的一系列蛻變。得益於分層編譯、重新實現的集合類別、Span、網路 / 檔案 I/O 等諸多細節的最佳化，.NET Core 不僅在最新幾輪的 TechEmpower 性能評測中名列前茅，還可以搭配 C#，使 .NET Core 成為事實上的雲端原生應用程式開發的最佳平台之一。謹以此序和同為 .NET Core 的使用者及同好共勉之。

Apache SkyWalking PMC、NCC 社區創始人　劉浩楊

於杭州

前言
PREFACE

隨著 .NET 技術的發展，湧現出眾多的設計思想和核心概念。值得開發人員關注的技術點有很多，如 ASP.NET Core 模組的設計、跨平台偵錯與部署等。

.NET 已經成為一種熱門的現代技術系統，從 .NET 徹底邁向跨平台和開放原始碼開始，已經歷經了約 10 個版本。新一代的 .NET 平台以擁抱雲端原生為核心，擁有更小的體積、更少的資源佔用和更快的啟動速度，並且支援水平擴充。

筆者也算是一個親歷者，從 .NET Core 1.0 到現在，是一個從重生到繁榮的成長階段，.NET 生態更加開放，開放原始碼社區越來越活躍，不僅支援傳統的 x86 架構系統，還支援 ARM 架構，並且獲得了諸多新興架構系統的踴躍支援，同時在工業、IoT、車聯網等領域獲得了廣泛運用。無論是從社區參與度，還是從 NuGet 的下載量，都不難看出 .NET 的發展速度。

.NET 具備原生的跨平台部署能力，是一種用於建構多端應用的開放平台。使用 .NET 可以建構桌面應用、雲端服務、嵌入式應用及機器學習應用等，讀者可以從 GitHub 官網的 dotnet 組織中獲取它所有的原始程式碼。

電腦科學家 Alan J. Perlis 曾說過：「不能影響你的程式設計思維方式的語言不值得學習和使用。」由此可知，「思維」非常重要，只有了解一門程式語言或框架的基礎模型與核心設計，才能將其應用到日常的程式設計中。

框架的設計過程是非常複雜的，筆者偏向於將複雜問題簡單化，先研究它的實現方式，再了解它的設計模式，透過這一層層的推導過程，慢慢地了解整體脈絡。閱讀原始程式碼是一個枯燥但會帶來收穫的過程。在本書中，筆者將框架設計方法，以及它們的實現（可擴充性）方式毫無保留地寫下來。

本書整合了筆者在工作中使用 .NET 開發應用程式的撰寫經驗和偵錯經驗，同時結合了筆者關於 Linux 平台和容器雲端平台的使用經驗。透過本書，筆者將介紹每個模組的核心設計與實現，因為要想在生產環境中大規模使用，就需要在這個複雜而龐大的專案中抓到主線，了解內部的實現和偵錯技術，以便快速定位問題和解決問題。

本書對 ASP.NET Core 的部分核心內容進行了深入解析，在這個基礎上延伸內容，以及自訂擴充實例，初學者可以更深入地了解 ASP.NET Core 內部的運作方式。本書也涵蓋了很多基礎知識，如垃圾回收、偵錯、執行緒等，除此之外，增加了部署方面的內容，將應用程式部署到宿主機、Docker 和 Kubernetes 中。

筆者透過對 .NET 技術的原理進行剖析及實例的演示，幫助讀者快速熟悉框架的核心設計及實現原理。希望讀者在閱讀完本書後，能夠將書中的內容學以致用，使用 .NET 建構出高性能的應用程式，同時為開放原始碼社區貢獻一份心力。

關於勘誤

完成本書絕不是一件簡單的事情。雖然筆者力爭保證內容的準確性，並且花費了很長的時間和大量的精力核心對書中的文字和內容，但個人水準有限，書中難免存在一些不足之處，望讀者們批評指正。歡迎發送郵件至 hueifeng2020@outlook.com，期待您的回饋。

致謝

感謝鄒溪源、嚴振範、鍋美玲、李衛涵、胡心（Azul X）、管生玄、黃新成（最前線藍領程式設計師）和周傑等人對本書的審核和校對，同時感謝家人、朋友和同事在筆者撰寫本書期間給予的支援與鼓勵。

感謝符隆美編輯對我的悉心指導，她對本書的審核和建議使我的寫作水準有了很大的提昇，在此表示感謝！

本書的完整程式碼放在 Github，網址為：https://github.com/hueifeng/dotnet-Tutorial-Code，讀者可以隨時去下載最新版的程式。

目錄
CONTENTS

2 | .NET 執行原理概述

3 | ASP.NET Core 應用程式的多種執行模式

4 | 相依性插入

5 | 設定與選項

6　使用 IHostedService 和 BackgroundService 實作背景工作

7 | 中介軟體

8 | 快取

9 當地語系化

10 │ 健康檢查

11 │ 檔案系統

12 | 日誌

13 ｜ 多執行緒與工作平行

14 │ 執行緒同步機制和鎖定

15 │ 記憶體管理

16 | 診斷和偵錯

17 | 編譯技術精講

18 | 部署

第 1 章

.NET 概述和環境安裝

　　隨著 .NET 技術的發展，從 .NET Framework 到 .NET Core 和後續的 .NET 5、.NET 6、.NET 7 及更新版本，.NET 已經成為一種熱門的現代技術系統。從 .NET 徹底邁向跨平臺和開放原始碼開始，已經歷經了約 10 個版本。新一代的 .NET 平臺以擁抱雲端原生為核心，擁有更小的體積、更少的資源佔用和更快的啟動速度，並且支援水平擴充。.NET 的許多新特性也都積極貼近時代特徵，成為行業發展的風向球。

　　.NET 已擁有開放的生態系統，不僅支援傳統的 x86 架構系統，還支援 ARM 架構，並且獲得了諸多新興架構系統的踴躍支援，同時在工業、IoT、車聯網等領域獲得了廣泛應用。.NET 開發人員社區也越來越活躍，每年都有數以萬計的開發人員投入 .NET 的開發陣營進行上下游應用的開發。

透過本章的學習，讀者可以初步認識 .NET，並了解其發展歷史。在這個初識過程中，有的讀者可能不太了解 .NET 平臺的一些術語與縮寫，可能會有一頭霧水的感覺，筆者會挑選一些重要的內容進行講解。

1.1 .NET 框架簡介

當提到 .NET 時，有的讀者可能會想到 .NET Framework。很多讀者隱約記得類似於 WebForms、WCF、Remoting 等傳統的 .NET Framework（.NET 框架），它們與 Windows 深度綁定，因此，一度跟隨 Windows 獲得了高速的發展。

但時代已悄然改變，跨平臺已經成為當今開發語言環境的一大基本要求，.NET Framework 的時代已經一去不復返，昔日只能在 Windows 上執行的 .NET Framework 已經成為昨日黃花。從 2014 年的 .NET Core 開始，.NET 已經徹底走向了跨平臺和開放原始碼，不僅如此，自 .NET Core 開始，.NET 已經越來越強大，發展成目前能夠同時在 Windows、Linux、Mac、iOS、Android 等多平臺上執行的統一平臺。

1.1.1 .NET Core 簡介

.NET Core 是 .NET 技術走向開放原始碼的一個象徵，是衍生自 .NET Framework 的新一代 .NET 框架。與 .NET Framework 相比，開放原始碼、跨平臺是 .NET Core 的顯著特點。Microsoft 也將整個 .NET Core 交給 .NET 基金會進行管理，.NET Core 已經成為該基金會管理的主要開放原始碼專案之一。

.NET Core 於 2014 年 11 月 12 日公佈，並於 2016 年發佈 .NET Core 1.0 版本。.NET Core 是 .NET Framework 的下一個版本。

.NET Core 支援的語言套件包括 C#、F#、Visual Basic .NET 和 C++/CLI，具有 Windows 和 macOS 安裝程式，以及 Linux 安裝套件和 Docker 鏡像。

.NET Core 具有許多優點，下面列舉其中的幾個。

- 跨平臺：可以在 Windows、Linux 和 macOS 上執行。

- 跨系統架構一致性：支援多種架構系統（如 x64、x86 和 ARM）。

- 命令列工具：.NET Core 所有的執行指令稿都可以透過命令列工具執行。

- 部署靈活：多樣化與靈活性的部署方式。

- 相容：.NET Core 透過 .NET Standard 與 .NET Framework、Xamarin 和 Mono 相容。

- 開放原始碼：.NET Core 是開放原始碼的，使用 MIT 許可證。另外，.NET Core 是 .NET Foundation（.NET 基金會）專案。

- 擴充性：.NET Core 是一個模組化、輕量級，以及具有靈活性和深度擴充性的框架。

　　.NET Core 包括 .NET 編譯器平臺 Roslyn、.NET Core 執行時期 CoreCLR、.NET Core 框架 CoreFX 和 ASP.NET Core。由於 ASP.NET Core 是 .NET Core SDK 的一部分，因此無須單獨安裝。.NET Core 元件如圖 1-1 所示。

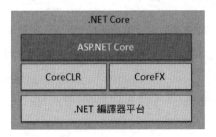

▲ 圖 1-1　.NET Core 元件

　　.NET Core 3.1 之前的版本一直採用 .NET Core 這個名稱，而 .NET Core 3.1 後續的版本直接被命名為 .NET 5。為了避免與 .NET Framework 的版本編號發生衝突，它跳過了版本編號 4，而 .NET Core 也完成了它的使命，成為一個歷史名詞。

　　.NET 又分為 .NET 執行時期（.NET Runtime）和 .NET SDK（Software Development Kit，軟體開發套件）。.NET 執行時期的安裝套件的體積比較小，僅包含執行時期的相關資源，可以作為部署生產環境時的基礎元件，.NET 應用程式必須相依性它才能執行。而 .NET SDK 不僅包含 .NET 執行時期的相關資源，還包含開發應用程式時所相依性的相關資源。如果要開發 .NET 應用程式，則需要安裝 .NET SDK。

　　.NET 的產品路線圖如圖 1-2 所示，由此可知，未來每年都會發佈新版本的 .NET。

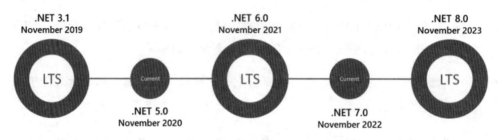

▲ 圖 1-2　.NET 的產品路線圖

1.1.2　.NET Standard 簡介

　　.NET Standard（.NET 標準）的原稱為 .NET 平臺標準（.NET Platform Standard）。.NET Standard 適用於所有 .NET 實作的 API，主要用於統一平臺，是一種可用於 .NET Core、Xamarin 和 .NET Framework 的可移植函式庫。也就是說，.NET Standard 是一個基礎類別庫。.NET Standard 支援的技術廣泛，如支援 .NET Framework、.NET Core 及後續的 .NET 版本、MAUI（前身為由 Mono 基金會推出的 Xamarin，後被 Microsoft 收購，並且 MAUI 支援使用 C# 開發 Android、iOS 等行動端的原生應用）和 Unity 等，並且包含基礎類別庫，如集合類別、I/O、網路、資料存取 API、執行緒 API 等。

　　.NET Standard，顧名思義，是一個標準、不包含具體的實作。.NET Standard 定義了一套標準的介面，透過這一套標準的介面設計，反而促成了一個意想不到的結果，即 .NET Core 的誕生。

　　.NET 平臺由 .NET Framework、.NET Core 和 Xamarin 這三大技術分支組成，如圖 1-3 所示。

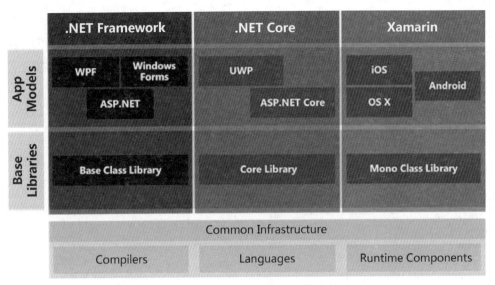

▲ 圖 1-3 .NET 平臺的三大技術分支

如圖 1-3 所示，每個技術分支都具有一個基礎函式庫（Base Library）。為了解決程式重複使用的問題，推出了一個統一的基礎類別庫，這個統一的基礎類別庫稱為 .NET Standard。圖 1-4 所示為 .NET Standard 的布局，.NET Standard 為 .NET Framework、.NET Core 和 Xamarin 提供了統一的 API，這個統一的 API 可以被所有類型的應用程式做程式重複使用。

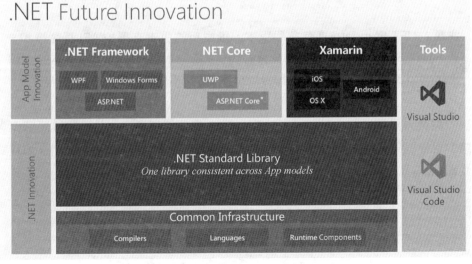

▲ 圖 1-4 .NET Standard 布局

.NET Standard 提供的 API 隨著版本而豐富。另外，.NET Standard 也是 PCL（Portable Class Library，可移植類別庫）的替代品。開發人員可以透過 .NET Standard 來開發支援多平臺的應用程式，如圖 1-5 所示，不同的框架版本對應不同的 .NET Standard 版本。

.NET Standard	1.0	1.1	1.2	1.3	1.4	1.5	1.6	2.0	2.1
.NET	5.0	5.0	5.0	5.0	5.0	5.0	5.0	5.0	5.0
.NET Core	1.0	1.0	1.0	1.0	1.0	1.0	1.0	2.0	3.0
.NET Framework	4.5	4.5	4.5.1	4.6	4.6.1	4.6.1 [2]	4.6.1 [2]	4.6.1 [2]	N/A[3]
Mono	4.6	4.6	4.6	4.6	4.6	4.6	4.6	5.4	6.4
Xamarin.iOS	10.0	10.0	10.0	10.0	10.0	10.0	10.0	10.14	12.16
Xamarin.Mac	3.0	3.0	3.0	3.0	3.0	3.0	3.0	3.8	5.16
Xamarin.Android	7.0	7.0	7.0	7.0	7.0	7.0	7.0	8.0	10.0
Universal Windows Platform	10.0	10.0	10.0	10.0	10.0	10.0.16299	10.0.16299	10.0.16299	TBD
Unity	2018.1	2018.1	2018.1	2018.1	2018.1	2018.1	2018.1	2018.1	TBD

▲ 圖 1-5 不同的框架版本對應不同的 .NET Standard 版本

注意：.NET Standard 具有多個版本，每個新的版本支援的 API 都會增加一些。.NET Standard 的版本越新支援的 API 就越多（但這也意味著舊版本的 .NET Standard 支援的 API 少），同時可以相容的舊版本也就越多。

開發人員可以建立基於 .NET Standard 的類別庫專案，並且將該類別庫專案的目標框架（TargetFramework 屬性）定義為 netstandard{version}，如程式 1-1 所示。

▼ 程式 1-1

```
<Project Sdk="Microsoft.NET.Sdk">
   <PropertyGroup>
    <TargetFramework>netstandard2.1</TargetFramework>
    </PropertyGroup>
</Project>
```

目前，.NET Standard 的最新版本為 2.1，並且已經封存，未來將不再發佈新版本的 .NET Standard，但 .NET 5、.NET 6 及所有將來的版本將繼續支援 .NET Standard 2.1 及更早的版本。.NET Standard 不僅不會成為歷史名詞，還將繼續成為許多 .NET 家族成員之間賴以共用的底層標準。

1.2 │ .NET 的開發環境

受到 .NET 開發人員廣泛歡迎的整合式開發環境（Integrated Development Environment，IDE）是被稱為「宇宙最強 IDE」的 Visual Studio，它包括整個軟體生命週期中所需要的大部分工具，如 UML 工具、程式控管工具、IDE 等。Visual Studio 提供了社區版、專業版和企業版，社區版是完全免費的，專業版和企業版需要付費購買。Microsoft 這款為開發人員精心打造的開發工具，不僅能用於常規的 .NET 應用程式開發，還能用來開發 Python、Java、前端等多種語言的應用。目前，Visual Studio 不僅能在 Windows 平臺上使用，還能在 mac OS 平臺上使用，開發人員使用 mac OS 版本能夠獲得與 Windows 版本相同的操作功能。

圖 1-6 所示為 Visual Studio 在 mac OS 中的介面，可以看到，該介面與 Visual Studio 在 Windows 平臺上的介面類似。

▲ 圖 1-6 Visual Studio 在 mac OS 中的介面

　　除了 Visual Studio，還可以使用 Visual Studio Code 和 Rider。Visual Studio Code 是免費且提供全平臺（Windows、macOS 和 Linux）支援的 IDE，支援語法高亮、程式自動補全、程式重構功能，並且內建了命令列工具和 Git 版本控制系統。使用者不僅可以透過更改主題和鍵盤快速鍵實現個性化設定，還可以透過內建的市集安裝擴充外掛程式以拓展軟體功能，如 Visual Studio Code 程式自動補全，如圖 1-7 所示。

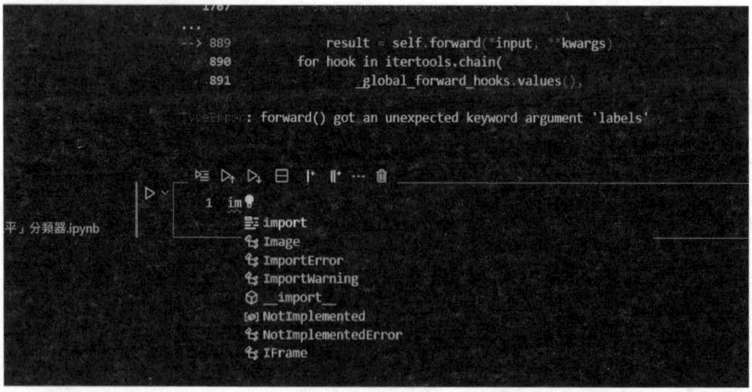

▲ 圖 1-7 Visual Studio Code 程式自動補全

Rider 是 JetBrains 公司開發的專注於 .NET 的 IDE，並且是跨平臺的 IDE。開發人員可以在 Windows、macOS 和 Linux 平臺上使用 Rider。Rider 提供了 30 天的試用權，並且支援學校、開放原始碼專案、社區組織等申請啟動碼，當然，也可以直接購買它的授權碼。

除了上述 3 種開發工具，還有一種備受社區開發人員支援的開發工具——LINQPad。LINQPad 是針對 .NET Framework 和 .NET Core 開發的實用工具，用於 LINQ 互動式查詢 SQL 資料庫，以及互動式撰寫 C# 程式，而無須 IDE。LINQPad 可以作為通用的「測試工作環境」，利用該工作環境，開發人員可以在 Visual Studio 外部快速為 C# 程式建立原型。圖 1-8 所示為利用 LINQ 在 LINQPad 中查詢資料。

下面先介紹 Visual Studio 和 Visual Studio Code 的安裝過程，讀者可以根據自己的喜好選擇感興趣的工具自行安裝。

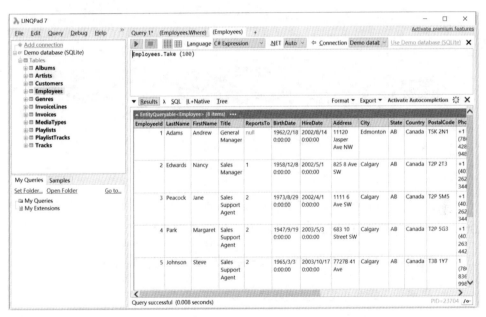

▲ 圖 1-8 利用 LINQ 在 LINQPad 中查詢資料

1.2.1 安裝 Visual Studio

開啟 Visual Studio 官網，點擊 Visual Studio 板塊的「下載 Visual Studio」下拉按鈕，在彈出的下拉清單中任意選擇一個版本即可下載 Visual Studio，如圖 1-9 所示。

▲ 圖 1-9 Visual Studio 板塊

點擊如圖 1-9 所示的「下載 Visual Studio」下拉按鈕，即可下載 Visual Studio 2022，而 Visual Studio 2022 包含以下幾個版本。

- 社區版：完全免費的 IDE，適合學生和個人開發人員使用。

- 專業版：適合小型開發團隊使用。

- 企業版：適合中型和大型企業使用。

關於上述 3 個版本的詳細功能，讀者可以透過 Visual Studio 官網的資料進行對比。另外，上述 3 個版本可同時安裝在同一台電腦上，因為這 3 個版本是相互獨立的。

下載完 Visual Studio 安裝程式後，執行安裝程式，如圖 1-10 所示。在 Visual Studio 安裝程式對話方塊中點擊「工作負載」標籤，開發人員可以根據需要，隨選安裝 ASP.NET 和 Web 開發、桌面應用程式開發、遊戲開發等環境。

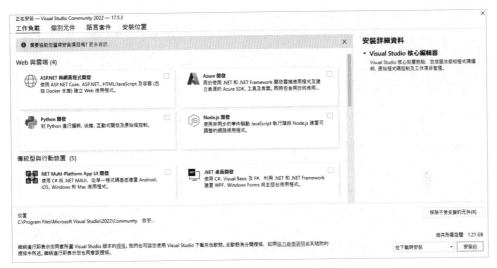

▲ 圖 1-10 Visual Studio 2022 安裝程式的執行

例如，建立一個 C# 應用程式，啟動 Visual Studio，在 Visual Studio 2022 視窗中可以看到「開始使用」欄，如圖 1-11 所示，點擊「建立新的專案」連結。

開啟如圖 1-12 所示的「建立新專案」視窗，選擇的語言為 C#，選取「主控台應用程式」專案範本，點擊「下一步」按鈕。

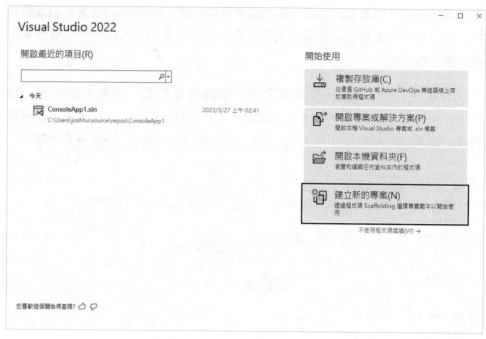

▲ 圖 1-11 Visual Studio 2022 視窗

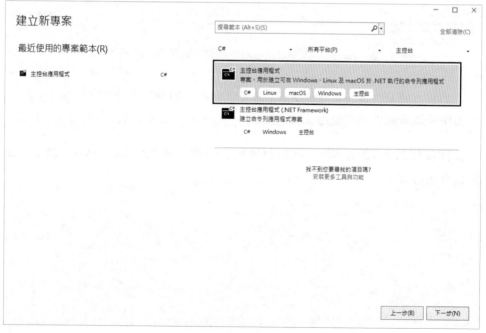

▲ 圖 1-12 「建立新專案」視窗

開啟如圖 1-13 所示的「設定新的專案」視窗，在「專案名稱」文字標籤中輸入 ConsoleApp1，點擊「下一步」按鈕。

▲ 圖 1-13 「設定新的專案」視窗

開啟如圖 1-14 所示的「其他資訊」視窗，選擇目標框架的版本作為專案的版本，點擊「建立」按鈕。

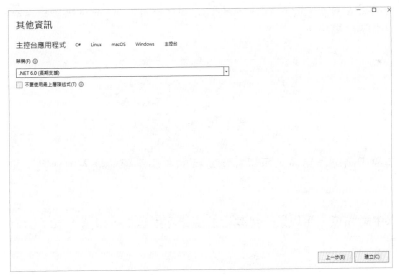

▲ 圖 1-14 「其他資訊」視窗

先在「方案總管」面板中選擇 ConsoleApp1 檔案,再到程式編輯器中增加一個實例(整數運算),如圖 1-15 所示,

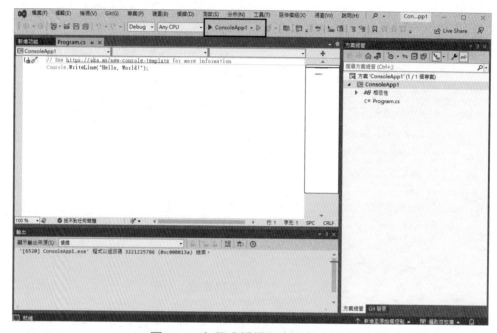

▲ 圖 1-15 在程式編輯器中增加一個實例

當需要執行應用程式時,按 F5 鍵,隨後開啟一個主控台視窗,如圖 1-16 所示,輸出執行結果。

▲ 圖 1-16 主控台視窗

當需要中斷點偵錯時,可以在指定行的左側點擊並插入中斷點,如圖 1-17 所示。

插入中斷點後,可以進一步執行並偵錯應用程式,如圖 1-18 所示,偵錯並查看變數。

▲ 圖 1-17 插入中斷點

▲ 圖 1-18 偵錯並查看變數

1.2.2 安裝 Visual Studio Code

開啟 Visual Studio Code 官網，如圖 1-19 所示，可以看到，Visual Studio Code 支援 macOS、Windows 和 Linux，選擇對應的版本下載即可。

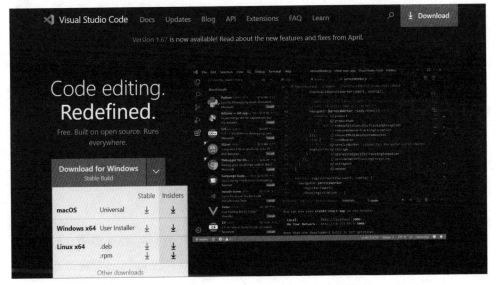

▲ 圖 1-19 Visual Studio Code 官網

Visual Studio Code 安裝套件下載完成後，按兩下安裝套件可以直接安裝，安裝成功後還需要下載並安裝 .NET SDK。

開啟 .NET SDK 的下載頁面，點擊頁面中的 Download .NET SDK x64 按鈕，下載 .NET SDK 安裝套件。.NET SDK 的下載頁面如圖 1-20 所示。

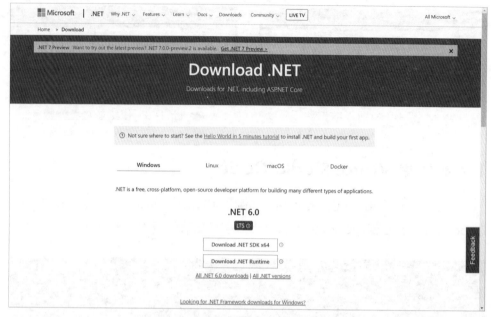

▲ 圖 1-20 .NET SDK 的下載頁面

下載完成後,執行安裝套件,將 .NET SDK 安裝到本地環境中,在如圖 1-20 所示的頁面中不僅可以下載 .NET SDK 安裝套件,還可以下載 .NET 執行時期 (.NET Runtime)安裝套件。

1.2.3 設定 Visual Studio Code 環境

在安裝完 .NET SDK 後,還需要安裝開發 .NET 應用程式所需的 C# 擴充外掛程式,在 Visual Studio Code 編輯器左側的「擴充工具列」中搜尋 C# 安裝即可,如圖 1-21 所示。

▲ 圖 1-21 安裝 C# 擴充外掛程式

在外掛程式安裝完成後，重新啟動編輯器，並使用 dotnet CLI 工具在 Visual Studio Code 終端中建立一個主控台實例，如程式 1-2 所示。

▼ 程式 1-2

```
mkdir dotnet
cd dotnet
dotnet new console
code .
```

在執行完上述命令後，不僅建立了一個主控台實例，還透過 code. 命令開啟了 Visual Studio Code 編輯器，並且會載入當前建立的目錄，如圖 1-22 所示。

▲ 圖 1-22　Visual Studio Code 編輯器

1.2.4　Visual Studio Code 偵錯

使用 Visual Studio Code 開啟 .NET 專案後，右下角會出現一個通知提示，如圖 1-23 所示，提示是否為該專案建立編譯和偵錯檔案。

▲ 圖 1-23　通知提示

點擊 Yes 按鈕，可以看到專案檔案中會多出一個名為 .vscode 的資料夾，如圖 1-24 所示。.vscode 資料夾中包含兩個檔案：tasks.json 是工作設定檔，用於放置命令工作；launch.json 是偵錯器設定檔。

在這些條件必備的情況下，就可以在程式中進行打斷點和偵錯。首先，開啟 .cs 檔案，在某行程式的左側點擊，此時會顯示「小紅點」，這說明已經成功增加了中斷點；然後，按 F5 鍵偵錯主控台實例，如圖 1-25 所示。

▲ 圖 1-24 .vscode 資料夾

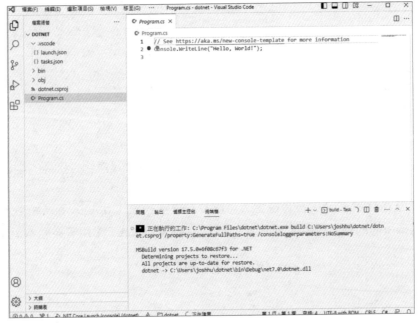

▲ 圖 1-25 偵錯主控台實例

1.2.5 .NET CLI

事實上，CLI（Command-Line Interface，命令列介面）本身也可以作為一種開發手段，開發人員可以在不方便安裝開發工具的情況下，使用 CLI 進行 .NET 專案的建立、編譯、執行等操作。

在安裝 .NET SDK 時，.NET CLI 也會隨著工具鏈一併安裝。開發人員可以透過在主控台視窗中輸入 dotnet-version 命令來查看電腦安裝的 .NET 的版本。

可以透過 CLI 快速建立專案，如 WebAPI 等專案。在主控台視窗中輸入 dotnet new list 命令後顯示的相關介面提示如圖 1-26 所示。

```
C:\Users\joshhu>chcp 65001
Active code page: 65001

C:\Users\joshhu>dotnet new list
這些範本符合您的輸入：

範本名稱                                      簡短名稱              語言          標記
--------------------------------------------  -------------------  -----------  ---------------------------------
ASP.NET Core gRPC 服務                        grpc                 [C#]         Web/gRPC
ASP.NET Core Web API                          webapi               [C#],F#      Web/WebAPI
ASP.NET Core Web 應用程式                      webapp,razor         [C#]         Web/MVC/Razor Pages
ASP.NET Core Web 應用程式 (Model-View-Controller) mvc               [C#]         Web/MVC
Blazor Server 應用程式                         blazorserver         [C#]         Web/Blazor
Blazor Server 應用程式空白                     blazorserver-empty   [C#]         Web/Blazor/Empty
Blazor WebAssembly 應用程式                    blazorwasm           [C#]         Web/Blazor/WebAssembly/PWA
Blazor WebAssembly 應用程式空白                blazorwasm-empty     [C#]         Web/Blazor/WebAssembly/PWA/Empty
dotnet gitignore 檔案                          gitignore                         Config
Dotnet 本機工具資訊清單檔                      tool-manifest                     Config
EditorConfig 檔案                              editorconfig                      Config
global.json 檔案                               globaljson                        Config
MSBuild Directory.Build.props 檔案             buildprops                        MSBuild/props
MSBuild Directory.Build.targets 檔案           buildtargets                      MSBuild/props
MSTest Test Project                           mstest               [C#],F#,VB   Test/MSTest
MVC ViewImports                               viewimports          [C#]         Web/ASP.NET
MVC ViewStart                                 viewstart            [C#]         Web/ASP.NET
NuGet 組態                                     nugetconfig                       Config
NUnit 3 Test Item                             nunit-test           [C#],F#,VB   Test/NUnit
NUnit 3 Test Project                          nunit                [C#],F#,VB   Test/NUnit
Razor 元件                                     razorcomponent       [C#]         Web/ASP.NET
Razor 頁面                                     page                 [C#]         Web/ASP.NET
Razor 類別庫                                   razorclasslib        [C#]         Web/Razor/Library
Web 組態                                       webconfig                         Config
Windows Forms 應用程式                         winforms             [C#],VB      Common/WinForms
Windows Forms 控制項程式庫                     winformscontrollib   [C#],VB      Common/WinForms
Windows Forms 類別庫                           winformslib          [C#],VB      Common/WinForms
WPF 使用者控制項程式庫                          wpfusercontrollib    [C#],VB      Common/WPF
WPF 應用程式                                   wpf                  [C#],VB      Common/WPF
WPF 自訂控制項程式庫                            wpfcustomcontrollib  [C#],VB      Common/WPF
WPF 類別庫                                     wpflib               [C#],VB      Common/WPF
xUnit Test Project                            xunit                [C#],F#,VB   Test/xUnit
主控台應用程式                                 console              [C#],F#,VB   Common/Console
```

▲ 圖 1-26 在主控台視窗中輸入 dotnet new list 命令後顯示的相關介面提示

透過 dotnet CLI 主控台視窗，可以看到豐富多樣的 dotnet 專案範本，因此可以選擇所需的專案模組開發專案。圖 1-27 所示為 .NET 常用專案範本清單。

▲ 圖 1-27 .NET 常用專案範本清單

當然，也可以透過執行 dotnet new --help 命令查閱更多的資訊。

1.2.6 LINQPad

LINQPad 是一個功能強大且輕量級的工具。雖然 Visual Studio 可以滿足大多數場景的要求，但是它比較笨重，因此 LINQPad 脫穎而出。

LINQPad 具有如下特點。

- 具有簡潔的程式編輯介面。

- 佔用的體積不到 20MB，即超輕量級。

- 具有強大的格式化輸出功能，可以輸出文字、表格和動態資料。

- 支援多種資料庫等。

使用 LINQPad 可以快速建構一個測試輸出。使用 LINQPad 執行 C# 程式並輸出結果,如圖 1-28 所示。

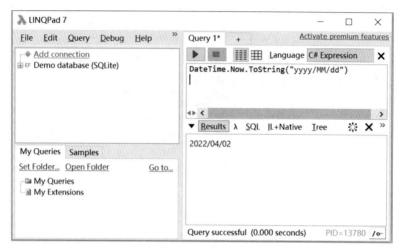

▲ 圖 1-28　輸出結果

除此之外,還可以在 Language 的下拉清單中選擇 C# Statement(s) 選項,並透過 Dump 擴充方法將實例的值展示出來,並使用 LINQPad 執行 C# 程式,如圖 1-29 所示。

在需要一些資料的 ETL 下,開發人員可能會有如下幾種選擇。

- 使用二進位可執行檔,但無法了解到執行細節。

- 使用原始程式碼,但需要經歷一個具體的編譯環節。

- Node.js 或 Python 指令稿不需要編譯即可執行,但相依性要定義在 package.json 檔案中。

綜上所述,LINQPad 的原始檔案為 .linq,它可以像 Node.js、Python 那樣,不需要單獨編譯也可以了解到執行細節。

如程式 1-3 所示,建立一個名為 test 的 .linq 檔案。

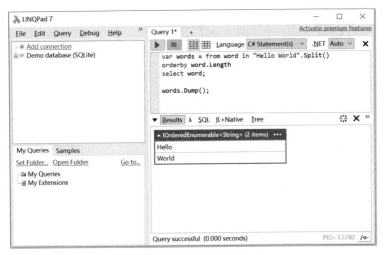

▲ 圖 1-29 展示實例的值

▼ 程式 1-3

```
<Query Kind="Statements">
  <NuGetReference>Newtonsoft.Json</NuGetReference>
  <Namespace>System.Net.Http</Namespace>
  <Namespace>Newtonsoft.Json.Linq</Namespace>
</Query>

using var http = new HttpClient();
string url = "https://******.com/manifest.json";
string json = await http.GetStringAsync(url);
JToken.Parse(json)["icons"].Select(x => (string)x["src"]).Dump();
```

在 LINQPad 工具下，有一個名為 lprun7 的命令列工具，可以透過該工具執行。圖 1-30 所示為透過 lprun7 命令列工具執行 .linq 檔案。

▲ 圖 1-30 透過 lprun7 命令列工具執行 .linq 檔案

1.3 | 小結

　　透過本章的學習的內容，讀者可以大致了解 .NET 的發展、.NET 的基本結構和 .NET 開發可使用的 IDE。透過這些工具，讀者將開啟新世界的大門，真正走向專業 .NET 開發人員的成長之路。

第 2 章
.NET 執行原理概述

　　C# 是一門現代化的程式設計語言，開發人員不需要清楚電腦的每個細節就可以進行高效的編碼。C# 編譯器會將 C# 程式編譯成中繼語言，同時在 .NET 執行時期透過 JIT 編譯器將中繼語言編譯成機器可以理解的機器語言。這套機制涉及許多的技術點和名詞，本章將對部分技術點詳細說明。

2.1 | .NET CLI 概述

　　.NET CLI 是一個跨平臺工具，用於建立、建構、執行和發佈 .NET 應用程式。.NET CLI 不需要開發人員主動安裝，在安裝 .NET SDK 時會預設安裝 .NET CLI。因此，不需要在電腦中特意安裝 .NET CLI。

為了驗證是否安裝了 .NET CLI，可在 Windows 中開啟命令提示視窗輸入 dotnet 命令，如果是 Linux，則可在終端 Bash 視窗中直接輸入 dotnet 命令，按 Enter 鍵執行該命令。執行 dotnet 命令的過程如圖 2-1 所示，圖中展示了 Windows 命令提示視窗中的輸出結果。

.NET CLI 提供了一些命令，將 .NET 應用程式開發的常規操作進行整合管理。熟悉這些命令，有助於開發人員在一些非 IDE 的編輯器工具中進行 .NET 應用程式的開發、建構、測試和發佈。

.NET CLI 最方便的應用場景可能是在 DevOps 流程中進行持續整合（Continuous Integration，CI），開發人員可以將命令靈活地運用到持續整合的工具鏈中，進而對 .NET 應用程式進行生成和建構操作。

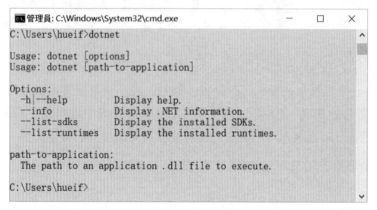

▲ 圖 2-1 執行 dotnet 命令的過程

dotnet 命令說明如表 2-1 所示，表中列舉的是一些基本命令。

▼ 表 2-1 dotnet 命令說明

命令	描述 / 說明
dotnet add	將套件或引用增加到 .NET 專案中
dotnet build	建構 .NET 專案，並編譯為 IL 二進位檔案
dotnet clean	清理 .NET 專案的建構（build）輸出
dotnet help	顯示命令列幫助
dotnet list	列出 .NET 專案的專案引用

（續表）

命令	描述 / 說明
dotnet msbuild	運行 Microsoft 生成引擎（MSBuild）命令
dotnet new	建立新的 .NET 專案或檔案
dotnet pack	建立 NuGet 套件
dotnet publish	發佈 .NET 專案，用於部署
dotnet restore	還原 .NET 專案中指定的相依項
dotnet run	建構並執行 .NET 專案
dotnet sln	修改 Visual Studio 解決方案檔案
dotnet store	將指定的程式集儲存在執行時期套件儲存中
dotnet test	指定單元測試專案，執行單元測試
dotnet vstest	用於指定程式集，執行單元測試

下面使用 CLI 建立一個主控台應用程式，以加深讀者對 .NET CLI 的理解。

如程式 2-1 所示，建立一個主控台應用程式。

▼ 程式 2-1

```
C:\App>dotnet new console
```

生成的主控台應用程式的目錄如圖 2-2 所示。

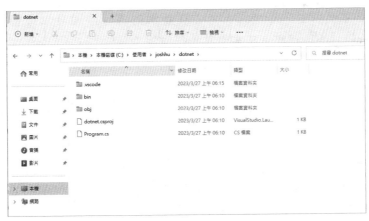

▲ 圖 2-2 生成的主控台應用程式的目錄

使用 dotnet build 命令可以建構 .NET 應用程式,如程式 2-2 所示。

▼ 程式 2-2

```
C:\App >dotnet build
```

執行 .NET 應用程式,如程式 2-3 所示。

▼ 程式 2-3

```
C:\App>dotnet run
Hello World!
```

也可以使用 dotnet 命令指定 .NET 應用程式的 .dll 檔案,執行主控台應用程式,輸出結果如圖 2-3 所示。

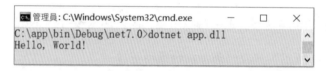

▲ 圖 2-3 輸出結果

透過上述內容,讀者可以基本上了解 .NET CLI 的使用。有的讀者可能想深入了解 .NET CLI 內部的工作機制,在命令背後 .NET CLI 執行了什麼操作,以及 .NET CLI 是如何演化的。

程式 2-4 展示了 RestoreCommand 類別的實作,開發人員可以透過對 CLI 的原始程式碼進行探索來查看其執行機制(關於 CLI 的原始程式碼可以從 GitHub 官網的 dotnet/sdk 倉庫中查看)。

▼ 程式 2-4

```
public class RestoreCommand : MSBuildForwardingApp
{
//...
    public static RestoreCommand FromArgs(string[] args, string msbuildPath = null,
bool noLogo = true)
```

```
    {
        var parser = Parser.Instance;
        var result = parser.ParseFrom("dotnet restore", args);
        result.ShowHelpOrErrorIfAppropriate();
        var parsedRestore = result["dotnet"]["restore"];
        var msbuildArgs = new List<string>();
        if(noLogo)
        {
            msbuildArgs.Add("-nologo");
        }
        msbuildArgs.Add("-target:Restore");
        msbuildArgs.AddRange(parsedRestore.OptionValuesToBeForwarded());
        msbuildArgs.AddRange(parsedRestore.Arguments);
        return new RestoreCommand(msbuildArgs, msbuildPath);
    }

    public static int Run(string[] args)
    {
        return FromArgs(args).Execute();
    }
}
```

上述程式來自 .NET CLI 工具，用於實作 dotnet restore 命令。在 dotnet restore 命令的背後，該命令及參數會生成對應的 MSBuild 命令，如程式 2-5 所示。

▼ 程式 2-5

```
msbuild -target:Restore
```

程式 2-6 展示了其他命令，它們與 dotnet build 命令等效。

▼ 程式 2-6

```
dotnet build
dotnet msbuild /t:Build
msbuild /t:Build
```

關於 MSBuild，本章不詳細說明，感興趣的讀者可以查閱 MSBuild 的相關資料進行了解。

透過學習前面的內容，讀者基本了解了 .NET CLI。讀者也可以自行建立一個 .NET CLI 工具。

為了幫助讀者更深入地理解 .NET CLI，筆者透過一個簡單的實例來示範建立一個主控台。該實例是一個日期提供程式，如程式 2-7 所示，使用 Windows 命令建立一個名為 dotnet-date-tool 的資料夾。

▼ 程式 2-7

```
mkdir dotnet-date-tool
cd dotnet-date-tool
```

在資料夾 dotnet-date-tool 建立完成後，使用 cd 命令切換到指定的目錄下。

在目錄切換完成後，輸入 dotnet new console 命令，建立主控台實例，如程式 2-8 所示。

▼ 程式 2-8

```
C:\dotnet-date-tool>dotnet new console
The template "Console Application" was created successfully.

Processing post-creation actions...
Running 'dotnet restore' on C:\dotnet-date-tool\dotnet-date-tool. csproj...
  正在確定要還原的專案…
  已還原 C:\dotnet-date-tool\dotnet-date-tool.csproj（用時 71 ms）。
Restore succeeded.


C:\dotnet-date-tool>
```

在主控台實例建立完成後，可以透過 Visual Studio 或 Visual Studio Code 等編輯器開啟專案檔案。

圖 2-4 所示為 System.CommandLine 套件的安裝過程。System.CommandLine 是一個命令列解析器，提供了規範化的 API，使開發人員可以快速建立命令列工具。

```
C:\Users\joshhu\dotnet>dotnet add package System.CommandLine --prerelease
  正在判斷要還原的專案...
  Writing C:\Users\joshhu\AppData\Local\Temp\tmp87FB.tmp
info : X.509 certificate chain validation will use the default trust store selected by .NET.
info : X.509 certificate chain validation will use the default trust store selected by .NET.
info : 正在將套件 'System.CommandLine' 的 PackageReference 新增至專案 'C:\Users\joshhu\dotnet\dotnet.csproj'.
info :   GET https://api.nuget.org/v3/registration5-gz-semver2/system.commandline/index.json
info :   OK https://api.nuget.org/v3/registration5-gz-semver2/system.commandline/index.json 1196 毫秒
info : 正在還原 C:\Users\joshhu\dotnet\dotnet.csproj 的封裝...
info :   GET https://api.nuget.org/v3-flatcontainer/system.commandline/index.json
info :   OK https://api.nuget.org/v3-flatcontainer/system.commandline/index.json 922 毫秒
info :   GET https://api.nuget.org/v3-flatcontainer/system.commandline/2.0.0-beta4.22272.1/system.commandline.2.0.0-beta4.22272.1.nupkg
info :   OK https://api.nuget.org/v3-flatcontainer/system.commandline/2.0.0-beta4.22272.1/system.commandline.2.0.0-beta4.22272.1.nupkg 9 毫
秒
info : 已從具有內容雜湊 1uqED/q2H0kKoLJ4+hI2iPSBSEdTuhfCYADeJrAqERmiGQ2NNacYKRNEQ+gFbU4glgVyK8rxI+ZOe1onEtr/Pg== 的 https://api.nuget.org/v
3/index.json 安裝 System.CommandLine 2.0.0-beta4.22272.1.
info : 套件 'System.CommandLine' 與專案 'C:\Users\joshhu\dotnet\dotnet.csproj' 中的所有架構相容。
info : 已為套件 'System.CommandLine' 版本 '2.0.0-beta4.22272.1' 的 PackageReference 新增至檔案 'C:\Users\joshhu\dotnet\dotnet.csproj'。
info : 正在將資產檔案寫入磁碟。路徑: C:\Users\joshhu\dotnet\obj\project.assets.json
log : 已還原 C:\Users\joshhu\dotnet\dotnet.csproj (1.2 sec 內)。

C:\Users\joshhu\dotnet>
```

▲ 圖 2-4　System.CommandLine 套件的安裝過程

在如圖 2-4 所示的安裝過程中，--prerelease 參數表示 System.CommandLine 套件目前正處於預發佈狀態，但是作為 dotnet 背後的命令列引擎，它是安全的。

在 Program 類別中撰寫 dotnet-date-tool 命令列工具，主要用於輸出具有格式化的日期字串。如程式 2-9 所示，將 System.CommandLine 套件作為命令列引擎，建立 RootCommand 物件，RootCommand 物件表示程式本身的命令（如 dotnet、docker），建立 HandleCmd 方法用於處理命令列參數。

▼ 程式 2-9

```
class Program
{
    static async Task<int> Main(string[] args)
    {
        var cmd = new RootCommand
            {
                new Option<string>("--name", "請輸入執行者名稱 "),
                new Option<string>("--format", "獲取指定格式的時間字串 ")
                {
                    IsRequired = true
```

```
                }
            };
        cmd.Name = "dotnet-date-tool";
        cmd.Description = " 日期獲取工具 ";
        cmd.SetHandler<string, string, IConsole>(HandleCmd,
                                    cmd.Options[0],cmd.Options[1]);

        return await cmd.InvokeAsync(args);
    }

    static void HandleCmd(string name, string format, IConsole console)
    {
        if(!string.IsNullOrWhiteSpace(format))
        {
            var date = DateTime.Now.ToString(format);
            if (!string.IsNullOrWhiteSpace(name))
            {
                console.Out.WriteLine($" 你好，{name}，日期根據指定格式轉換後為 {date}");
                return;
            }
            console.Out.WriteLine(date);
        }
    }
}
```

在 RootCommand 物件中建立兩個 Option 物件，dotnet-date-tool 命令可以接收一個或多個 Option 物件，Option 物件表示命令的參數，分別建立參數 --name 和 --format。在 Option 物件的建構函式中可以增加命令列參數的描述資訊，在 --format 參數中將它對應的 Option 物件的 IsRequired 屬性設定為 true，表示該參數為必須項。也可以透過 RootCommand 物件設定該命令列程式的基礎資訊，如呼叫 RootCommand 物件的 Name 屬性，增加命令列工具的名稱，呼叫 Description 屬性，增加命令列程式的描述資訊等。

基礎資訊的設定撰寫完後，先呼叫 SetHandler 擴充方法增加命令處理方法，再呼叫 RootCommand 物件的 InvokeAsync 擴充方法對參數進行解析。

在 HandleCmd 方法中，接收參數 --name 和 --format 的資訊，並判斷 --format 參數的值是否為空，在 --format 參數的值不為空的情況下判斷 --name 參數的值，如果不為空則輸出包含 name 名稱的字串，否則只輸出格式化日期。圖 2-5 所示為執行 dotnet-date-tool 命令輸出的說明資訊。

執行 dotnet-date-tool 命令後，提示 Option '--format' is required.，這證明 Option 物件的 IsRequired 屬性的設定已生效，--format 參數為必填項。在主控台視窗輸出的資訊中可以看到對該命令及其參數的描述。接下來透過命令的參數執行，如圖 2-6 所示為 dotnet- date-tool 參數的驗證資訊，透過多次輸入，對 HandleCmd 方法內部的判斷邏輯進行驗證。

```
管理員: C:\Windows\System32\cmd.exe
C:\dotnet-date-tool\bin\Debug\net7.0>dotnet-date-tool
Option '--format' is required.

Description:
  日期獲取工具

Usage:
  dotnet-date-tool [options]

Options:
  --name <name>                請輸入執行者名稱
  --format <format> (REQUIRED) 獲取指定格式的時間字串
  --version                    Show version information
  -?, -h, --help               Show help and usage information


C:\dotnet-date-tool\bin\Debug\net7.0>
```

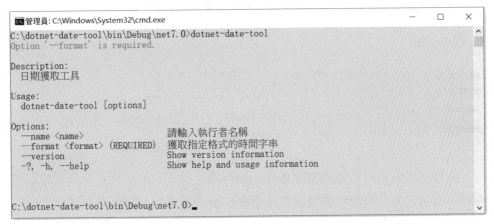

▲ 圖 2-5 執行 dotnet-date-tool 命令輸出的說明資訊

```
管理員: C:\Windows\System32\cmd.exe
C:\dotnet-date-tool\bin\Debug\net7.0>dotnet-date-tool --name HueiFeng --format yyyy-MM-dd
你好，HueiFeng, 日期根據指定格式轉換後為 2022-04-05

C:\dotnet-date-tool\bin\Debug\net7.0>dotnet-date-tool --format yyyy-MM-dd
2022-04-05

C:\dotnet-date-tool\bin\Debug\net7.0>
```

▲ 圖 2-6 dotnet-date-tool 參數的驗證資訊

2.1.1 將 C# 編譯成機器程式

程式編譯是程式語言設計的基石，IDE 是開發人員日常開發過程中最重要的生產力工具，這些開發工具是如何將程式編譯成目的語言和可執行檔的？

Visual Studio 整合了 C# 編譯器，用於將 C# 程式轉換為機器語言（CPU 可以理解的語言），並以 .dll 和 .exe 的形式傳回輸出檔案。將 C# 程式轉換為機器語言的過程可以劃分為兩個階段，分別是編譯時過程和執行時期過程。

在電腦程式設計的初期階段，開發人員用機器程式撰寫應用程式，它看起來與程式 2-10 中的程式類似，這些實際上是一行行電腦指令。開發人員透過一行行指令直接與硬體打交道，同樣可以實作許多複雜的功能。

▼ 程式 2-10

```
0000002e
0000002f
00000031
00000032
```

機器語言的執行效率通常比較高，但可讀性很差。眾所皆知，在電腦科學中有一句名言，「電腦科學中沒有什麼是不能透過增加一層抽象來解決的」，這就促成了高階語言的誕生。

高階語言是對機器語言進行抽象，在撰寫過程中允許開發人員無須像機器語言那樣輸入複雜的指令，也不需要花費大量的時間撰寫諸如記憶體管理、硬體的相容性等與實際業務無關的底層程式。

注意：開發人員不需要清楚電腦的每個細節就可以進行高效的編碼，這意味著有一套機制用來實現高階語言到機器語言的轉換，同樣地，C# 也必須轉換為處理器可以理解的語言，因為處理器不知道 C#，只知道機器語言。

C# 編譯器在編譯時會將程式作為輸入，並以中繼語言（Intermediate Language，IL）的形式輸出，該程式儲存在 *.exe 檔案或 *.dll 檔案中。將 C# 程式編譯為 IL 程式的過程如圖 2-7 所示。

▲ 圖 2-7　將 C# 程式編譯為 IL 程式的過程

如圖 2-7 所示，這並不是一個完整的編譯流程，沒有生成處理器能夠處理的指令，也就是缺少機器語言的生成過程，因此，需要一個過程將 IL 程式轉換為機器程式。而處理這個過程的正是公共語言執行時期，即 CLR。

CLR 在電腦上執行，可以管理 IL 程式的執行。簡單來說，它知道如何執行透過 IL 程式撰寫的應用程式，並且使用 JIT 編譯器將 IL 程式轉換為機器程式，有時候也被稱為本機程式（Machine Code）。程式的執行過程如圖 2-8 所示。

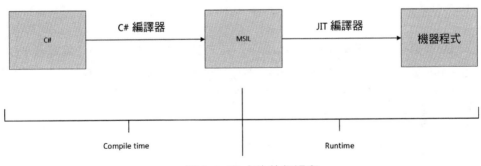

▲ 圖 2-8　程式的執行過程

由上述內容可知，撰寫 C# 程式既不需要關注硬體裝置的組成，也不需要考慮相容性，因為 CLR 和 JIT 將負責這個過程，它們可以將 IL 程式編譯為電腦使用的程式。

上面介紹的是 C# 編譯器，下面介紹 Roslyn 編譯器。Roslyn 是 C# 和 Visual Basic.NET 的開放原始碼編譯器，是一個完全使用 C# 受控碼開發的編譯器和分析器。如程式 2-11 所示，建立 C# 程式，透過 C# Roslyn 編譯器進行編譯。

▼ 程式 2-11

```
using System;

namespace Program
{
    class Program
    {
        static void Main(string[] args)
        {
            Console.WriteLine(
                $"{ (System.Runtime.InteropServices
                        .RuntimeInformation.FrameworkDescription)}");
            Console.ReadLine();
        }
    }
}
```

對原始檔案進行編譯後，可以開啟 .NET SDK 中的 C# Roslyn 編譯器。C# Roslyn 編譯器可以直接透過 dotnet 命令進行呼叫，如程式 2-12 所示。

▼ 程式 2-12

```
dotnet "C:\Program Files\dotnet\sdk\6.0.201\Roslyn\bincore\csc.dll" -help
```

如程式 2-13 所示，呼叫 csc.dll 檔案，將 C# 原始檔案編譯為 Program.dll 檔案。

▼ 程式 2-13

```
dotnet "C:\Program Files\dotnet\sdk\6.0.201\Roslyn\bincore\csc.dll"
 -reference:"C:\Program Files\dotnet\shared\Microsoft.NETCore.App\6.0.3\ System.
Private.CoreLib.dll"
```

```
-reference:"C:\Program Files\dotnet\shared\Microsoft.NETCore.App\6.0.3\ System.
Console.dll" -reference:"C:\Program Files\dotnet\shared\Microsoft. NETCore.
App\6.0.3\System.Runtime.dll"
-reference:"C:\Program Files\dotnet\shared\Microsoft.NETCore.App\6.0.3\ System.
Runtime.InteropServices.RuntimeInformation.dll" *.cs -out:Program.dll
```

　　需要注意的是，-reference 參數用於指定外部程式集。*.cs 表示編譯目前目錄下的所有 .cs 檔案，當然也可以編譯指定的單一檔案。-out 參數用於指定輸出的檔案名稱，這不是一個必選參數，若不指定該參數，則預設生成 Program.exe 檔案。

　　圖 2-9 所示為執行 csc 命令編譯後的 Program.dll 檔案，傳回了錯誤資訊。

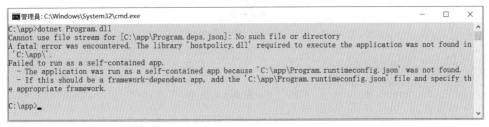

▲ 圖 2-9　執行 csc 編譯後的 Program.dll 檔案

　　如圖 2-9 所示，需要建立 Program.runtimeconfig.json 檔案，用於指定執行時期資訊。如程式 2-14 所示，定義執行時的資訊。

▼ 程式 2-14

```
{
  "runtimeOptions": {
    "tfm": "net6.0",
    "framework": {
      "name": "Microsoft.NETCore.App",
      "version": "6.0.3"
    }
  }
}
```

使用 dotnet 命令呼叫 Program.dll 檔案，輸出結果如圖 2-10 所示。

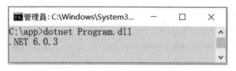

▲ 圖 2-10 輸出結果

程式從撰寫到執行的流程如圖 2-11 所示。

學習一門語言第一個經典的例子就是撰寫 Hello World 應用程式。下面介紹 Hello World 應用程式從 C# 程式到機器程式的編譯過程。

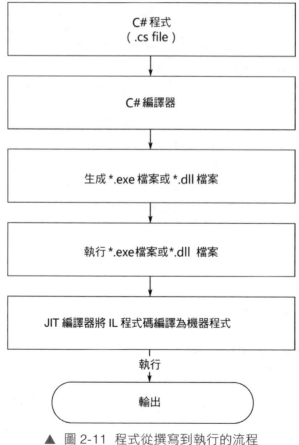

▲ 圖 2-11 程式從撰寫到執行的流程

C# 程式

```
class Program
{
    static void Main()
    {
        Console.WriteLine("Hello World!");
    }
}
```

C# 編譯器

IL 程式

```
.method private hidebysig static void
    Main() cil managed
  {
    .entrypoint
    .maxstack 8

    IL_0000: ldstr        "Hello World!"
    IL_0005: call  void [System.Console]System.Console:: WriteLine (string)

    IL_000a: ret

  } //end of method Program::Main
```

JIT 編譯器

機器程式

```
00007FF7A2BF8220  push      rbp
00007FF7A2BF8221  push      rdi
00007FF7A2BF8222  push      rsi
00007FF7A2BF8223  sub       rsp,20h
00007FF7A2BF8227  mov       rbp,rsp
```

```
00007FF7A2BF822A   cmp        dword ptr [00007FF7A2A00E80h],0
00007FF7A2BF8231   je         00007FF7A2BF8238
00007FF7A2BF8233   call       00007FF8025BC9C0
00007FF7A2BF8238   nop
00007FF7A2BF8239   mov        rcx,2D41A855B90h
00007FF7A2BF8243   mov        rcx,qword ptr [rcx]
00007FF7A2BF8246   call       00007FF7A2BF8110
00007FF7A2BF824B   nop
00007FF7A2BF824C   nop
00007FF7A2BF824D   lea        rsp,[rbp+20h]
00007FF7A2BF8251   pop        rsi
00007FF7A2BF8252   pop        rdi
00007FF7A2BF8253   pop        rbp
00007FF7A2BF8254   ret
```

2.1.2 執行時期

.NET 提供了 CLR，執行時期會將中繼語言程式轉換為當前 CPU 平臺支援的機器程式並執行這些機器程式。在 CLR 下託管的程式稱為受控碼（Managed Code），執行時期是受控碼的執行環境。

CLR 逐漸成為執行時期的代名詞，而在技術上更準確的虛擬執行系統（VES）則很少在 CLI 規範之外的地方提到。事實上，CLR 提供了類型安全、記憶體安全、例外處理、垃圾回收、多執行緒等機制，這些機制為 .NET 應用程式提供了一個更安全、更高效的執行環境。

2.1.3 程式集和清單

在許多電腦語言中，若按編譯特點劃分，可以分為編譯型語言、直譯型語言和混合型語言。

編譯型語言是需要透過編譯器將原始程式碼編譯為機器程式才能執行的高階語言，如 C、C++ 等。直譯型語言則不需要預先編譯，在執行時逐行編譯。混合型語言也需要編譯，但不直接編譯成機器程式，而是編譯成中繼語言，透過執行時期執行中繼語言，將中繼語言解釋為機器程式來執行。

　　C# 可視為混合型語言，這意味著當開發人員建立原始檔案時，這些檔案需要先編譯才能執行。C# 不像 JavaScript 和 PHP 這種動態類型語言（或指令碼語言）一樣能直接執行。程式集的產生正是為了解決該問題，程式集內會儲存相關的中繼語言和其他資源檔（如 TXT、JPG、Excel、XML 等，若是作為嵌入程式集的資源，則作為嵌入檔案儲存到程式集中，本章不對其詳細說明）。

　　程式集是由一個或多個原始程式碼檔案生成的輸出檔案。程式集是 .NET 應用程式在資源管理器中基本的檔案單元，具有 .exe 副檔名和 .dll 副檔名兩種類型，副檔名為 .exe 的程式集是可執行檔（Executable File），副檔名為 .dll 的程式集是動態連結程式庫（Dynamic-Link Library）。

　　元件資訊清單從本質上來說是程式集的一個標頭（Header），提供程式集執行所需的描述資訊和程式集唯一性標識資訊，包含程式集的版本資訊、範圍資訊，以及與程式集相關的其他資訊，清單內容如圖 2-12 所示。

　　.NET 程式集中包含描述程式集自身的中繼資料（清單，Manifest），而清單內容頁則包含所需要的外部程式集、程式集版本編號、模組名稱等其他資訊。

```
// Metadata version: v4.0.30319
.assembly extern System.Private.CoreLib
{
  .publickeytoken = (7C EC 85 D7 BE A7 79 8E )         // |.....y.
  .ver 5:0:0:0
}
.assembly extern System.Runtime.InteropServices.RuntimeInformation
{
  .publickeytoken = (B0 3F 5F 7F 11 D5 0A 3A )         // .?_....:
  .ver 5:0:0:0
}
.assembly extern System.Console
{
  .publickeytoken = (B0 3F 5F 7F 11 D5 0A 3A )         // .?_....:
  .ver 5:0:0:0
}
.assembly Program
  .custom instance void [System.Private.CoreLib]System.Runtime.CompilerServices.CompilationRelaxationsAttribute::.
  .custom instance void [System.Private.CoreLib]System.Runtime.CompilerServices.RuntimeCompatibilityAttribute::.ct

  // --- 下列自定義特色會自動增加，不需要取消註釋 -------
  //  .custom instance void [System.Private.CoreLib]System.Diagnostics.DebuggableAttribute::.ctor(valuetype [Syste

  .hash algorithm 0x00008004
  .ver 0:0:0:0
}
.module Program.dll
// MVID: {ECFC7F20-744A-49CC-A074-CD5B0A518825}
.imagebase 0x00400000
.file alignment 0x00000200
.stackreserve 0x00100000
.subsystem 0x0003       // WINDOWS_CUI
.corflags 0x00000001    // ILONLY
// Image base: 0x09C00000
```

▲ 圖 2-12　清單內容

程式集中可以包含多個不同類型的資源檔。單一檔案和多個檔案的儲存方式如圖 2-13 所示,程式集中包括 .jpg 檔案和 .bmp 檔案,或者其他格式的檔案。

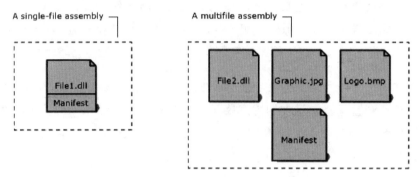

▲ 圖 2-13 單一檔案和多個檔案的儲存方式

多檔案程式集不是將多個檔案物理連結起來,而是透過程式集清單進行連結,CLR 將它們作為一個單元進行管理。

2.1.4 公共中繼語言

公共中繼語言(Common Intermediate Language,CIL),簡稱中繼語言,包括 Microsoft 中繼語言(MSIL)和中繼語言(IL),由這個名稱可以得知 CIL 的一個重要特點,即它支援多種語言在同一個應用程式中進行互動。CIL 不只是 C# 的中繼語言,還是其他許多 .NET 大家族程式設計語言的中繼語言,如 Visual Basic、F# 等。

2.1.5 .NET Native

.NET Native 是一項預編譯技術,用於建立平臺特定的可執行檔。通常 .NET 應用程式會編譯為中繼語言,在執行期間利用 JIT 編譯器將 IL 程式翻譯為機器程式。相比之下,.NET Native 則將應用程式直接編譯為機器程式,這意味著用這種方式編譯的應用程式具有機器程式的性能。

通常 .NET 應用程式首先編譯為 IL 程式,然後由 JIT 編譯器編譯為 Native 程式。利用 .NET Native 可以不需要 .NET 執行時期,也不需要 JIT 編譯器,而是直接執行機器程式。

2.2 | 小結

透過本章的學習，讀者可以初步了解 .NET 涉及的一些技術概念。在 .NET 平臺中，中繼語言具有關鍵作用。中繼語言也是一種物件導向的程式設計語言，會在應用程式執行時期被編譯成機器程式。

第 **3** 章

ASP.NET Core 應用
程式的多種執行模式

ASP.NET Core 應用程式可以在多種模式下執行，包括自宿主、IIS 服務承
載、桌面應用程式、服務承載，開發人員可以根據實際需求選擇對應的執行模
式。例如，在 Windows 環境下部署，打算透過 Kestrel（Kestrel 是 ASP.NET
Core 中內建的高性能伺服器）伺服器直接承載外部請求，同時想「開機自啟」，
在這種情況下可以選擇註冊 Windows 服務。ASP.NET Core 應用程式的執行模
式具有多樣化特點，因此選擇合適的模式很重要。

3.1 自宿主

　　通常，開發人員會使用自宿主的執行模式，這種模式實際上支援以主控台的方式執行 ASP.NET Core 應用程式。

　　以 Web API 實例為例，在 Windows 中開啟命令提示視窗並輸入 dotnet new webapi 命令，隨後按 Enter 鍵，建立一個 Web API 應用程式。如圖 3-1 所示，透過 dotnet 命令建立 Web API 應用程式。

```
C:\Users\joshhu\dotnet>cd \

C:\>mkdir Apps

C:\>cd Apps

C:\Apps>dotnet new webapi
範本「ASP.NET Core Web API」已成功建立。

正在處理建立後的動作...
正在還原 C:\Apps\Apps.csproj:
  正在判斷要還原的專案...
  已還原 C:\Apps\Apps.csproj (4.25 sec 內)。
還原成功。


C:\Apps>
```

▲ 圖 3-1 透過 dotnet 命令建立 Web API 應用程式

　　應用程式建立完成後，透過 dotnet 命令啟動專案，如圖 3-2 所示。

```
C:\apps>dotnet run
正在建置...
info: Microsoft.Hosting.Lifetime[14]
      Now listening on: http://localhost:5292
info: Microsoft.Hosting.Lifetime[0]
      Application started. Press Ctrl+C to shut down.
info: Microsoft.Hosting.Lifetime[0]
      Hosting environment: Development
info: Microsoft.Hosting.Lifetime[0]
      Content root path: C:\apps
```

▲ 圖 3-2 透過 dotnet 命令啟動專案

執行後，應用程式會直接對通訊埠進行監聽，由此可以存取應用程式。除此之外，還可以透過 --urls 參數指定 URL 位址進行監聽，如圖 3-3 所示。

```
C:\Apps>dotnet run --urls http://localhost:5000
正在建置...
info: Microsoft.Hosting.Lifetime[14]
      Now listening on: http://localhost:5000
info: Microsoft.Hosting.Lifetime[0]
      Application started. Press Ctrl+C to shut down.
info: Microsoft.Hosting.Lifetime[0]
      Hosting environment: Development
info: Microsoft.Hosting.Lifetime[0]
      Content root path: C:\Apps
```

▲ 圖 3-3 透過 --urls 參數指定 URL 位址進行監聽

3.2 │ IIS 服務承載

執行 dotnet publish 命令，程式會隨之發佈，開啟 IIS 管理器，按滑鼠右鍵「站台」選項，在彈出的快顯功能表中選擇「新增網站」命令，在開啟的對話方塊的「站台名稱」文字標籤中輸入 webapi，「實體路徑」需要設定為當前應用程式所在的目錄，將「通訊埠」設定為 8081，如圖 3-4 所示，透過 IIS 管理器增加網站。

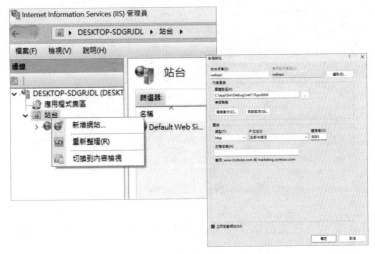

▲ 圖 3-4 透過 IIS 管理器增加網站

如圖 3-5 所示,先點擊 IIS 管理器左側視窗中的「應用程式集區」,再按兩下 webapi 選項,開啟「編輯應用程式集區」對話方塊,將「.NET CLR 版本」設定為「沒有受控碼」。

隨後,使用 curl 命令存取網站,如圖 3-6 所示。

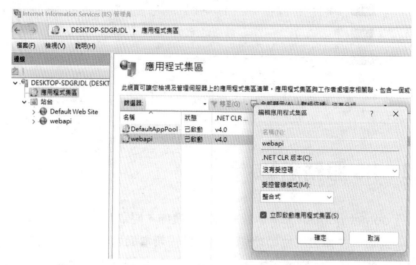

▲ 圖 3-5　編輯應用程式集區

```
管理員: C:\Windows\System32\cmd.exe                    —    □    ×

C:\Users\hueif>curl -i http://localhost:8081/WeatherForecast
HTTP/1.1 200 OK
Transfer-Encoding: chunked
Content-Type: application/json; charset=utf-8
Server: Microsoft-IIS/10.0
Date: Sun, 03 Apr 2022 04:34:42 GMT

[{"date":"2022-04-04T12:34:42.3633623+08:00","temperatureC":42,"
temperatureF":107,"summary":"Balmy"},{"date":"2022-04-05T12:34:4
2.3633732+08:00","temperatureC":47,"temperatureF":116,"summary":
"Hot"},{"date":"2022-04-06T12:34:42.3633734+08:00","temperatureC
":44,"temperatureF":111,"summary":"Chilly"},{"date":"2022-04-07T
12:34:42.3633735+08:00","temperatureC":50,"temperatureF":121,"su
mmary":"Mild"},{"date":"2022-04-08T12:34:42.3633737+08:00","temp
eratureC":-11,"temperatureF":13,"summary":"Balmy"}]
C:\Users\hueif>_
```

▲ 圖 3-6　使用 curl 命令存取網站

如圖 3-6 所示,在輸出結果中可以看到 Server 的值為 Microsoft-IIS/10.0,這充分說明當前應用程式的 Web 伺服器為 IIS。

3.3 | 將 WebAPI 嵌入桌面應用程式中

在生產環境中，通常採用自宿主模式或 IIS 服務承載模式，但有時開發桌面應用程式需要提供一種便捷的方式來實現其他應用與其進行主機間的通訊，那麼將 WebAPI 放置於 WinForm 應用程式中進行承載或許是最快捷的方式。

如程式 3-1 所示，建立一個 WinForm 應用程式，首先呼叫 WebApplication 物件的 CreateBuilder 擴充方法，獲取 WebApplicationBuilder 物件，然後呼叫 WebApplicationBuilder 物件的 Build 方法，建立 WebApplication 物件實例，透過呼叫 MapGet 擴充方法來處理 Get 請求，最後呼叫 RunAsync 擴充方法啟動該服務。

▼ 程式 3-1

```
internal static class Program
{
    [STAThread]
    static void Main(string[] args)
    {
        var builder = WebApplication.CreateBuilder(args);
        var app = builder.Build();
        app.MapGet("/", () => "Hello World!");
        app.RunAsync();

        var urls = app.Urls;
        ApplicationConfiguration.Initialize();
        Application.Run(new Form1(string.Join(",", urls)));
    }
}
```

透過呼叫 WebApplication 物件的 Urls 屬性，獲取當前 Web 服務開啟的 URL 位址集合，並透過 Form1 表單進行展示。

建立 Web 服務需要在 .csproj 檔案中引入名為 Microsoft.AspNetCore.App 的 SDK，如程式 3-2 所示。值得注意的是，從 .NET Core 3.1 開始，該相依性套件已經被內建在 .NET 執行時期中，無須透過安裝 NuGet 套件的方式來引入,如果透過 NuGet 管理器進行搜尋,則只能找到低版本(.NET Core 2.2)的 Microsoft.AspNetCore 元件,可能無法使用最新版 .NET 的特性。

▼ 程式 3-2

```
<ItemGroup>
    <FrameworkReference Include="Microsoft.AspNetCore.App" />
</ItemGroup>
```

在 Form1 表單中定義一個 label 控制項,並且將該控制項命名為 txt_urls,用於展示當前 Web 服務的 URL 位址,如程式 3-3 所示,透過 txt_urls 設定 URL 位址。當前服務的 URL 位址如圖 3-7 所示。

▼ 程式 3-3

```
public partial class Form1 : Form
{
    public Form1(string urls)
    {
        InitializeComponent();
        this.txt_urls.Text = urls;
    }
}
```

執行應用程式後,Web 服務的 URL 位址會顯示在應用程式介面中,如圖 3-8 所示,透過 curl 命令列工具請求 Web 服務。

▲ 圖 3-7 當前服務的 URL 位址

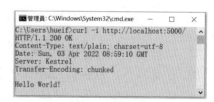

▲ 圖 3-8 透過 curl 命令列工具
請求 Web 服務

3.4 服務承載

自 .NET Core 2.0 起，新 加 了 一 個 名 為 IHostedService 的 介 面，使用該介面有助於開發人員在日常開發中輕鬆地實現託管服務，實現多個 IHostedService 介面註冊託管服務，託管服務可以非常輕鬆地將其註冊到 Windows 服務或 Linux 服務中進行守護。

3.4.1 使用 Worker Service 專案範本

Worker Service 是一個 .NET 專案範本，可以透過 Visual Studio 或 .NET CLI 工具建立，允許開發人員建立基於作業系統等級的應用程式服務，這些服務既可以部署為 Windows 服務，也可以部署為 Linux Systemd 服務。

先透過 Visual Studio 工具列選擇「檔案」→「新增」→「專案」選項，再在搜尋欄中搜尋 Worker Service 範本，這樣就可以透過該範本建立專案，如圖 3-9 所示。

▲ 圖 3-9 搜尋 Worker Service 範本

專案建立完成後，如程式 3-4 所示，在 Program 類別中，首先透過 Host 物件呼叫 CreateDefaultBuilder 方法，然後呼叫 ConfigureServices 擴充方法，透過 services 實例物件註冊託管服務，呼叫 Build 方法建立 WebApplication 物件實例，最後呼叫 RunAsync 擴充方法啟動該服務。

▼ 程式 3-4

```
IHost host = Host.CreateDefaultBuilder(args)
    .ConfigureServices(services =>
    {
        services.AddHostedService<Worker>();
    })
    .Build();

await host.RunAsync();
```

在範本中定義 Worker 類別，該類別在程式 3-4 中透過 AddHostedService 擴充方法註冊，如程式 3-5 所示，Worker 類別繼承了 BackgroundService 類別，實作了 ExecuteAsync 方法，在該方法中持續迴圈並輸出日誌。

▼ 程式 3-5

```
public class Worker : BackgroundService
{
    private readonly ILogger<Worker> _logger;

    public Worker(ILogger<Worker> logger)
    {
        _logger = logger;
    }

    protected override async Task ExecuteAsync(CancellationToken stoppingToken)
    {
        while (!stoppingToken.IsCancellationRequested)
        {
            _logger.LogInformation("Worker running at: {time}", DateTimeOffset. Now);
            await Task.Delay(1000, stoppingToken);
```

```
        }
    }
}
```

3.4.2 Windows 服務註冊

目前，可以輕鬆地將應用程式以 Windows 服務的方式進行部署，但是，
為了讓 Worker Service 能夠以 Windows 服務的方式執行，還需要引入相關的
NuGet 套件。Windows 服務的 NuGet 套件為 Microsoft.Extensions.Hosting.
WindowsServices，在建立的 Worker Service 專案實例中，將 UseWindows
Service 擴充方法增加到 CreateDefaultBuilder 方法中，如程式 3-6 所示。

▼ 程式 3-6

```
IHost host = Host.CreateDefaultBuilder(args)
    .UseWindowsService()
    .ConfigureServices(services =>
    {
        services.AddHostedService<Worker>();
    })
    .Build();

await host.RunAsync();
```

如程式 3-7 所示，示範 UseWindowsService 擴充方法的內部實作，在
Windows 環境下部署，主要執行以下幾個操作：設定 Lifetime 為 Windows
ServiceLifetime，設定 ContentRoot 為 BaseDirectory，並且開啟 EventLog 事
件日誌。

▼ 程式 3-7

```
public static class WindowsServiceLifetimeHostBuilderExtensions
{
public static IHostBuilder UseWindowsService(this IHostBuilder hostBuilder)
    {
```

```
            return UseWindowsService(hostBuilder, _ => { });
    }
public static IHostBuilder UseWindowsService(this IHostBuilder hostBuilder,
                            Action<WindowsServiceLifetimeOptions> configure)
    {
        if (WindowsServiceHelpers.IsWindowsService())
        {
            hostBuilder.UseContentRoot(AppContext.BaseDirectory);
            hostBuilder.ConfigureLogging((hostingContext, logging) =>
            {
                Debug.Assert(RuntimeInformation.IsOSPlatform(OSPlatform. Windows));
                logging.AddEventLog();
            })
            .ConfigureServices((hostContext, services) =>
            {
                Debug.Assert(RuntimeInformation.IsOSPlatform(OSPlatform.Windows));
                services.AddSingleton<IHostLifetime, WindowsServiceLifetime>();
                                services.Configure<EventLogSettings>(settings =>
                {
                    Debug.Assert(RuntimeInformation.IsOSPlatform(OSPlatform. Windows));
                    if (string.IsNullOrEmpty(settings.SourceName))
                    {
                        settings.SourceName =
                                    hostContext.HostingEnvironment.ApplicationName;
                    }
                });
                services.Configure(configure);
            });
        }

        return hostBuilder;
    }
}
```

　　如程式3-8所示，WindowsServiceLifetime類別繼承了IHostLifetime介面，使其在 Windows 服務中進行生命週期的管理，首先在 WaitForStartAsync 方法中進行啟動，並註冊應用程式等，然後實例化一個執行緒，為 Run 方法開關一個新執行緒，並將其設定為背景執行緒。另外，在 OnStop 方法和 OnShutdown 方法中呼叫了 ApplicationLifetime.StopApplication 方法，WindowsService Lifetime 的基礎類別為 ServiceBase，當服務停止時會呼叫 OnStop 方法和 OnShutdown 方法。

▼ 程式 3-8

```
[SupportedOSPlatform("windows")]
public class WindowsServiceLifetime : ServiceBase, IHostLifetime
{
    private readonly TaskCompletionSource<object> delayStart =
        new TaskCompletionSource<object>
                            (TaskCreationOptions.RunContinuationsAsynchronously);
private readonly ManualResetEventSlim delayStop = new ManualResetEventSlim();
    private readonly HostOptions _hostOptions;
    private IHostApplicationLifetime ApplicationLifetime { get; }
    private IHostEnvironment Environment { get; }
    private ILogger Logger { get; }
    public Task WaitForStartAsync(CancellationToken cancellationToken)
    {
        cancellationToken.Register(delegate
        {
            _delayStart.TrySetCanceled();
        });
        ApplicationLifetime.ApplicationStarted.Register(delegate
        {
        });
        ApplicationLifetime.ApplicationStopping.Register(delegate
        {
        });
        ApplicationLifetime.ApplicationStopped.Register(delegate
        {
            _delayStop.Set();
        });
```

```
    Thread thread = new Thread(new ThreadStart(Run));
    thread.IsBackground = true;
    thread.Start();
    return _delayStart.Task;
}
private void Run()
{
    try
    {
        ServiceBase.Run(this);
        delayStart.TrySetException(new InvalidOperationException
                                        ("Stopped without starting"));
    }
    catch (Exception exception)
    {
        _delayStart.TrySetException(exception);
    }
}
public Task StopAsync(CancellationToken cancellationToken)
{
    Task.Run(new Action(base.Stop), CancellationToken.None);
    return Task.CompletedTask;
}
protected override void OnStart(string[] args)
{
    delayStart.TrySetResult(null);
    base.OnStart(args);
}
protected override void OnStop()
{
    ApplicationLifetime.StopApplication();
    delayStop.Wait(_hostOptions.ShutdownTimeout);
    base.OnStop();
}
protected override void OnShutdown()
{
    ApplicationLifetime.StopApplication();
    delayStop.Wait(_hostOptions.ShutdownTimeout);
    base.OnShutdown();
```

```
    }
    protected override void Dispose(bool disposing)
    {
        if (disposing)
        {
            delayStop.Set();
        }
        base.Dispose(disposing);
    }
}
```

現在，可以透過 Windows 作業系統中的 Service Create（sc）命令列工具，將應用程式註冊為 Windows 服務。

Service Create（sc）是用於服務管理的命令列工具，可以用於增加新服務，也可以用於查詢、修改、啟動、停止和刪除現有服務。

透過 dotnet 命令列工具，可以還原應用程式的相依項，還原後執行 publish 命令進行專案的發佈，如程式 3-9 所示。

▼ 程式 3-9

```
dotnet restore
dotnet publish
```

如程式 3-10 所示，使用 sc.exe 命令列工具部署，輸入 sc.exe create SERVICE NAME binpath=SERVICE FULL PATH。需要注意的是，binpath 需要指定 .exe 檔案的完整路徑，當服務建立完成後，使用 sc.exe start SERVICE NAME 可以啟動服務。

▼ 程式 3-10

```
sc.exe create MyWorker binpath=publish\app.exe
sc.exe start MyWorker
```

使用 sc.exe 命令列工具可以停止和刪除 Windows 服務，如程式 3-11 所示。

▼ 程式 3-11

```
sc.exe stop MyWorker
sc.exe delete MyWorker
```

註冊 Windows 服務後，可以在系統中按 Win+R 鍵，在「執行」視窗中輸入 services.msc，點擊「確定」按鈕，即可查看 Windows 服務，如圖 3-10 所示。

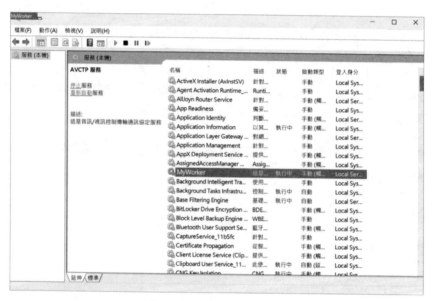

▲ 圖 3-10 查看 Windows 服務

使用 sc.exe 命令列工具可以查看 Windows 服務的狀態資訊，如圖 3-11 所示。

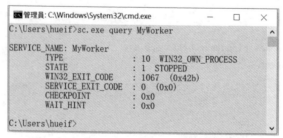

▲ 圖 3-11 查看 Windows 服務的狀態資訊

3.4.3 Linux 服務註冊

.NET 在 Linux 上執行也具有非常好的支援，採用 Worker Service 專案範本建立的應用程式也可以在 Linux 上進行託管，作為 Systemd Service 執行。

Linux 服務的 NuGet 套件為 Microsoft.Extensions. Hosting.Systemd，程式 3-12 展示了 Worker Service 專案實例，將 UseSystemd 擴充方法增加到 Create DefaultBuilder 方法中。

▼ 程式 3-12

```
IHost host = Host.CreateDefaultBuilder(args)
    .UseSystemd()
    .ConfigureServices(services =>
    {
        services.AddHostedService<Worker>();
    })
    .Build();


await host.RunAsync();
```

程式 3-13 展示了 UseSystemd 擴充方法的內部實作，在 Linux 環境下部署需要執行如下幾個主要操作：設定 Lifetime 為 SystemdLifetime；主控台記錄器更改為 ConsoleFormatterNames. Systemd；註冊 ISystemdNotifier 物件，用於通知 systemd 服務何時啟動和何時停止，使用它不僅可以為 systemd 看門狗功能定期發送心跳，還可以實作 SDNotify 協定。

▼ 程式 3-13

```
public static class SystemdHostBuilderExtensions
{
    public static IHostBuilder UseSystemd(this IHostBuilder hostBuilder)
    {
        if (SystemdHelpers.IsSystemdService())
        {
            hostBuilder.ConfigureServices((hostContext, services) =>
            {
```

```
            services.Configure<ConsoleLoggerOptions>(options =>
            {
                options.FormatterName = ConsoleFormatterNames.Systemd;
            });

            services.AddSingleton<ISystemdNotifier, SystemdNotifier>();
            services.AddSingleton<IHostLifetime, SystemdLifetime>();
        });
    }
    return hostBuilder;
}
}
```

在 Linux 環境下新增一個副檔名為 .service 的服務設定檔，該檔案主要放在 /usr/lib/systemd/system 目錄下，也可以存放在使用者設定目錄 /etc/systemd/system 下，如程式 3-14 所示。

▼ 程式 3-14

```
[Unit]
Description=myworker

[Service]
Type=notify
WorkingDirectory=/home/user/myworker/
ExecStart=/home/user/myworker/03

[Install]
WantedBy=multi-user.target
```

在 .service 檔案中定義的服務主要分為 [Unit]、[Service] 和 [Install] 這 3 個部分。[Unit] 中僅增加了 Description 屬性，用於描述 Unit，但還有更多的可選項。[Service] 中定義了有關應用的詳細資訊，對於 .NET 應用程式，可以將 Type 設定為 notify，以便在主機啟動或停止時通知 Systemd；[Service] 中還定義了 WorkingDirectory 屬性，用於設定工作目錄；ExecStart 屬性用於定義執行啟動的指令稿，需要有完整的路徑，/home/user/myworker/03 路徑中的 03

為專案名稱。[Install] 中定義了如何啟動，以及開機是否啟動，在此處使用了 WantedBy 屬性，它的值可以為一個或多個 Target，在啟動 Unit 時，符號連結會放在 /etc/systemd/system 目錄下以 Target 名稱 +.wants 副檔名組成的子目錄中。

如程式 3-15 所示，發佈 .NET 應用程式，生成獨立的應用程式，有關 .NET 執行時期和所需的相依項都綁定在一個可執行檔中。

▼ 程式 3-15

```
dotnet publish -c Release -r linux-x64
            --self-contained=true -p:PublishSingleFile=true
            -p:GenerateRuntimeConfigurationFiles=true -o artifacts
```

最後，在 Linux 環境下安裝和執行服務，將 .service 檔案命名為 myworker.service，並且將它儲存到 /etc/systemd/system/ 目錄下。

執行如程式 3-16 所示的命令可以載入新設定檔。

▼ 程式 3-16

```
sudo systemctl daemon-reload
```

如程式 3-17 所示，啟動和停止服務。

▼ 程式 3-17

```
sudo systemctl start myworker.service
sudo systemctl stop myworker.service
sudo systemctl restart myworker.service
```

啟動後可以使用如圖 3-12 所示的命令查看服務的狀態。

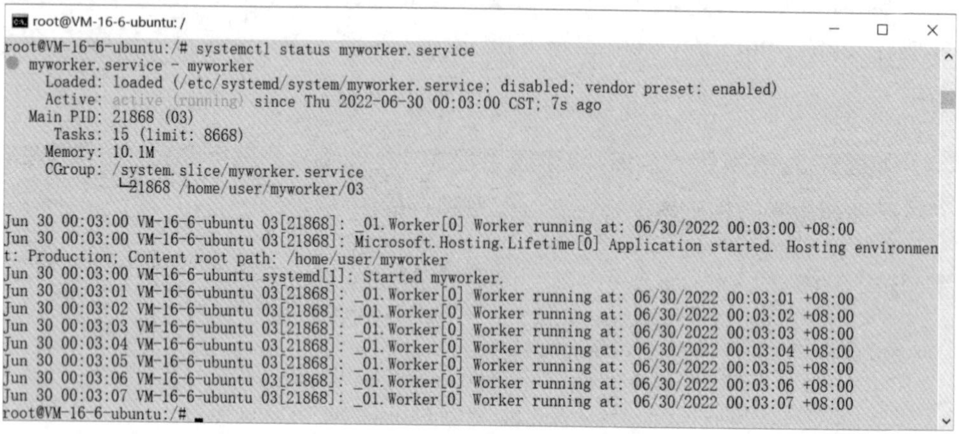

```
root@VM-16-6-ubuntu: /                                              —   □   ×
root@VM-16-6-ubuntu:/# systemctl status myworker.service
● myworker.service - myworker
     Loaded: loaded (/etc/systemd/system/myworker.service; disabled; vendor preset: enabled)
     Active: active (running) since Thu 2022-06-30 00:03:00 CST; 7s ago
   Main PID: 21868 (03)
      Tasks: 15 (limit: 8668)
     Memory: 10.1M
     CGroup: /system.slice/myworker.service
             └─21868 /home/user/myworker/03

Jun 30 00:03:00 VM-16-6-ubuntu 03[21868]: _01.Worker[0] Worker running at: 06/30/2022 00:03:00 +08:00
Jun 30 00:03:00 VM-16-6-ubuntu 03[21868]: Microsoft.Hosting.Lifetime[0] Application started. Hosting environmen
t: Production; Content root path: /home/user/myworker
Jun 30 00:03:00 VM-16-6-ubuntu systemd[1]: Started myworker.
Jun 30 00:03:01 VM-16-6-ubuntu 03[21868]: _01.Worker[0] Worker running at: 06/30/2022 00:03:01 +08:00
Jun 30 00:03:02 VM-16-6-ubuntu 03[21868]: _01.Worker[0] Worker running at: 06/30/2022 00:03:02 +08:00
Jun 30 00:03:03 VM-16-6-ubuntu 03[21868]: _01.Worker[0] Worker running at: 06/30/2022 00:03:03 +08:00
Jun 30 00:03:04 VM-16-6-ubuntu 03[21868]: _01.Worker[0] Worker running at: 06/30/2022 00:03:04 +08:00
Jun 30 00:03:05 VM-16-6-ubuntu 03[21868]: _01.Worker[0] Worker running at: 06/30/2022 00:03:05 +08:00
Jun 30 00:03:06 VM-16-6-ubuntu 03[21868]: _01.Worker[0] Worker running at: 06/30/2022 00:03:06 +08:00
Jun 30 00:03:07 VM-16-6-ubuntu 03[21868]: _01.Worker[0] Worker running at: 06/30/2022 00:03:07 +08:00
root@VM-16-6-ubuntu:/# █
```

▲ 圖 3-12 查看服務的狀態

3.4.4 將 WebAPI 託管為 Windows 服務

將 WebAPI 透過 Windows 服務進行託管是一種什麼體驗呢？首先可以明確的是，透過服務託管即使電腦重新啟動，當服務模式為「自動啟動」時也會開機自啟。

建立一個 WebAPI 專案，在 Program.cs 檔案中建立一個 WebApplication Options 物件，並將其 ContentRootPath 屬性設定為 AppContext.BaseDirectory，將 WebApplicationOptions 物件傳遞給 CreateBuilder 方法，如程式 3-18 所示。

▼ 程式 3-18

```
WebApplicationOptions options = new()
{
    ContentRootPath = AppContext.BaseDirectory,
    Args = args
};
var builder = WebApplication.CreateBuilder(options);
builder.Host.UseWindowsService();

var app = builder.Build();
```

```
app.MapGet("/", () =>
{
    return "Hello World!";
});

app.Run();
```

　　當 WebAPI 專案部署為 Windows 服務後，需要考慮日誌的輸出位置，最簡單的方式是輸出 Windows 事件日誌，如程式 3-19 所示，可以透過 appsettings.json 檔案設定事件日誌的等級。

▼ 程式 3-19

```
{
  "Logging": {
    "LogLevel": {
      "Default": "Information",
      "Microsoft.AspNetCore": "Warning"
    },
    "EventLog": {
      "LogLevel": {
        "Default": "Information",
        "Program": "Information"
      }
    }
  },
  "AllowedHosts": "*"
}
```

　　然後使用 dotnet publish 命令將應用程式發佈到指定的目錄下，如程式 3-20 所示。

▼ 程式 3-20

```
dotnet publish -c Release -o c:\webapiservice
```

透過 sc.exe 命令列工具建立 Windows 服務，如程式 3-21 所示。

▼ 程式 3-21

```
sc.exe create WebAPIService binpath=c:\webapiservice
```

啟動 Windows 服務後，如圖 3-13 所示，可以使用 Windows 事件檢視器查看日誌資訊，目前的「來源」列對應的是專案名稱 WebAPIService，可以進行日誌篩選。

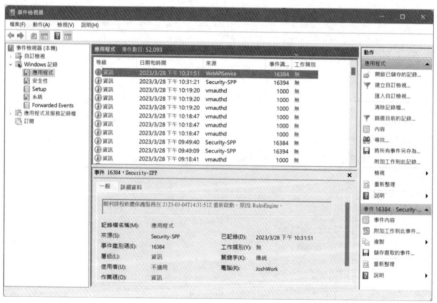

▲ 圖 3-13 Windows 事件檢視器

3.5 | 延伸閱讀：WindowsFormsLifetime

下面對 3.3 節建立的 WinForm 應用程式進行最佳化，但是需要對它做出一些改動。雖然可以在 WinForm 應用程式中託管並執行 WebAPI，但無法結合 WinForm 應用程式的生命週期管理。本節主要介紹使用 WinForm 應用程式對其生命週期進行託管。

　　如程式 3-22 所示，修改 Program.cs 檔案，先呼叫 Host 屬性傳回一個 IHostBuilder 實例，再呼叫 UseWindowsForms 擴充方法註冊核心服務。IHostBuilder 實例承載了應用程式的核心功能，如設定系統、相依性插入、Host 的承載等。

▼ 程式 3-22

```
var builder = WebApplication.CreateBuilder(args);
builder.Host.UseWindowsForms<Form1>();

var app = builder.Build();
app.MapGet("/", () => "Hello World!");
app.RunAsync();
```

　　建立一個名為 WindowsFormsLifetime 的類別，如程式 3-23 所示，實作 IHostLifetime 介面，並插入 IHostApplicationLifetime 物件，用於管理應用程式的生命週期。

▼ 程式 3-23

```
public class WindowsFormsLifetime : IHostLifetime, IDisposable
{
    private readonly IHostApplicationLifetime _applicationLifetime;

    public WindowsFormsLifetime(IHostApplicationLifetime applicationLifetime)
    {
        _applicationLifetime = applicationLifetime;
    }
    public Task WaitForStartAsync(CancellationToken cancellationToken)
    {
        Application.ApplicationExit += OnExit;
        return Task.CompletedTask;
    }
    public Task StopAsync(CancellationToken cancellationToken)
    {
        return Task.CompletedTask;
    }
```

```
    public void Dispose()
    {
        Application.ApplicationExit -= OnExit;
    }
    private void OnExit(object sender, EventArgs e)
    {
        _applicationLifetime.StopApplication();
    }
}
```

如程式 3-24 所示，建立 WindowsFormsApplicationHostedService 類別，繼承 IHostedService 介面用於承載服務，該介面定義了兩個方法用於啟動服務和關閉服務。在啟動服務時會呼叫 StartAsync 方法，並開啟一個 UI 執行緒用於管理 WinForm 應用程式；在關閉服務時會呼叫 StopAsync 方法。

▼ 程式 3-24

```
public class WindowsFormsApplicationHostedService : IHostedService
{
    private readonly IServiceProvider _serviceProvider;
    private readonly Thread _thread;

    public WindowsFormsApplicationHostedService(IServiceProvider serviceProvider)
    {
        _serviceProvider = serviceProvider;
        // 建立一個 STA 執行緒
        _thread = new Thread(UIThreadStart);
        _thread.SetApartmentState(ApartmentState.STA);
    }

    public Task StartAsync(CancellationToken cancellationToken)
    {
        _thread.Start();
        return Task.CompletedTask;
    }

    public Task StopAsync(CancellationToken cancellationToken)
```

```
    {
        Application.Exit();
        return Task.CompletedTask;
    }

    private void UIThreadStart()
    {
        var applicationContext =
                serviceProvider.GetRequiredService<ApplicationContext>();
        Application.Run(applicationContext);
    }
}
```

如程式 3-25 所示，建立 UseWindowsForms 擴充方法，首先註冊一個主
表單，並且將其註冊為 Singleton 服務實例，然後註冊 IHostLifetime 服務和
WindowsFormsApplicationHostedService 承載服務，同時建立一個 Application
Context 物件作為 WinForm 應用程式的上下文物件。

▼ 程式 3-25

```
public static class WinFormLifetimeHostBuilderExtensions
{
    public static IHostBuilder UseWindowsForms<TMainForm>(
                                    this IHostBuilder builder) where TMainForm : Form
    {
        return builder.ConfigureServices((context, services) =>
        {
            services
                .AddSingleton<TMainForm>()
                .AddSingleton<IHostLifetime, WindowsFormsLifetime>()
                .AddSingleton(c =>
                new ApplicationContext(c.GetRequiredService<TMainForm>()))
                .AddHostedService<WindowsFormsApplicationHostedService>();
        });
    }
}
```

IHost 介面表示一個宿主服務的定義，通常應用程式的啟動和停止都由 IHost 介面管理。另外，IHost 介面也宣告了 StartAsync 方法和 StopAsync 方法，如程式 3-26 所示。

▼ 程式 3-26

```
public interface IHost : IDisposable
{
    IServiceProvider Services { get; }
    Task StartAsync(CancellationToken cancellationToken = default);
    Task StopAsync(CancellationToken cancellationToken = default);
}
```

IHostApplicationLifetime 介面用於對應用程式的生命週期進行管理，如程式 3-27 所示。

▼ 程式 3-27

```
public interface IHostApplicationLifetime
{
    CancellationToken ApplicationStarted { get; }
    CancellationToken ApplicationStopped { get; }
    CancellationToken ApplicationStopping { get; }
    void StopApplication();
}
```

程式 3-28 展示了 IHostLifetime 介面的定義，當啟動 Host 時會呼叫 IHostLifetime 物件的 WaitForStartAsync 方法，當關閉 Host 時會呼叫 StopAsync 方法。

▼ 程式 3-28

```
public interface IHostLifetime
{
    Task StopAsync(CancellationToken cancellationToken);
    Task WaitForStartAsync(CancellationToken cancellationToken);
}
```

　　不難發現，Host 物件承載了應用程式的託管工作，下面簡化 Host 類別的實作。如程式 3-29 所示，在 StartAsync 方法中，首先呼叫了 IHostLifetime 物件的 WaitForStartAsync 方法，也就是說，筆者撰寫的 WindowsFormsLifetime 物件會被第一時間呼叫，用於註冊 Host 本身的生命週期管理，接下來就是獲取所有註冊的 IHostedService 服務，它們都會在此處被集中啟動，最後透過呼叫 ApplicationLifetime 物件的 NotifyStarted 方法用於通知應用程式。同樣地，StopAsync 方法首先透過 ApplicationLifetime 物件來停止，然後呼叫 IHostedService 物件停止所有服務，最後透過 ApplicationLifetime 物件通知應用程式。

▼ 程式 3-29

```
internal sealed class Host : IHost, IAsyncDisposable
{
    private readonly ILogger<Host> _logger;
    private readonly IHostLifetime _hostLifetime;
    private readonly ApplicationLifetime _applicationLifetime;
    private readonly HostOptions _options;
    private readonly IHostEnvironment _hostEnvironment;
    private readonly PhysicalFileProvider _defaultProvider;
    private IEnumerable<IHostedService> _hostedServices;
    private volatile bool _stopCalled;

    public IServiceProvider Services { get; }
    public async Task StartAsync(CancellationToken cancellationToken = default)
    {
        await _hostLifetime.WaitForStartAsync(combinedCancellationToken)
                                                . ConfigureAwait(false);
        combinedCancellationToken.ThrowIfCancellationRequested();
        hostedServices = Services.GetService<IEnumerable <IHostedService>>();
        foreach (IHostedService hostedService in _hostedServices)
        {
            await hostedService.StartAsync(
                            combinedCancellationToken). ConfigureAwait(false);
            if (hostedService is BackgroundService backgroundService)
            {
```

```
                    _ = TryExecuteBackgroundServiceAsync(backgroundService);
        }
    }
    _applicationLifetime.NotifyStarted();
}
private async Task TryExecuteBackgroundServiceAsync(
                                    BackgroundService backgroundService)
{
    Task backgroundTask = backgroundService.ExecuteTask;
    if (backgroundTask == null)
        return;
    try
    {
        await backgroundTask.ConfigureAwait(false);
    }
    catch (Exception ex)
    {
        if (options.BackgroundServiceExceptionBehavior
                        == BackgroundServiceExceptionBehavior.StopHost)
        {
            _applicationLifetime.StopApplication();
        }
    }
}


public async Task StopAsync(CancellationToken cancellationToken = default)
{
    using(var cts = new CancellationTokenSource(options.ShutdownTimeout))
    using(var linkedCts = CancellationTokenSource
                    .CreateLinkedTokenSource(cts.Token, cancellationToken))
    {
        CancellationToken token = linkedCts.Token;
        applicationLifetime.StopApplication();
        IList<Exception> exceptions = new List<Exception>();
        if (hostedServices != null)
        {
          foreach (IHostedService hostedService in_hostedServices.Reverse())
            {
                try
```

```
            {
                awaithostedService.StopAsync(token).ConfigureAwait(false);
            }
            catch (Exception ex)
            {
                exceptions.Add(ex);
            }
        }
    }
    applicationLifetime.NotifyStopped();
    try
    {
        await hostLifetime.StopAsync(token).ConfigureAwait(false);
    }
    catch (Exception ex)
    {
        exceptions.Add(ex);
    }
    }
}
public void Dispose() => DisposeAsync().AsTask().GetAwaiter().GetResult();
public async ValueTask DisposeAsync(){ }
}
```

3.6 │ 小結

　　透過本章的學習，讀者可以基本了解 .NET 多樣化的執行方式。讀者可以根據自己的實際需求選擇不同類型的執行方式。

第 **4** 章
相依性插入

相依性插入（Dependency Injection，DI），又稱為相依性關係插入，是一種軟體設計模式，也是相依性反轉原則（Dependence Inversion Principle，DIP）的一種表現。相依性反轉原則的含義如下：一是高層模組不相依性低層模組，二者都相依性抽象；二是抽象不應相依性細節；三是細節應相依性抽象。在業務程式各處使用關鍵字 new 來建立物件也是細節實現，一旦廣泛使用了關鍵字 new，就可能導致物件間的關係變得非常複雜。

相依性插入原則有別於傳統的透過關鍵字 new 直接相依性低層模組的形式，以協力廠商容器插入的形式進行相依項的管理。相依性插入是實現控制反轉的一種手段，而用來實現相依性插入的技術框架又被稱為 IoC 框架。

控制反轉（Inversion of Control，IoC）最早是由 Martin Fowler 提出的一種概念。Martin Fowler 指出，由於物件間存在緊密的相互依賴關係，每個物件都需要管理相依性物件的引用，因此應用程式碼變得高度耦合且難以拆分。而相依性插入則改變了物件原本的相依性形式，可以實現對相依性關係的控制反轉。

在傳統的 .NET Framework 時代，許多有經驗的開發人員已經普遍使用 IoC 框架來管理相依項的關係，如 Spring.NET、Unity（不是遊戲框架 Unity 或 Unity3D，而是由 Microsoft 企業函式庫提供的一種 IoC 框架）就是常用的幾種框架。但是由於這些框架不是 .NET Framework 的一部分，需要由開發人員自行引入，因此會提高學習成本。

而從 .NET Core 開始，.NET 平臺就原生提供了一種 IoC 框架（其命名空間為 Microsoft. Extension.DependencyInjection），該框架具有輕量級和好用性的特點，因此，可以很輕鬆地在應用程式中使用。相依性插入在 .NET 中無處不在，已經成為 .NET 應用程式開發的理論基石。

4.1 .NET 相依性插入

「高內聚，低耦合」是軟體開發人員一直在追求的目標，而相依項的管理則是耦合問題的直接表現，將相依性插入作為手段是 .NET 應用程式開發過程中最常見的方式。例如，設定、日誌和選項等模組其實都是開發應用程式過程中必不可少的基礎設施，當採用關鍵字 new 時，如果這些模組的實現發生了一些變化，就會不可避免地影響業務程式。

相依性插入也表現了物件導向多形的特徵，將直接管理物件改成管理物件的引用關係，是物件導向程式設計的一大魅力。透過使用相依性插入，採用面向介面程式設計的方式，將常用的實作抽象成介面，透過呼叫介面減少建立（new）物件的過程。當面對不同的實作類別時，開發人員不需要修改之前的程式，只需要建立新的實作類別並改變引用關係即可。用來管理引用關係的基礎設施就是相依性插入框架。容器管理物件的引用關係如圖 4-1 所示。有人將相依性插入框架稱為管理物件的容器,在這個容器中,人們無須手動建立和銷毀物件,容器會自動幫助開發人員管理這些過程。

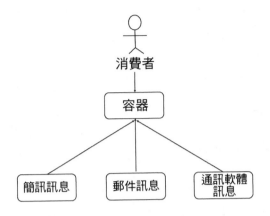

▲ 圖 4-1 容器管理物件的引用關係

4.1.1 服務的註冊

相依性插入的理論比較複雜,為了更好地幫助讀者理解,筆者從程式實作層面介紹 .NET 中的相依性插入。

假設有一個訊息列印類別 MessagePrinter,需要呼叫 MessagePrinter 類別來輸出相關訊息,按照傳統的開發習慣,實作過程如程式 4-1 所示,有兩處使用了關鍵字 new 的程式碼片段。

▼ 程式 4-1

```
class Program
{
    static void Main(string[] args)
    {
        MessagePrinter messagePrinter = new MessagePrinter();
        messagePrinter.Print();
    }
}
///<summary>
```

```
/// 列印類別
///</summary>
public class MessagePrinter
{
    private MessageWriter writer;
    public MessagePrinter()
    {
        writer = new MessageWriter();
    }
    public void Print()
    {
        writer.Write("Hello World");
    }
}


///<summary>
/// 訊息輸出
///</summary>
public class MessageWriter
{
    public void Write(string msg)
    {
        Console.Out.WriteLine(msg);
    }
}
```

　　MessagePrinter 相當於高層模組，MessageWriter 相當於低層模組，在這段程式中，MessagePrinter 透過 new 的形式直接相依性 MessageWriter，如果後續 MessageWriter 的實作方式發生了變化，如新增了實作、類別改名或方法改名，就會對 MessagePrinter 造成影響。這種典型的物件耦合行為在大型專案中很常見，低層模組的實作變化總是為高層模組的開發人員帶來許多困擾。

　　如果使用介面程式設計的方式，則會顯著改善這種狀況，如程式 4-2 所示，將原本的 MessageWriter 抽象為介面 IWriter，並在建構函式中管理該介面的實作細節，如果後續 MessageWriter 需要改成 ConsoleWriter，則只需對一行程式進行修改。

▼ 程式 4-2

```
///<summary>
/// 列印類別
///</summary>
public class MessagePrinter
{
    private IWriter writer;
    public MessagePrinter()
    {
        // 後續物件行為發生重點變更或改名，只需修改此處
        writer = new MessageWriter();
        //writer = new ConsoleWriter();
    }
    public void Print()
    {
        writer.Write("Hello World");
    }
}


///<summary>
/// 訊息輸出
///</summary>
public class MessageWriter:IWriter
{
    public void Write(string msg)
    {
        Console.Out.WriteLine(msg);
    }
}
///<summary>
/// 主控台輸出
///</summary>
public class ConsoleWriter:IWriter
{
    public void Write(string msg)
    {
        Console.Out.WriteLine(msg);
    }
}
```

上述程式採用介面程式設計的形式看似已經使高層模組更加穩定，但 .NET 的相依性插入則更進一步，可以將整個物件的建立過程容器化，開發人員可以透過建構函式插入的形式，在建立 MessagePrinter 物件時自動建立其相依性的底層物件。

先建立主控台實例，建立完成後，再引入對應的 NuGet 套件，相依性插入的 NuGet 套件為 Microsoft.Extensions.DependencyInjection，如程式 4-3 所示。

▼ 程式 4-3

```
///<summary>
/// 列印類別
///</summary>
public class MessagePrinter
{
    private IWriter writer;
    ///<summary>
    /// 插入建構函式，由相依性插入框架管理物件的建立過程，開發人員無須使用 new 來建立
    ///</summary>
    ///<param name="writer"></param>
    public MessagePrinter(IWriter writer)
    {
        //writer = new MessageWriter();
        _writer = writer;
    }
    public void Print()
    {
        _writer.Write("Hello World");
    }
}
///<summary>
/// 訊息輸出
///</summary>
public class MessageWriter:IWriter
{
    public void Write(string msg)
    {
```

```
        Console.Out.WriteLine(msg);
    }
}
```

　　因為相依性插入具有傳染性，所以還需要對入口程式進行修改。如程式 4-4 所示，在 Main 函式中，首先建立一個 ServiceCollection 物件，用這個物件來管理物件的引用關係，然後呼叫 AddSingleton 擴充方法，由方法名稱可知，該方法針對服務註冊採用不同的生命週期（Transient、Scoped 和 Singleton，本節不對其詳細說明，讀者可以在 4.1.2 節中對服務的生命週期進行學習和了解），將 IMessageWriter 介面註冊對應的服務，接著呼叫 BuildServiceProvider 擴充方法，傳回 ServiceProvider 物件，並呼叫該物件的 GetService<T> 擴充方法獲取對應的服務實例，最後呼叫實例的 Print 方法。

▼ 程式 4-4

```
class Program
{
    static void Main(string[] args)
    {
        var provider = new ServiceCollection()
            .AddSingleton<MessagePrinter>()
            .AddSingleton<IWriter, MessageWriter>()
            .BuildServiceProvider();
        var messageWriter = provider.GetService<MessagePrinter>();
        messageWriter.Print();
    }
}
```

注意：主控台應用中不包含相依性插入框架，所以需要手動增加的 NuGet 套件為 Microsoft.Extension.DependencyInjection，而 ASP.NET Core 應用不需要單獨引入，該 SDK 已經被自動增加基礎 NuGet 套件的相依性。

擴充延伸

　　根據上述內容繼續做延伸性理解，可以發現 IServiceProvider 是相依性插入的核心抽象介面。程式 4-5 展示了 IServiceProvider 介面的定義。

▼ 程式 4-5

```
public interface IServiceProvider
{
    object? GetService(Type serviceType);
}
```

　　一般來說，當服務註冊到 DI 容器（IServiceCollection）後，後續的服務實例的獲取可以直接使用 GetService 擴充方法。除此之外，獲取服務實例還可以使用 GetRequiredService<T> 擴充方法，該方法被定義在一個名為 ServiceProviderServiceExtensions 的靜態類別中，在該類別中還實作了擴充方法 GetService<T> 和 GetRequiredService<T>，如程式 4-6 所示。筆者簡化了該程式，讓程式更加精簡一些。如果讀者需要閱讀完整的程式，則可以從 GitHub 官網的 dotnet/runtime 倉庫中閱讀原始程式碼。

▼ 程式 4-6

```
public static class ServiceProviderServiceExtensions
{
    public static T? GetService<T>(this IServiceProvider provider)
    {
        return (T?)provider.GetService(typeof(T));
    }
    public static T GetRequiredService<T>(this IServiceProvider provider)
    {
        return (T)provider.GetRequiredService(typeof(T));
    }
}
```

正如程式 4-6 所示，獲取服務實例可以使用擴充方法 GetRequiredService<T> 和 GetService<T>。而擴充方法 GetRequiredService<T> 和 GetService<T> 的區別，也是值得讀者關注的內容。另外，讀者必須了解選擇每個方法原因。對於 GetRequiredService<T> 擴充方法來說，如果服務不可用，就會拋出例外；GetService<T> 擴充方法的傳回類型是空的，所以是有傳回空的可能性的，需要做非空檢查。也就是說，如果開發人員不進行判斷，則可能會傳回 NullReferenceException 例外物件。而 GetRequiredService<T> 擴充方法則直接拋出 InvalidOperationException 例外物件。

4.1.2 生命週期

透過學習 4.1.1 節，讀者可以基本認識相依性插入。本節將介紹 .NET 相依性插入的生命週期。.NET 相依性插入提供了以下 3 種生命週期。

（1）單例，.NET 中使用的 Singleton 與設計模式中的單例模式類似，表示一個應用程式的生命週期只會建立一次物件，後續每次使用都將重複使用該物件。

（2）作用域，有人將使用的 Scoped 稱為 "請求單例"，表示在每個 HTTP 請求期間建立一次。

（3）暫態，使用 Transient，每個方法呼叫週期內只建立一次物件。

正如程式 4-7 所示，相依性插入的 3 種生命週期如圖 4-2 所示。

▼ 程式 4-7

```
public enum ServiceLifetime
{
    Singleton,
    Scoped,
    Transient,
}
```

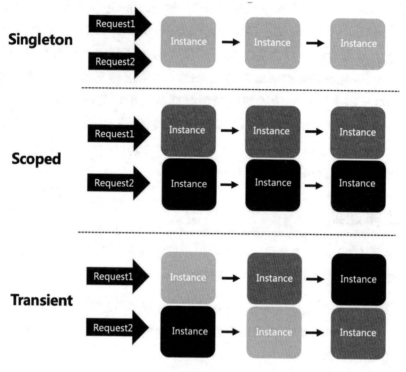

▲ 圖 4-2 相依性插入的 3 種生命週期

為了更好地幫助讀者了解服務生命週期，筆者透過一個 Web 應用程式來示範。再建立一個 ASP.NET Core WebAPI 應用程式，在該應用程式中先建立 ISample 介面，再建立 ISampleSingleton 介面、ISampleScoped 介面和 ISampleTransient 介面，建立完成後需要建立一個名為 Sample 的實作類別，用於記錄物件的生成次數，不是某個服務的累加次數，而是統計類別實例化物件的個數，如程式 4-8 所示。

▼ 程式 4-8

```
public interface ISample
{
    int Id { get; }
}
public interface ISampleSingleton : ISample
{
```

```
}
public interface ISampleScoped : ISample
{
}
public interface ISampleTransient : ISample
{
}
public class Sample : ISampleSingleton, ISampleScoped, ISampleTransient
{
    private static int counter;
    private int id;
    public Sample()
    {
        _id = ++_counter;
    }
    public int Id => id;
}
```

　　上面建立了介面和實作類別，接下來需要註冊服務。可以使用 3 種生命週期分別建立並註冊 Sample 類別的實例，在 Startup 類別中，透過呼叫 WebApplicationBuilder 物件的 Services 屬性，分別呼叫不同生命週期的擴充方法註冊服務，如程式 4-9 所示。

▼ 程式 4-9

```
var builder = WebApplication.CreateBuilder(args);
// 註冊服務
builder.Services.AddTransient<ISampleTransient, Sample>();
builder.Services.AddScoped<ISampleScoped, Sample>();
builder.Services.AddSingleton<ISampleSingleton, Sample>();

builder.Services.AddControllers();

var app = builder.Build();

app.UseHttpsRedirection();

app.UseAuthorization();
```

```
app.MapControllers();

app.Run();
```

服務註冊完成後，需要對 Controller 插入 3 個服務。在之後的使用中不僅可以在 Controller 中插入服務，還可以在 ASP.NET Core MVC 視圖中插入服務。在本實例中，輸出程式 4-8 中統計類別實例化的次數，透過服務實例的 HashCode 進行觀察比較，在程式 4-10 中對其進行示範。

▼ 程式 4-10

```
using System;

public class WeatherForecastController : ControllerBase
{
    private readonly ISampleSingleton _sampleSingleton;
    private readonly ISampleScoped _sampleScoped;
    private readonly ISampleTransient _sampleTransient;

    public WeatherForecastController(ISampleSingleton sampleSingleton
                    ,ISampleScoped sampleScoped,ISampleTransient sampleTransient)
    {
        _sampleSingleton = sampleSingleton;
        _sampleScoped = sampleScoped;
        _sampleTransient = sampleTransient;
    }

    [HttpGet]
    public OkResult Get()
    {
        Console.WriteLine(
            $"name：sampleScoped,Id：{_sampleScoped.Id},hashCode
                                    ：{_sampleScoped.GetHashCode()},\n" +
            $"name：sampleTransient,Id：{_sampleTransient.Id},hashCode
                                    ：{_sampleTransient.GetHashCode()},\n" +
            $"name：sampleSingleton，Id：{_sampleSingleton.Id},hashCode
                                    ：{_sampleSingleton.GetHashCode()}\n");
```

```
        return Ok();
    }
}
```

執行上述應用程式，並存取指定的位址，請求兩次記錄請求的內容。圖 4-3 展示了 3 種不同生命週期物件的 HashCode，可以發現，Singleton 實例的第一次請求和第二次請求輸出的內容是一致的。因此，對於 Singleton 來說，在應用程式生命週期內都是相同的實例。

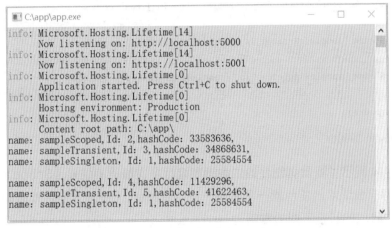

▲ 圖 4-3 3 種不同生命週期物件的 HashCode

下面對 Scoped 生命週期進行驗證。在 Controller 中插入 IServiceProvider 物件，如程式 4-11 所示，透過 IServiceProvider 物件進行實例的檢索和解析操作，該物件可以在執行時期快速檢索到物件實例，Controller 的 Get 方法透過 IServiceProvider 物件檢索應用程式中定義的 3 個服務實例，主要目的是在同一個請求中對比對應實例的 HashCode 是否一致。

▼ 程式 4-11

```
public OkResult Get()
{
    var sampleSingleton = _serviceProvider.GetService<ISampleSingleton>();
    var sampleScoped = _serviceProvider.GetService<ISampleScoped>();
    var sampleTransient = _serviceProvider.GetService<ISampleTransient>();
```

```
Console.WriteLine(
    $"name：sampleScoped,Id：{ _sampleScoped.Id },hashCode
                                    ：{_sampleScoped.GetHashCode()},\n" +
    $"name：sampleTransient,Id：{_sampleTransient.Id},hashCode
                                    ：{_sampleTransient.GetHashCode()},\n" +
    $"name：sampleSingleton，Id：{_sampleSingleton.Id},hashCode
                                    ：{_sampleSingleton.GetHashCode()}\n");

Console.WriteLine(
    $"name：sampleScoped,Id：{ sampleScoped.Id },hashCode
                                    ：{sampleScoped.GetHashCode()},\n" +
    $"name：sampleTransient,Id：{sampleTransient.Id},hashCode
                                    ：{sampleTransient.GetHashCode()},\n" +
    $"name：sampleSingleton，Id：{sampleSingleton.Id},hashCode
                                    ：{sampleSingleton.GetHashCode()}\n");
    return Ok();
}
```

　　圖 4-4 展示了對實例物件的生命週期進行多次驗證的結果，Scoped 作用域可以在同一個請求內使用同一個實例，而 Transient（暫態）是「即用即走」，所以每次獲取的都是不同的實例。

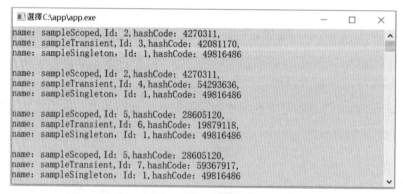

▲ 圖 4-4　對實例物件生命週期進行多次驗證的結果

　　在 .NET 中，IServiceProvider 物件提供了 CreateScope 擴充方法，使用該方法可以獲取一個全新 ServiceProvider 實例物件。顧名思義，使用 CreateScope 擴充方法會建立一個範圍性的實例，而對於實例來說，ServiceProvider 的 Scope 相當於一個單例，透過 IServiceProvider 物件，呼叫它的 CreateScope 擴充方法建立出一個對應的服務範圍，這個服務範圍代表子容器，而這個子容器獲取對應的 IServiceProvider 物件。獲取上面註冊的 3 個不同生命週期的服務實例，如程式 4-12 所示。

▼ 程式 4-12

```
using (var scope = _serviceProvider.CreateScope())
{
    var p = scope.ServiceProvider;

    var scopeobj1 = p.GetService<ISampleScoped>();
    var transient1 = p.GetService<ISampleTransient>();
    var singleton1 = p.GetService<ISampleSingleton>();

    var scopeobj2 = p.GetService<ISampleScoped>();
    var transient2 = p.GetService<ISampleTransient>();
    var singleton2 = p.GetService<ISampleSingleton>();

    Console.WriteLine(
        $"name：scope1,Id：{ scopeobj1.Id },
                                        hashCode：{scopeobj1. GetHashCode()},\n" +
        $"name：transient1,Id：{transient1.Id},
                                        hashCode：{transient1. GetHashCode()},\n" +
        $"name：singleton1，Id：{singleton1.Id},
                                        hashCode：{singleton1. GetHashCode()}\n");
    Console.WriteLine($"name：scope2,Id：{ scopeobj2.Id },
                                        hashCode：{scopeobj2.GetHashCode()},\n " +
        $"name：transient2,Id：{transient2.Id},
                                        hashCode：{transient2.GetHashCode()}, \n" +
        $"name：singleton2,Id：{singleton2.Id},
                                        hashCode：{singleton2.GetHashCode()}\n");
}
```

　　獲取根容器的 IServiceProvider 物件，透過該物件建立服務範圍。需要注意的是，服務範圍物件是在 using 程式區塊中進行的，所以它們始終會被 Dispose（釋放）。子容器的生命週期如圖 4-5 所示，將不同生命週期的服務實例的 HashCode 輸出到主控台中。

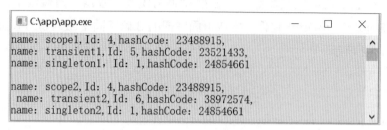

▲ 圖 4-5　子容器的生命週期

　　上面的服務範圍輸出的 HashCode 與預期一致，接下來，需要對 CreateScope 擴充方法進行二次驗證。對於二次驗證，就是複製一個 using 程式區塊，透過兩個子容器對比生命週期，如圖 4-6 所示。

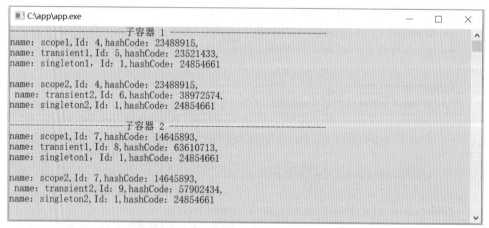

▲ 圖 4-6　透過兩個子容器對比生命週期

　　IServiceProvider 有兩種定義：一種是根容器（Root Scope）中的 IServiceProvider 物件，是位於應用程式頂端的容器，一般被稱為 ApplicationServices；另一種是透過 IServiceScopeFactory 服務建立的帶有服務範圍的 IServiceScope 物件，而對於 IServiceScope 物件來說，擁有的是一個「範圍」性的 IServiceProvider 物件。程式 4-13 展示了內部對應的原始程式碼。

▼ 程式 4-13

```csharp
public interface IServiceScope : IDisposable
{
    IServiceProvider ServiceProvider { get; }
}
public interface IServiceScopeFactory
{
    IServiceScope CreateScope();
}
public static class ServiceProviderServiceExtensions
{
    public static IServiceScope CreateScope(this IServiceProvider provider)
    {
        return provider.GetRequiredService<IServiceScopeFactory>()
                                                    .CreateScope();
    }
}
```

可以透過相依性的一個容器建立子容器，需要注意的是，只可以擁有一個根容器。根容器與子容器的關係如圖 4-7 所示。

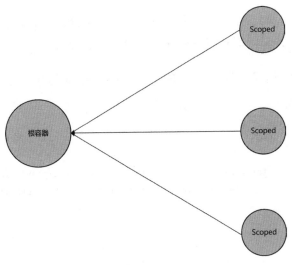

▲ 圖 4-7 根容器與子容器的關係

圖 4-8 所示為 ASP.NET Core 的作用域。在 ASP.NET Core 中，每個請求都會建立一個全新的 Scope（作用域）服務，在這個請求過程中建立的服務實例都會儲存在當前的 IServiceProvider 物件上，所以，在當前範圍內提供的實例都是單例的。如圖 4-8 所示，在 ASP.NET Core 中有兩種容器，一種是單例的容器，另一種是 HTTP 請求中的作用域容器。

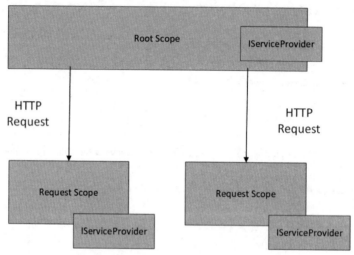

▲ 圖 4-8　ASP.NET Core 的作用域

4.1.3 服務描述

當 ServiceDescriptor 物件用於註冊指定的服務時，對服務註冊項進行描述，而相依性插入容器則利用這種描述為開發人員提供服務實例。

如程式 4-14 所示，建立一個 ServiceDescriptor 實例，透過呼叫其建構函式來建立實例物件。

▼ 程式 4-14

```
var singletonDescriptor = new ServiceDescriptor(typeof (ISampleSingleton),
                typeof(Sample), ServiceLifetime. Singleton);
```

除了上面的方式，還可以透過呼叫 ServiceDescriptor 類別中的 Describe 靜態方法建立實例物件，如程式 4-15 所示。

▼ 程式 4-15

```
var scopedDescriptor = ServiceDescriptor.Describe
    (typeof(ISampleScoped),typeof(Sample), ServiceLifetime.Scoped);
```

正如上述內容所示，每個方法呼叫中都傳遞了服務的生命週期參數，ServiceDescriptor 類別還為不同的生命週期提供了對應的靜態方法，可以參考程式 4-16 來使用。

▼ 程式 4-16

```
var transientDescriptor = ServiceDescriptor.Transient
                            (typeof (ISampleTransient), typeof(Sample));
```

ServiceDescriptor 物件提供了 3 個建構方法，同時為 3 種不同的生命週期提供了 3 個方法，用於對服務實例進行描述。如程式 4-17 所示，ServiceType 屬性對應要註冊的服務的類型，Lifetime 屬性工作表示服務的生命週期。以 Implementation 開頭的屬性代表不同方式傳遞的服務實作：ImplementationType 屬性工作表示服務實作的類型，透過傳遞指定類型，呼叫對應的建構函式來建立服務實例；ImplementationInstance 屬性工作表示直接傳遞一個現成的物件，而該物件正是最終透過相依性插入容器獲取的服務實例；ImplementationFactory 屬性提供了建立服務實例的委託物件。

▼ 程式 4-17

```
public class ServiceDescriptor
{
    public ServiceLifetime Lifetime { get; }
    public Type ServiceType { get; }

    public Type? ImplementationType { get; }
    public object? ImplementationInstance { get; }
    public Func<IServiceProvider, object>? ImplementationFactory { get; }
```

```
    public ServiceDescriptor(Type serviceType,
        Type implementationType, ServiceLifetime lifetime);
    public ServiceDescriptor(Type serviceType, object instance);
    public ServiceDescriptor(Type serviceType,
        Func<IServiceProvider, object> factory, ServiceLifetime lifetime);
}
```

相依性插入容器物件，正是利用 ServiceDescriptor 物件為應用程式提供所需的服務實例的。程式 4-18 展示了 IServiceCollection 物件的擴充方法 AddSingleton，該方法用來註冊 Singleton 服務。在 AddSingleton 方法內部可以看到，透過 AddSingleton 擴充方法將類型和實作物件傳遞過來以後，先透過服務描述類別 ServiceDescriptor 建立一個實例，再透過 IServiceCollection 物件註冊 ServiceDescriptor 實例，並將其增加到 IServiceCollection 集合中。

▼ 程式 4-18

```
public static IServiceCollection AddSingleton(
    this IServiceCollection services,
    Type serviceType,
    object implementationInstance)
{
    var serviceDescriptor = new
            ServiceDescriptor(serviceType, implementationInstance);
    services.Add(serviceDescriptor);
    return services;
}
```

4.1.4 作用域驗證

ASP.NET Core 容器可以分為兩種，一種是單例的根容器，另一種是請求作用域容器。例如，應用程式有一個 Context 物件，開發人員通常會將其註冊為 Scoped 生命週期，而在請求作用域中，可以從一個請求的開始到結束友善地進行釋放，如對資料連接的釋放，還可以保證 Context 物件在當前上下文中保持重複使用。

如程式 4-19 所示，以主控台實例為例，建立 ServiceCollection 物件，呼叫 AddScoped 擴充方法，用於註冊作用域服務，呼叫 IServiceCollection 的 BuildServiceProvider 擴充方法得到相依性插入容器的 IServiceProvider 物件之後，呼叫 GetRequiredService<T> 擴充方法來獲取服務實例，最終透過 Console.WriteLine 方法將其輸出。

▼ 程式 4-19

```
var provider = new ServiceCollection()
    .AddScoped<ISampleScoped, Sample>()
    .BuildServiceProvider(validateScopes: true);
var sampleScoped = provider.GetRequiredService<ISampleScoped>();
Console.WriteLine(sampleScoped.Id);
```

執行該實例後，拋出例外資訊 Cannot resolve scoped service，表示無法解析作用域服務，如圖 4-9 所示。

▲ 圖 4-9 無法解析作用域服務

這意味著應該從 IServiceScope 物件中解析，而非從 IServiceProvider 物件中解析。在 ASP.NET Core 請求中，框架會為開發人員自動建立 ServiceProviderServiceExtensions.CreateScope 作用域容器，並使用該作用域容器和其他服務。如果應用程式不是 ASP.NET Core，則可以自行建立一個作用域，如程式 4-20 所示。

▼ 程式 4-20

```
using (var scope = ServiceProviderServiceExtensions.CreateScope (provider))
{
    var sampleScoped =
```

```
        scope.ServiceProvider.GetRequiredService<ISampleScoped>();
    Console.WriteLine(sampleScoped.Id);
}
```

ServiceProviderOptions 物件中還有一個名為 ValidateOnBuild 的屬性，如果將該屬性設定為 true，則意味著在建構 IServiceProvider 物件時會驗證服務的有效性，即確保每個服務的實例都是可用的。在預設情況下，ValidateOnBuild 屬性的值為 false。ValidateOnBuild 屬性只有在透過 IServiceProvider 物件獲取服務實例的時候，才會觸發對應的例外。

修改主控台實例，如程式 4-21 所示，將 ServiceProviderOptions 物件的 ValidateOnBuild 屬性設定為 true，在 Sample 類別中增加一個有參建構方法。

▼ 程式 4-21

```
new ServiceCollection()
    .AddTransient<ISample, Sample>()
    .BuildServiceProvider(new ServiceProviderOptions
    {
        ValidateOnBuild = true,
    });

public class Sample : ISampleSingleton, ISampleScoped, ISampleTransient
{
    private static int _counter;
    private int _id;

    public Sample(ISample sample)
    {
        _id = ++_counter;
    }
    public int Id => _id;
}
```

主控台實例修改完成後，執行應用程式可以發現，在啟動時就會對服務進行檢查，對於 ValidateOnBuild 屬性，可以在應用程式啟動時檢查服務的有效性，並在服務無效的情況下拋出例外，防止開發人員遺漏服務問題。如圖 4-10 所示，將 ValidateOnBuild 屬性設定為 true 後，如果服務無效就會顯示出錯。

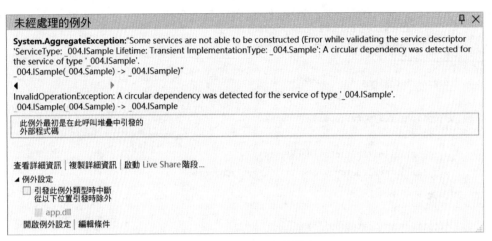

▲ 圖 4-10 顯示出錯資訊

　　程式 4-22 展示了 ServiceProviderOptions 類別的定義，該類別包括 Validate Scopes 屬性和 ValidateOnBuild 屬性，這些屬性在預設情況下都為 false。

▼ 程式 4-22

```
public class ServiceProviderOptions
{
public bool ValidateScopes { get; set; }
public bool ValidateOnBuild { get; set; }
}
```

　　ServiceProviderOptions 物件用於在建構 ServiceProvider 物件時檢查服務的有效性，如果將 ValidateOnBuild 屬性設定為 true，如程式 4-23 所示，則在 ServiceProvider 建構方法內進行處理，先獲取 ServiceDescriptor 集合，並迴圈遍歷該集合，逐一判斷它的有效性，如果無效，則將其增加到錯誤集合中，最後將例外物件的集合拋出。

▼ 程式 4-23

```
internal ServiceProvider(
        IEnumerable<ServiceDescriptor> serviceDescriptors,
        IServiceProviderEngine engine,
        ServiceProviderOptions options)
{
    _engine = engine;

    if(options.ValidateScopes)
    {
        _engine.InitializeCallback(this);
        _callSiteValidator = new CallSiteValidator();
    }

    if(options.ValidateOnBuild)
    {
        List<Exception> exceptions = null;
        foreach (ServiceDescriptor serviceDescriptor in serviceDescriptors)
        {
            try
            {
                _engine.ValidateService(serviceDescriptor);
            }
            catch(Exception e)
            {
                exceptions = exceptions ?? new List<Exception>();
                exceptions.Add(e);
            }
        }

        if(exceptions != null)
        {
            throw new AggregateException(
                    "Some services are not able to be constructed",
                                                exceptions.ToArray());
        }
    }
}
```

4.2 │ 實作批次服務註冊

當使用相依性插入時，如果應用程式需要註冊的服務很多，那麼手動為每個服務撰寫程式進行註冊將是一場災難。一方面是開發人員需要維護的程式比較繁雜，另一方面是不方便對其進行管理，而採用批次註冊則有望減輕負擔。開發人員可以根據某個指定的類別的名稱進行註冊，或者採用其他規則進行批次註冊，這樣可以降低維護程式的成本。

4.2.1 根據名稱匹配並註冊

如程式 4-24 所示，首先建立一個 ServiceCollection 物件，透過 Assembly 物件的 Load 擴充方法載入指定的程式集，可以針對某個程式集中的類別進行掃描，呼叫 Assembly 物件的 GetTypes 方法獲取所有的類型，並進行篩選和過濾，而命名則透過 t.Name.EndsWith 方法匹配尾碼是否一致。然後建立一個字典（Dictionary）儲存介面和實例，透過迴圈遍歷 IEnumerable<Type> 集合，獲取指定物件的介面類別型，同時將實作類別和介面儲存到字典中。最後透過迴圈遍歷字典呼叫 AddSingleton 方法逐一進行服務註冊。

▼ 程式 4-24

```csharp
static void Main(string[] args)
{
    var services = new ServiceCollection();
    var assembly = Assembly.Load("Di05");
    IEnumerable<Type> typeList = assembly.GetTypes()
                    .Where(t => !t.IsInterface && !t.IsAbstract &&
                                              t.Name.EndsWith ("Sample"));
    var dic = new Dictionary<Type, Type[]>();
    foreach(var type in typeList)
    {
        var interfaces = type.GetInterfaces();
        dic.Add(type, interfaces);
    }
    if(dic.Keys.Count > 0)
```

```
    {
        foreach(var instanceType in dic.Keys)
        {
            foreach(var interfaceType in dic[instanceType])
            {
                services.AddSingleton(interfaceType, instanceType);
            }
        }
    }

    var serviceProvider = services.BuildServiceProvider();
    var sample = serviceProvider.GetRequiredService<ISample>();
    Console.WriteLine(sample.Id);
}
```

註冊完成之後，先呼叫 BuildServiceProvider 方法獲取 ServiceProvider 相依性插入容器物件，再呼叫 GetRequiredService 方法獲取指定的實例。

4.2.2 根據標記註冊

對於批次註冊來說，只要制定一套規則，就可以靈活地實作一個批次註冊器。本節透過標記的形式實作批次註冊，由於篇幅有限，本節只做思維擴充，至於全面的實作，讀者可以根據該實例進行擴充。首先建立一個 TransientService Attribute 特性類別，用於標註當前類型要註冊的類型，如程式 4-25 所示。

▼ 程式 4-25

```
[AttributeUsage(AttributeTargets.Class, Inherited = false)]
public class TransientServiceAttribute : Attribute
{
}
```

建立完標記類別之後，修改 4.1 節的主控台實例，如程式 4-26 所示，應用程式只需要檢索具有自訂特性的類別即可，如果匹配，那麼進行後續的服務註冊操作。

▼ 程式 4-26

```
var services = new ServiceCollection();
var assembly = Assembly.Load("app");
var typeList = assembly.GetTypes().Where(t =>
t.GetCustomAttribute<TransientServiceAttribute>()?
                                .GetType() == typeof(TransientServiceAttribute));

var dic = new Dictionary<Type, Type[]>();
foreach(var type in typeList)
{
    var interfaces = type.GetInterfaces();
    dic.Add(type, interfaces);
}
if(dic.Keys.Count > 0)
{
    Foreach(var instanceType in dic.Keys)
    {
        foreach(var interfaceType in dic[instanceType])
        {
            services.AddTransient(interfaceType, instanceType);
        }
    }
}
var serviceProvider = services.BuildServiceProvider();
var sample = serviceProvider.GetRequiredService<ISample>();
Console.WriteLine(sample.Id);
```

4.2.3 設定擴充方法

　　至此，相信讀者對批次註冊已經有了一定的了解，在這種操作模式下，可以透過標記類型或其他方式制定一套規則來進行註冊。可以將這套規則定義為擴充方法，簡化註冊時的程式量，同時方便統一化管理。如程式 4-27 所示，對主控台實例進行模擬，首先建立 ServiceCollection 物件，然後呼叫自訂的 BatchRegisterService 擴充方法進行服務批次註冊操作。

▼ 程式 4-27

```
var services = new ServiceCollection();
var assembly = Assembly.Load("app");
services.BatchRegisterService(assembly, "Sample", ServiceLifetime. Singleton);
var serviceProvider = services.BuildServiceProvider();
var sample = serviceProvider.GetRequiredService<ISample>();
Console.WriteLine(sample.Id);
```

　　如程式 4-28 所示，筆者撰寫了一個簡單的擴充方法，使用該方法可以傳遞指定的條件，在方法的最後定義了生命週期參數，可以指定服務的生命週期。

▼ 程式 4-28

```
public static IServiceCollection BatchRegisterService(
                this IServiceCollection services, Assembly assembly, string endWith,
                        ServiceLifetime serviceLifetime= ServiceLifetime.Singleton)
{
    IEnumerable<Type> typeList = assembly.GetTypes()
        .Where(t => !t.IsInterface && !t.IsSealed &&
                    !t.IsAbstract && t.Name.EndsWith(endWith));
    var dic = new Dictionary<Type, Type[]>();
    foreach(var type in typeList)
    {
        var interfaces = type.GetInterfaces();
        dic.Add(type, interfaces);
    }
    if(dic.Keys.Count > 0)
    {
        foreach(var instanceType in dic.Keys)
        {
            foreach(var interfaceType in dic[instanceType])
            {
                switch(serviceLifetime)
                {
                    case ServiceLifetime.Singleton:
                        services.AddSingleton(interfaceType, instanceType);
                        break;
                    case ServiceLifetime.Scoped:
```

```
                    services.AddScoped(interfaceType, instanceType);
                    break;
                case ServiceLifetime.Transient:
                    services.AddTransient(interfaceType, instanceType);
                    break;
            }
        }
    }
}
    return services;
}
```

4.3 | 小結

　　至此，相信讀者對相依性插入框架已經有了基本的了解。在 .NET 中，相依性插入無處不在，依靠相依性插入框架提供的操作機制，開發人員可以高效率地管理程式中的相依性關係，進而實作程式耦合度的進一步降低。

第 **5** 章
設定與選項

　　設定與選項是兩種完全獨立的模式。自公佈 .NET Core 之後，就出現了一套全新的設定（Configuration）模式及選項（Options）模式。透過使用相依性插入機制，可以將設定作為服務傳遞給各種中介軟體元件和其他應用程式類別。本章主要介紹設定與選項的使用和設計，並設計了一個簡單的設定中心。

5.1　設定模式

　　設定，對於開發人員來說並不陌生。早期的 .NET 開發人員使用了大量的 System. Configuration 和 XML 設定檔（如 web.config 檔案、app.config 檔案），而在 .NET Core 之後，設定系統發生了翻天覆地的變化，新的類型系統變得更加輕量級、更加靈活，支援豐富多樣的資料來源的設定類型，如檔案、環境變數或其他儲存方式（如 Azure Key Vault、Redis、資料庫），還可以使用記憶體儲存和命令列參數。設定模式的使用可以透過相依性插入的形式被業務程式呼叫，並且支援動態更新。

5.1.1 獲取和設置設定

在設定系統中，一般採用鍵值對結構。在 .NET 中，透過 Configuration 物件的 Providers 集合屬性提供設定的獲取和設定功能，開發人員可以透過定義標準化的設定格式被業務程式呼叫。設定的格式規則大致包括以下幾點。

- 鍵不區分大小寫。

- 值是字串 / 布林型 / 整數的。

- 層次結構以 " : " 隔開。

如程式 5-1 所示，以 appsettings.json 檔案為例，展示一個 JSON 設定檔。

▼ 程式 5-1

```
{
  "ConnectionStrings": {
    "DefaultConnection": "connection-string"
  },
  "Logging": {
    "LogLevel": {
      "Default": "Information",
      "Microsoft": "Warning",
      "Microsoft.Hosting.Lifetime": "Information"
    }
  }
}
```

假設要在應用程式中讀取設定檔，需要設定「複製到輸出目錄」為「始終複製」，並且引入的 NuGet 套件為 Microsoft.Extensions.Configuration.Binder 和 Microsoft.Extensions. Configuration.Json，建立並使用 ConfigurationBuilder 物件，透過呼叫 AddJsonFile 擴充方法註冊設定項（一個或多個檔案）。程式 5-2

展示了呼叫 ConfigurationBuilder 物件的 Build 方法建立並傳回 Configuration 物件,以及呼叫 Configuration 物件進行設定的讀 / 寫操作。

▼ 程式 5-2

```
IConfiguration configuration = new ConfigurationBuilder()
            .AddJsonFile("appsettings.json")
            .Build();

var defaultConnection = configuration
                            .GetValue<string>("ConnectionStrings:DefaultConnection");
var connectionString = configuration.GetConnectionString ("DefaultConnection");
configuration["ConnectionStrings:DefaultConnection"] = "new connectionn-string";
var newConnectionString = configuration
                            .GetValue<string>("ConnectionStrings:DefaultConnection");

Console.WriteLine($"GetValue: {defaultConnection}");
Console.WriteLine($"GetConnectionString: {connectionString}");
Console.WriteLine($"newConnectionString: { newConnectionString}");
```

讀取設定檔的資訊,並將結果輸出到主控台中,如圖 5-1 所示。

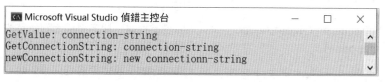

▲ 圖 5-1 讀取設定檔的資訊

在 ConfigurationBuilder 物件中有一個名為 Properties 的字典(IDictionary< Key,Value>)屬性,在註冊設定資源時會使用該屬性。

在每次呼叫擴充方法(如 AddJsonFile 和 AddXmlFile)進行註冊時,都會增加一個 IConfigurationSource 物件並儲存到 ConfigurationBuilder 物件的 Sources 集合屬性中,而 ConfigurationBuilder 物件會透過呼叫 Build 方法處理註冊的設定資源。

每個 IConfigurationSource 物件都會建立一個 IConfigurationProvider 物件。當呼叫 ConfigurationBuilder 物件的 Build 方法時，也會依次呼叫每個 IConfiguartionSource 物件的 Build 方法並進行建構設定。

在 IConfigurationProvider 物件中實際上是讀取並解析設定的，並在設定上提供標準化的視圖，因此，系統可以查詢鍵值對。

在呼叫 IConfigurationBuilder 物件的 Build 方法時會建立並傳回 IConfiguration 物件，IConfiguration 物件可以透過呼叫如表 5-1 所示的方法 / 屬性進行設定。

▼ 表 5-1 IConfiguration 物件的方法 / 屬性

屬性 / 方法	說明
Item[String]	獲取或設置設定值
GetChildren()	獲取子設定節
GetReloadToken()	傳回一個 IChangeToken 物件，接收設定來源被重新載入的通知
GetSection(String)	獲取指定鍵的子設定節
Bind(IConfiguration,Object)	將設定根據匹配名稱綁定到給定的物件實例中
Bind(IConfiguration,Object,Action<BinderOptions>)	將設定根據匹配名稱綁定到給定的物件實例中
Bind(IConfiguration,String,Object)	將指定的子設定節綁定到預先建立的物件中
Get(IConfiguration,Type)	將指定的 IConfiguration 物件轉換成指定類型的 POCO 物件
Get(IConfiguration,Type,Action<BinderOptions>)	將指定的 IConfiguration 物件轉換成指定類型的 POCO 物件
Get<T>(IConfiguration)	將指定的 IConfiguration 物件轉換成指定類型的 POCO 物件
Get<T>(IConfiguration,Action<BinderOptions>)	將指定的 IConfiguration 物件轉換成指定類型的 POCO 物件
GetValue(IConfiguration,Type,String)	根據指定的鍵將 IConfiguration 物件轉換為指定的類型

（續表）

屬性 / 方法	說明
GetValue(IConfiguration,Type,String, Object)	根據指定的鍵將 IConfiguration 物件轉換為指定的類型
GetValue<T>(IConfiguration,String)	根據指定的鍵將 IConfiguration 物件轉換為 T 類型
GetValue<T>(IConfiguration,String,T)	根據指定的鍵將 IConfiguration 物件轉換為 T 類型
AsEnumerable(IConfiguration)	根據 IConfiguration 物件獲取 IEnumerable 物件集合
AsEnumerable(IConfiguration,Boolean)	根據 IConfiguration 物件獲取 IEnumerable 物件集合
GetConnectionString(IConfiguration, String)	GetSection("ConnectionString")[name] 的簡化形式

當 ConfigurationBuilder 物件的 Build 方法被呼叫後，如程式 5-3 所示，會迴圈呼叫每個 IConfigurationSource 物件的 Build 方法並依次建構 IConfiguration Provider 物件，同時將建構的 IConfigurationProvider 物件儲存到 List< IConfigurationProvider> 集合中。

▼ 程式 5-3

```
public IConfigurationRoot Build()
{
    var providers = new List<IConfigurationProvider>();
    foreach (IConfigurationSource source in Sources)
    {
        IConfigurationProvider provider = source.Build(this);
        providers.Add(provider);
    }
    return new ConfigurationRoot(providers);
}
```

5.1.2 使用強類型物件承載設定

在實際的開發過程中,如果逐筆讀取所有的內容,那麼這將是一件非常煩瑣的事情。因此,可以將設定直接轉換為一個 POCO 物件(Plain Old C# Object,是指只有屬性而沒有行為的簡單物件)。

在設定系統中,當 IConfiguration 物件與對應的 POCO 物件具有相容性的資料結構時,就會利用其設定自動綁定物件,並將 IConfiguration 物件指定的值直接轉換為 POCO 物件。

程式 5-4 展示了將 IConfiguration 物件轉換為 POCO 物件的操作。

▼ 程式 5-4

```
var systemSettings = new ConfigurationBuilder()
    .AddJsonFile("appsettings.json")
    .Build()
    .GetSection("ConnectionStrings")
    .Get<SystemSettings>();
```

5.1.3 使用環境變數設定來源

在 .NET 全新的設定系統中,支援將記憶體變數、命令列參數、環境變數和物理檔案作為設定來源資料。例如,物理檔案支援 JSON、XML、INI 等格式。如果這些設定來源無法滿足需求,那麼還可以註冊自訂 IConfigurationSource 物件,並以此作為資料來源的擴充。

假設有如程式 5-5 所示的環境變數。

▼ 程式 5-5

```
set DATABASE__CONNECTION=connection-string
set LOGGING__ENABLED=True
set LOGGING__LEVEL=Debug
```

呼叫 AddEnvironmentVariables 擴充方法註冊 IConfigurationSource 物件，如程式 5-6 所示。

▼ 程式 5-6

```
var config = new ConfigurationBuilder()
    .AddEnvironmentVariables()
.Build();
```

讀取的設定內容如程式 5-7 所示。

▼ 程式 5-7

```
database:connection = "connection-string"
logging:enabled = "True"
logging:level = "Debug"
```

當使用環境變數作為設定來源時，會檢索出系統中所有的環境變數作為設定，為了避免出現這種情況，可以使用具有特定首碼的變數進行標識，如程式 5-8 所示。

▼ 程式 5-8

```
set CONFIGURATION_DATABASE__CONNECTION = connection-string
set LOGGING__ENABLED = True
set LOGGING__LEVEL = Debug
```

在設定註冊時，同樣指定一個首碼作為過濾條件，如程式 5-9 所示。

▼ 程式 5-9

```
var config = new ConfigurationBuilder()
    .AddEnvironmentVariables("CONFIGURATION_")
    .Build();
```

過濾後的資料結果如程式 5-10 所示。

▼ 程式 5-10

```
database:connection = "connection-string"
```

注意：當使用環境變數時，需要使用 "__" 隔開而非使用 ":" 隔開。

在本節實例中，預設獲取的是系統等級的環境變數。在 Windows 作業系統中，可以使用「系統內容」命令查看或設定系統等級與使用者等級的環境變數，具體的步驟為選擇「本機」→「內容」→「進階系統設定」→「環境變數」命令。在 Visual Studio 中，可以在「專案屬性」標籤中找到「啟動設定檔」介面進行設定或查看環境變數，具體的步驟為選擇「屬性」→「偵錯」→「常規」→「開啟 debug 啟動設定檔 UI」命令。設定的環境變數如圖 5-2 所示。

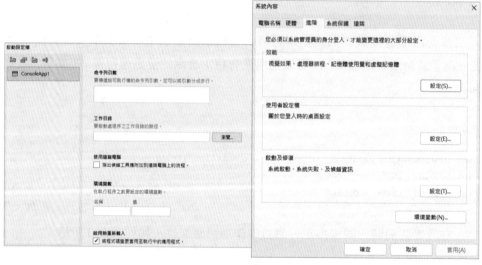

▲ 圖 5-2 設定的環境變數

使用 Visual Studio 設定的環境變數會被增加並儲存到 launchSettings.json 檔案中，如程式 5-11 所示。

▼ 程式 5-11

```json
{
  "profiles": {
    "Configuration01": {
      "commandName": "Project",
      "environmentVariables": {
        "Key": "Value",
        "Key1": "Value1"
      }
    }
  }
}
```

　　如程式 5-12 所示，環境變數的設定來源是透過 EnvironmentVariables ConfigurationSource 類別來表示的，該類別繼承了 IConfigurationSource 介面，用於定義環境變數設定來源的實作。在 EnvironmentVariablesConfigurationSource 類別中定義了一個名為 Prefix 的字串類型的屬性，用於標識環境變數的首碼。如果設定了 Prefix 屬性，那麼只會匹配名稱（Prefix 屬性值）作為首碼的環境變數。

▼ 程式 5-12

```csharp
public class EnvironmentVariablesConfigurationSource : IConfigurationSource
{
    public string Prefix { get; set; }

    public IConfigurationProvider Build(IConfigurationBuilder builder)
    {
        return new EnvironmentVariablesConfigurationProvider(Prefix);
    }
}
```

　　EnvironmentVariablesConfigurationSource 設定來源會利用 Environment VariablesConfiguration Provider 物件來讀取環境變數，如程式 5-13 所示，由 Load 方法可以看出，透過 _prefix 欄位對集合資料進行篩選，進而將篩選出來的資料增加到設定字典中。

▼ 程式 5-13

```csharp
public class EnvironmentVariablesConfigurationProvider : ConfigurationProvider
{
    private const string MySqlServerPrefix = "MYSQLCONNSTR_";
    private const string SqlAzureServerPrefix = "SQLAZURECONNSTR_";
    private const string SqlServerPrefix = "SQLCONNSTR_";
    private const string CustomPrefix = "CUSTOMCONNSTR_";
    private readonly string _prefix;

    public EnvironmentVariablesConfigurationProvider() =>
                                            _prefix = string.Empty;
    public EnvironmentVariablesConfigurationProvider(string? prefix) =>
                                    _prefix = prefix ?? string.Empty;

    ///<summary>
    /// 載入環境變數
    ///</summary>
    public override void Load() =>
                Load(Environment.GetEnvironmentVariables());

    public override string ToString() => $"{GetType().Name} Prefix: '{_prefix}'";

    internal void Load(IDictionary envVariables)
    {
        var data = new Dictionary<string, string?>(
                                        StringComparer. OrdinalIgnoreCase);
        IDictionaryEnumerator e = envVariables.GetEnumerator();
        try
        {
            while (e.MoveNext())
            {
                DictionaryEntry entry = e.Entry;
                string key = (string)entry.Key;
                string? provider = null;
                string prefix;
                if(key.StartsWith(MySqlServerPrefix,
                                        StringComparison. OrdinalIgnoreCase))
                {
```

```
    prefix = MySqlServerPrefix;
    provider = "MySql.Data.MySqlClient";
}
else if(key.StartsWith(SqlAzureServerPrefix,
                StringComparison.OrdinalIgnoreCase))
{
    prefix = SqlAzureServerPrefix;
    provider = "System.Data.SqlClient";
}
Else if(key.StartsWith(SqlServerPrefix,
                            StringComparison. OrdinalIgnoreCase))
{
    prefix = SqlServerPrefix;
    provider = "System.Data.SqlClient";
}
else if(key.StartsWith(CustomPrefix,
                            StringComparison. OrdinalIgnoreCase))
{
    prefix = CustomPrefix;
}
else if(key.StartsWith(prefix, StringComparison.OrdinalIgnoreCase))
{
    key = NormalizeKey(key.Substring(_prefix.Length));
    // 指定 Key 值並進行複製
    data[key] = entry.Value as string;
    continue;
}
else
{
    continue;
}
// 將 key 中的 "__" 替換為 ":"
key = NormalizeKey(key.Substring(prefix.Length));
// 如果存在 prefix 不為空，則從 key 中移除 prefix 部分
AddIfPrefixed(data, $"ConnectionStrings:{key}", (string?) entry.Value);
if (provider != null)
{
```

```
                        AddIfPrefixed(data, $"ConnectionStrings:{key}_ProviderName",
                                                              provider);
                }
            }
        }
        finally
        {
            (e as IDisposable)?.Dispose();
        }
        Data = data;
    }

    private void AddIfPrefixed(Dictionary<string, string?> data, string key, string? value)
    {
        if(key.StartsWith(_prefix, StringComparison.OrdinalIgnoreCase))
        {
            key = key.Substring(_prefix.Length);
            data[key] = value;
        }
    }
    private static string NormalizeKey(string key) => key.Replace("__",
                                              ConfigurationPath.KeyDelimiter);
}
```

在 ASP.NET Core 中，首碼 ASPNETCORE_ 中也預先定義了一些環境變數，比較常見的有以下幾個。

- ASPNETCORE_ENVIRONMENT：定義環境名稱，一般為 Development、Staging 和 Production。

- ASPNETCORE_URLS：定義應用程式監聽的位址 / 通訊埠。

- ASPNETCORE_WEBROOT：定義應用程式靜態資源的路徑，預設為 Content Root/wwwroot 目錄。

5.1.4 使用命令列設定來源

應用程式在啟動時,使用命令列開關(Switch)作為應用程式的控制行為也是一個不錯的選擇。至此,讀者已經對環境變數設定來源有了基本的了解,接下來介紹命令列設定來源。

命令列設定來源與 5.1.3 節中的 EnvironmentVariablesConfigurationSource 類別一樣,都具有一個資料解析器。應用程式接收命令列參數,命令列參數通常是一串字串,所以,CommandLineConfigurationSource 類別的目的在於將命令列參數由字串陣列轉換為設定字典。

需要注意的是,參數必須以單減號(-)或雙減號(--)開頭,映射字典不能包含重複的 Key。命令列配合的幾種格式命令如下。

- {key}={value}。

- {prefix}{key}={value}。

- {key} {value}。

- {prefix}{key} {value}。

命令列參數會在參數名稱前加一個首碼,目前支援「/」、「--」和「-」這3種格式。

下面先介紹一個實例,如程式 5-14 所示。

▼ 程式 5-14

```
dotnet run CommandLineKey1=value1 --CommandLineKey2=value2 /CommandLineKey3= value3
dotnet run -CommandLineKey1 value1 /CommandLineKey2 value2
dotnet run CommandLineKey1=CommandLine Key2=value2
```

假設應用程式需要根據命令列參數進行啟動,開發人員應當首先引入的 NuGet 套件為 Microsoft.Extensions.Configuration.CommandLine,如程式 5-15 所示,透過呼叫 AddCommandLine 擴充方法進行註冊,當然,這需要一個參數,而這個參數可以直接填入 args,args 接收使用者輸入的參數。

▼ 程式 5-15

```
IConfiguration configuration = new ConfigurationBuilder()
            .AddCommandLine(args)
            .Build();
Console.WriteLine($"os：{configuration["os"]}");
Console.WriteLine($"framework：{configuration["f"]}");
Console.ReadLine();
```

圖 5-3 所示為讀取的命令列參數。

如程式 5-16 所示，命令列參數的設定來源可以透過 CommandLine ConfigurationSource 類別來表示，在該類別中定義了 Args 屬性和 SwitchMappings 屬性，Args 屬性主要用於承載命令列參數集合，SwitchMappings 屬性則儲存了命令列開關的縮寫和全名之間的映射關係。CommandLineConfigurationSource 類別透過繼承 IConfigurationSource 介面實作 Build 方法，根據 SwitchMappings 屬性和 Args 屬性建立並傳回了 CommandLineConfigurationProvider 物件。

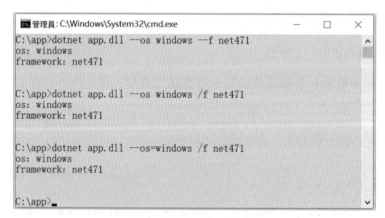

▲ 圖 5-3 讀取的命令列參數

▼ 程式 5-16

```
public class CommandLineConfigurationSource : IConfigurationSource
{
    public IDictionary<string, string>? SwitchMappings { get; set; }
    public IEnumerable<string> Args { get; set; } = Array.Empty<string>();
```

```
    public IConfigurationProvider Build(IConfigurationBuilder builder)
    {
        return new CommandLineConfigurationProvider(Args, SwitchMappings);
    }
}
```

CommandLineConfigurationProvider 物件和 EnvironmentVariablesConfigurationProvider 物件的設計是一樣的，都是維護資料解析器，主要用於對命令列參數進行資料解析，並將解析後的參數名稱和值儲存到設定字典中，如程式 5-17 所示。

▼ 程式 5-17

```
public class CommandLineConfigurationProvider : ConfigurationProvider
{
    private readonly Dictionary<string, string> _switchMappings;

    public CommandLineConfigurationProvider(
      IEnumerable<string> args,
      IDictionary<string, string> switchMappings = null)
    {
        this.Args = args ?? throw new ArgumentNullException(nameof(args));
        if(switchMappings == null)
            return;
        this.switchMappings = this.GetValidatedSwitchMappingsCopy (switchMappings);
    }

    protected IEnumerable<string> Args { get; private set; }

    public override void Load()
    {
        Dictionary<string, string> dictionary =
                    new Dictionary <string,string>(StringComparer.OrdinalIgnoreCase);
        using(IEnumerator<string> enumerator =
                            this.Args. GetEnumerator())
        {
```

```
            while(enumerator.MoveNext())
            {
                string key1 = enumerator.Current;
                int startIndex = 0;
                if(key1.StartsWith("--"))
                    startIndex = 2;
                else if(key1.StartsWith("-"))
                    startIndex = 1;
                else if(key1.StartsWith("/"))
                {
                    key1 = string.Format("--{0}", (object)key1.Substring(1));
                    startIndex = 2;
                }
                int length = key1.IndexOf('=');
                string key2;
                string str1;
                //...more
                dictionary[key2] = str1;
            }
        }
        this.Data = (IDictionary<string, string>)dictionary;
    }
}
```

如程式 5-18 所示，透過預設的輸入參數可以直接將設定資訊放在字典中，同時以預設的方式對參數進行綁定。

▼ 程式 5-18

```
var mapping = new Dictionary<string, string>
{
    ["-os"] = "windows",
    ["-f"] = "net471"
};
var configuration = new ConfigurationBuilder()
    .AddCommandLine(args, mapping)
    .Build();
Console.WriteLine($"os：{configuration["os"]}");
Console.WriteLine($"framework：{configuration["f"]}");
```

　　命令列設定來源始終保持以鍵值對的設計模型為基礎，進而可以聯想到在設定系統中，設定系統的底層設計無法脫離鍵值對資料模型，但是開發人員可以根據需要，透過一定的規則模式，實作一套屬於自己的設定來源。

5.1.5 設定管理器（ConfigurationManager）

　　在設定系統中，除了上面介紹的，還可以採用 ConfigurationManager 物件。先引入的 NuGet 套件為 Microsoft.Extensions.Configuration，如程式 5-19 所示，筆者以主控台實例為例，首先建立 ConfigurationManager 物件，然後透過指定的 Key 讀取設定，接著呼叫 AddJsonFile 擴充方法註冊 JSON 設定檔，最後進行第二次讀取操作。

▼ 程式 5-19

```
using Microsoft.Extensions.Configuration;

class Program
{
    static void Main(string[] args)
    {
        var key"= "ConnectionStrings:DefaultConnect"on";
        // 建立 ConfigurationManager 物件
        ConfigurationManager configurationManager = new ConfigurationManager();
        // 透過指定的 Key 讀取設定的值
        Console.WriteLine($" 第一次輸出：{configurationManager[key]}");

        // 呼叫 AddJsonFile 擴充方法，增加 config.json 設定檔
        configurationManager.AddJsonFile("config.json", true, true);
        Console.WriteLine($" 第二次輸出：{configurationManager[key]}");
        Console.ReadKey();
    }
}
```

輸出結果如圖 5-4 所示。

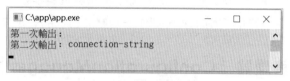

▲ 圖 5-4 以鍵值對的形式讀取設定

由圖 5-4 可以看到，ConfigurationManager 物件第一次輸出為空，第二次輸出時設定項已經儲存到設定系統中，進而可以取值並輸出。

ConfigurationManager 物件的產生是為了向 Minimal 出發，進而簡化開發人員的使用及程式量。為此，它實作了 IConfigurationBuilder 介面、IConfigurationRoot 介面和 IDisposable 介面，將兩個物件的特性整合在 ConfigurationManager 物件中，如程式 5-20 所示。

▼ 程式 5-20

```
public sealed class ConfigurationManager :
                        IConfigurationBuilder, IConfigurationRoot, IDisposable
{
    private readonly ConfigurationSources _sources;
    private readonly ConfigurationBuilderProperties _properties;
    private readonly ReferenceCountedProviderManager
    _providerManager = new();
    private readonly List<IDisposable> changeTokenRegistrations = new();
    private ConfigurationReloadToken changeToken = new();

    public ConfigurationManager()
    {
        _sources = new ConfigurationSources(this);
        _properties = new ConfigurationBuilderProperties(this);
        _sources.Add(new MemoryConfigurationSource());
    }
//...
}
```

如程式 5-21 所示，在實例化 ConfigurationManager 物件時會建立一個
ConfigurationSources 物件。ConfigurationSources 類別繼承了 IList<IConfiguration
Source> 介面，用於維護一個 ConfigurationSource 集合物件。

▼ 程式 5-21

```csharp
private sealed class ConfigurationSources : IList<IConfigurationSource>
{
    private readonly List<IConfigurationSource> _sources = new();
    private readonly ConfigurationManager _config;

    public ConfigurationSources(ConfigurationManager config)
    {
        _config = config;
    }

    public IConfigurationSource this[int index]
    {
        get => _sources[index];
        set
        {
            _sources[index] = value;
            _config.ReloadSources();
        }
    }

    public void Add(IConfigurationSource source)
    {
        _sources.Add(source);
        _config.AddSource(source);
    }
    //...
}
```

實際上，在增加 ConfigurationSource 設定來源物件時，也會註冊一個
IConfigurationProvider 物件，隨後會載入設定來源的資料並註冊一個更新事
件權杖，所以，開發人員在設定註冊完之後才會讀取到設定資訊，如程式 5-22
所示。

▼ 程式 5-22

```
public sealed class ConfigurationManager :
                                IConfigurationBuilder, IConfigurationRoot, IDisposable
{
    private readonly ConfigurationSources sources;
    private readonly ConfigurationBuilderProperties properties;
    private readonly ReferenceCountedProviderManager providerManager = new();
    private readonly List<IDisposable> changeTokenRegistrations = new();
    private ConfigurationReloadToken changeToken = new();

    private void RaiseChanged()
    {
        var previousToken = Interlocked.Exchange(ref changeToken,
                                                new ConfigurationReloadToken());
        previousToken.OnReload();
    }

    private void AddSource(IConfigurationSource source)
    {
        IConfigurationProvider provider = source.Build(this);
        provider.Load();
        changeTokenRegistrations.Add(ChangeToken.OnChange(()=>
                                provider.GetReloadToken(), () => RaiseChanged()));

        providerManager.AddProvider(provider);
        RaiseChanged();
    }
}
```

5.2 | 選項模式

在 .NET Core 時期就已經引入了選項模式，開發人員可以輕鬆地將設定綁定到 POCO 物件上。選項模式可以採用相依性插入的方式，使開發人員可以直接使用綁定設定資訊的 POCO 物件，這個 POCO 物件為特定的 Options 物件，也被稱為設定選項。在選項模式中有 3 種使用方式，分別是 IOptions、IOptionsSnapshot 和 IOptionsMonitor，接下來介紹如何使用這 3 種方式，進而幫助讀者了解其基本運作。

5.2.1 將設定綁定 Options 物件

選項模式使用相依性插入註冊到容器中，但相依性插入框架並不會提供 Options 物件，而是透過相依性插入框架建立一個 IOptions<TOptions> 物件，泛型參數 TOptions 對應定義的目標設定物件。下面示範如何利用 IOptions<TOptions> 物件獲取所需的 Options 物件。

筆者以主控台專案為例，在專案中定義一個名為 person.json 的設定檔，如程式 5-23 所示。為了使 person.json 檔案能在編譯後自動複製到輸出目錄下，需要將檔案屬性中的「複製到輸出目錄」設定為「始終複製」。

▼ 程式 5-23

```json
{
  "age": 18,
  "languages": [
    "English",
    "Chinese"
  ],
  "company": {
    "title": "Microsoft",
    "country": "USA"
  }
}
```

該檔案中的資訊實際上是對人員的一些描述，如果希望將這些資料自動映射為一個物件，就需要建立一個 Person 類別，如程式 5-24 所示。

▼ 程式 5-24

```csharp
public class Person
{
    public string Name { get; set; }
```

```
    public int Age { get; set; }
    public List<string> Languages { get; set; }
    public Company Company { get; set; }
}
public class Company
{
    public string Title { get; set; }
    public string Country { get; set; }
}
```

如程式 5-24 所示，定義 Company 類別對應公司資訊， Person 類別的定義與 person.json 檔案的結構是完全相同的。

程式 5-25 展示了如何透過選項模式來獲取設定資訊並綁定到 Person 物件中。首先建立一個 ConfigurationBuilder 物件，然後透過呼叫 AddJsonFile 擴充方法註冊 JSON 設定檔（person.json）的設定來源，並透過它建立對應的 IConfiguration 物件。

▼ 程式 5-25

```
IConfiguration configuration = new ConfigurationBuilder()
            .AddJsonFile("person.json")
            .Build();
var person = new ServiceCollection()
    .Configure<Person>(configuration.GetSection(""))
    .BuildServiceProvider()
    .GetRequiredService<IOptions<Person>>()
    .Value;
Console.WriteLine($"Age：{person.Age}");
Console.WriteLine($"Company：{person.Company.Title}");
Console.WriteLine("Languages：");
foreach (var item in person.Languages)
{
    Console.WriteLine(item);
}
```

接下來建立一個 ServiceCollection 物件，並呼叫 Configure<Person> 擴充方法。該擴充方法被定義在 Microsoft.Extensions.Options.ConfigurationExtensions 命名空間下，而 Configure <TOptions> 擴充方法內部預設已經呼叫了 AddOptions 擴充方法，註冊選項模式的核心服務。程式 5-26 展示了 Configure <TOptions> 擴充方法內部的實作，將建立的 IConfiguration 物件作為參數傳遞。Configure<TOptions> 擴充方法將 IConfiguration 物件與指定的 TOptions 物件進行映射，在需要提供對應的 TOptions 物件時，IConfiguration 物件承載的設定資料會被提取出來並綁定到 TOptions 物件中。

▼ 程式 5-26

```
public static class OptionsConfigurationServiceCollectionExtensions
{
    public static IServiceCollection Configure<TOptions>(this
     IServiceCollection services,IConfiguration config) where
      TOptions : class =>
                    services.Configure<TOptions>(Options.Options.DefaultName, config);

    public static IServiceCollection Configure<TOptions>(this
     IServiceCollection services, stringname, IConfiguration config)
      where TOptions : class =>
        services.Configure<TOptions>(name, config, => { });

    public static IServiceCollection Configure<TOptions>(this
     IServiceCollection services,IConfiguration config,
       Action<BinderOptions> configureBinder) where TOptions : class =>
        services.Configure<TOptions>(Options.Options.DefaultName,
                                                      config, configureBinder);

    public static IServiceCollection Configure<TOptions>(this
        IServiceCollection services!!, string name,
         IConfiguration config!!, Action<BinderOptions> configureBinder)
        where TOptions : class
    {
        services.AddOptions();
        services.AddSingleton<IOptionsChangeTokenSource<TOptions>>(
                    new ConfigurationChangeTokenSource<TOptions>(name, config));
```

```
        return services.AddSingleton<IConfigureOptions<TOptions>>(
                new NamedConfigureFromConfigurationOptions<TOptions>(name, config,
                                                        configureBinder));
    }
}
```

首先呼叫 IServiceCollection 物件的 BuildServiceProvider 擴充方法，獲取相依性插入容器的 IServiceProvider 物件。然後呼叫 GetRequiredService<T> 擴充方法獲取 IOptions<Person> 物件，該物件的 Value 屬性傳回的就是 IConfiguration 物件綁定生成的 Person 物件。最後將 Person 物件相關的資料直接輸出到主控台中。Person 物件值的輸出結果如圖 5-5 所示。

▲ 圖 5-5 Person 物件值的輸出結果

如程式 5-27 所示，TOptions 對應的是 Value 屬性的類型，在 Value 屬性被呼叫時，Value 屬性先執行 Get 方法，並為 Value 屬性賦值，呼叫 Get 方法時會傳遞一個 Options.DefaultName 參數值，Get 方法在 OptionsCache<TOptions> 物件中讀取名稱為 name 的值，如果值存在則透過 out 關鍵字進行傳遞，如果值不存在則執行 if 敘述內的操作，將值快取起來。

注意：OptionsCache<TOptions> 物件中維護了一個執行緒安全的集合 ConcurrentDictionary <string, Lazy<TOptions>>。

▼ 程式 5-27

```
public class OptionsManager<TOptions> :
    IOptions<TOptions>,
    IOptionsSnapshot<TOptions>
    where TOptions : class
```

```
{
    private readonly IOptionsFactory<TOptions> _factory;

    // 透過 IOptionsFactory<TOptions> 物件建立的 Options 物件會被其快取起來
    private readonly OptionsCache<TOptions> cache = new OptionsCache<TOptions>();

    public TOptions Value => Get(Options.DefaultName);

    public virtual TOptions Get(string name)
    {
        name = name ?? Options.DefaultName;

        if(!_cache.TryGetValue(name, out TOptions options))
        {
            IOptionsFactory<TOptions> localFactory = _factory;
            string localName = name;
            options =
            _ cache.GetOrAdd(name, () => localFactory.Create(localName));
        }
        return options;
    }
}
```

5.2.2 具名選項的使用

具名選項可以使開發人員在設定系統中擁有相同的強類型物件和不同的實例物件，它們之間透過名稱來區分。在需要的時候，可以按名稱對它們進行檢索。下面透過主控台實例進行示範。

建立一個設定檔 company.json，其結構如程式 5-28 所示。

▼ 程式 5-28

```
{
  "company1": {
    "title": "Company1",
    "country": "USA"
```

```
  },
  "company2": {
    "title": "Company2",
    "country": "USA"
  }
}
```

使用具名選項，透過一個類別獲取多個獨立的設定實例，可以按照如程式 5-28 所示的 company.json 檔案建立一個對應的設定類別，如程式 5-29 所示。

▼ 程式 5-29

```
public class Company
{
    public string Title { get; set; }
    public string Country { get; set; }
}
```

如程式 5-30 所示，示範如何做到多個獨立的設定實例，透過呼叫 AddJsonFile 擴充方法將 JSON 設定檔（company.json）的設定來源建立到 ConfigurationBuilder 物件上，並利用它建立對應的 IConfiguration 物件。

▼ 程式 5-30

```
IConfiguration configuration = new ConfigurationBuilder()
        .AddJsonFile("company.json")
        .Build();
var services = new ServiceCollection()
    .Configure<Company>("Company1", configuration.GetSection("Company1"))
    .Configure<Company>("Company2", configuration.GetSection("Company2"));
var options = services.BuildServiceProvider()
    .GetRequiredService<IOptionsSnapshot<Company>>();
var company1 = options.Get("Company1");
var company2 = options.Get("Company2");
Console.WriteLine($"Company1：{company1.Title}");
Console.WriteLine($"Company2：{company2.Title}");
```

建立 ServiceCollection 物件，呼叫 Configure<Company> 擴充方法，同時根據指定的名稱對 Options 進行初始化，第二個參數用於指定對應的設定項。呼叫 IServiceCollection 物件的 BuildServiceProvider 擴充方法得到相依性插入容器的 IServiceProvider 物件後，先呼叫 GetRequiredService<T> 擴充方法得到 IOptionsSnapshot<Company> 物件，再透過 Get 方法獲取指定名稱的設定物件。當按照指定名稱讀取後，建立兩個 Company 物件，將兩個物件的 Title 屬性值列印在主控台中。如圖 5-6 所示，採用具名選項方式讀取並輸出結果。

▲ 圖 5-6 採用具名選項方式讀取並輸出結果

如程式 5-31 所示，關於具名選項的處理，需要先在快取中獲取對應的設定資訊，本節不再重複介紹，讀者可以參考 5.2.1 節的內容。

▼ 程式 5-31

```
public virtual TOptions Get(string? name)
{
    name = name ?? Options.DefaultName;
    if (!_cache.TryGetValue(name, out var options))
    {
        IOptionsFactory<TOptions> localFactory = _factory;
        string localName = name;
        return _
        cache.GetOrAdd(name, () => localFactory.Create(localName));
    }
    return options;
}
```

5.2.3 Options 內容驗證

上面介紹了 IOptions，簡單來說就是將設定插入服務中。但在此之前並沒有提過它允許設定驗證，IOptions 物件對設定項並不具有很強的約束性，如果設定檔中沒有值，就使用預設值進行填充，這可能會在執行時期給應用程式造成嚴重的隱式錯誤。

驗證設定內容可以使用 System.ComponentModel.DataAnnotations 命名空間下的資料驗證特性類別，如程式 5-32 所示，建立一個名為 Person 的 POCO 類別，在 Age 屬性中增加 RangeAttribute 特性。

▼ 程式 5-32

```
public class Person
{
    public string Name { get; set; }
    [RangeAttribute(minimum: 20, maximum: int.MaxValue, ErrorMessage =
                                    "填寫資訊有誤，年齡必須大於 19 歲。")]
    public int Age { get; set; }
    public List<string> Languages { get; set; }
    public Company Company { get; set; }
}

public class Company
{
    public string Title { get; set; }
    public string Country { get; set; }
}
```

在該實例中增加了 RangeAttribute 特性，並且透過該特性限制最小年齡為 20 歲，設定錯誤訊息為「資訊填寫錯誤，年齡必須大於 19 歲。」

上面已經對 Age 屬性進行了設定，下面需要使用驗證器檢查這些值是否可以通過驗證。

如程式 5-33 所示，首先使用 AddOptions 擴充方法註冊選項模式的核心服務，並透過 Bind 方法進行設定的綁定操作，然後呼叫 ValidateDataAnnotations 擴充方法來確保可以觸發驗證機制。

▼ 程式 5-33

```
IConfiguration configuration = new ConfigurationBuilder()
        .AddJsonFile("person.json")
        .Build();
var services = new ServiceCollection();
services.AddOptions<Person>()
    .Bind(configuration)
    .ValidateDataAnnotations();
var person = services.BuildServiceProvider()
    .GetRequiredService<IOptions<Person>>()
    .Value;
```

呼叫 IServiceCollection 物件的 BuildServiceProvider 擴充方法得到相依性插入容器的 IServiceProvider 物件後，可以先呼叫 GetRequiredService<T> 擴充方法來獲取 IOptions<Person> 服務，再透過呼叫屬性 Value 傳回 Person 物件，同時觸發驗證機制。

透過執行該程式，可以得到拋出的 OptionsValidationException 例外，如圖 5-7 所示。

▲ 圖 5-7 OptionsValidationException 例外

對於選項驗證，還可以使用 delegate（委託）方式。開發人員可以透過呼叫 Validate 擴充方法實作設定的驗證工作，如程式 5-34 所示。

▼ 程式 5-34

```
var optionsBuilder = services.AddOptions<Person>()
    .Bind(configuration)
    .ValidateDataAnnotations()
    .Validate(config =>
    {
        if(config.Age < 19)
            return false;
        return true;
    });
```

可以透過修改 Person 物件刪除 RangeAttribute 屬性，這樣也可以對資料進行驗證。

當再次執行程式時，會拋出預設的例外資訊，如圖 5-8 所示。

▲ 圖 5-8　預設的例外資訊

拋出的例外資訊其實具有通用性，這是一個預期的效果。當開發人員要執行自己的驗證邏輯時，可以自訂一筆錯誤的訊息內容，使它更友善一些，如程式 5-35 所示，自訂錯誤的訊息內容為「填寫資訊有誤，年齡必須大於 19 歲。」。

▼ 程式 5-35

```
var optionsBuilder = services.AddOptions<Person>()
    .Bind(configuration)
    .ValidateDataAnnotations()
    .Validate(config =>
    {
        if (config.Age < 19)
            return false;
        return true;
    }, "填寫資訊有誤，年齡必須大於 19 歲。");
```

當再次執行程式時，現有內容就變成自訂的例外資訊，如圖 5-9 所示。

對於驗證的使用，還有另一種實作方式，就是透過 IValidateOptions 介面實作自訂的驗證邏輯，開發人員可以將例外邏輯抽象到一個類別中。為了做到這一點，可以新增一個 AgeConfigurationValidation 類別並實作 IValidateOptions 介面，如程式 5-36 所示。

▲ 圖 5-9 自訂的例外資訊

▼ 程式 5-36

```
public class AgeConfigurationValidation : IValidateOptions<Person>
{
    public ValidateOptionsResult Validate(string? name, Person options)
```

```
    {
        if (options.Age < 19)
        {
            return ValidateOptionsResult.Fail("填寫資訊有誤，年齡必須大於 19 歲。");
        }
        return ValidateOptionsResult.Success;
    }
}
```

在該實例中，將 IValidateOptions 介面透過 AgeConfigurationValidation
類別來實作，並且實作 Validate 方法。Validate 方法接收兩個參數，即名稱和
選項（Options），可以看到此方法傳回一個 ValidateOptionsResult 物件，這
是傳回驗證結果的便捷方式。

如程式 5-37 所示，修改註冊方式，註冊 IValidateOptions 物件為 Singleton
模式。

▼ 程式 5-37

```
IConfiguration configuration = new ConfigurationBuilder()
    .AddJsonFile("person.json")
    .Build();
var services = new ServiceCollection();
services.Configure<Person>(configuration);
services.AddSingleton<IValidateOptions<Person>, AgeConfigurationValidation>();
var person = services
    .BuildServiceProvider()
    .GetRequiredService<IOptions<Person>>()
    .Value;
```

先透過 Configure 註冊設定項，再註冊 AgeConfigurationValidation 物件。
需要注意的是，要先註冊設定項，再註冊設定驗證物件。

如圖 5-10 所示，使用 IValidateOptions 驗證方式會得到同一個錯誤結果。

▲ 圖 5-10 使用 IValidateOptions 驗證方式

　　當然，對於 IValidateOptions 物件來説，開發人員也可以採用動態化的驗證方式，如可以透過插入 DbContext 物件，或者透過資料庫讀取驗證規則，進而實作驗證邏輯的動態化，這些都是可行的。

　　程式 5-38 展示了 IValidateOptions 物件的實作，ValidateOptions<TOptions> 類別是對 IValidateOptions<TOptions> 介面的實作。

▼ 程式 5-38

```
public class ValidateOptions<TOptions> : IValidateOptions<TOptions>
                                                    where TOptions : class
{
public ValidateOptions(string? name,
                        Func<TOptions, bool> validation!!, string failureMessage)
    {
        Name = name;
        Validation = validation;
        FailureMessage = failureMessage;
    }

    public string? Name { get; }
    public Func<TOptions, bool> Validation { get; }
    public string FailureMessage { get; }
```

```
public ValidateOptionsResult Validate(string? name, TOptions options)
{
    if(Name == null || name == Name)
    {
        if(Validation.Invoke(options))
        {
            return ValidateOptionsResult.Success;
        }
        return ValidateOptionsResult.Fail(FailureMessage);
    }
    return ValidateOptionsResult.Skip;
}
}
```

從程式 5-38 中可以看到 ValidateOptions<TOptions> 物件需要的參數，如 Options 的名稱和 FailureMessage 屬性，以及驗證 Options 的 Func<TOptions, bool> 物件和實作的 Validate 方法，在內部透過 Func<TOptions, bool> 物件進行驗證，並傳回 ValidateOptionsResult 物件。

5.2.4 Options 後期設定

PostConfigure 擴充方法用於後期設定，主要是在 Options 設定完成之後再對其做出一些修改，覆蓋前面的設定。下面介紹幾種使用方式。

程式 5-39 展示了後期設定的使用方式。

▼ 程式 5-39

```
services.PostConfigure<Person>(person =>
{
    person.Age = 10;
});
```

如程式 5-40 所示，可以用於具名選項的後期設定。

▼ 程式 5-40

```
services.PostConfigure<Person>("person1", person =>
{
    person.Age = 10;
});
```

如程式 5-41 所示，可以使用 PostConfigureAll 對所有設定實例進行後期設定。

▼ 程式 5-41

```
services.PostConfigureAll<Person>(person =>
{
    person.Age = 10;
});
```

如程式 5-42 所示，透過主控台實例來示範。首先建立 ServiceCollection 物件，透過 Configure 方法進行設定的載入，並且在呼叫 IServiceCollection 物件的 BuildServiceProvider 擴充方法得到相依性插入容器的 IServiceProvider 物件後，透過呼叫 GetRequiredService<T> 擴充方法來獲取 IOptions<Person> 物件；然後呼叫 PostConfigure<TOptions> 擴充方法，用於變更之前寫入的設定。

▼ 程式 5-42

```
IConfiguration configuration = new ConfigurationBuilder()
    .AddJsonFile("person.json")
    .Build();
var services = new ServiceCollection();
var person1 = services
    .Configure<Person>(configuration)
    .BuildServiceProvider()
    .GetRequiredService<IOptions<Person>>();

Console.WriteLine($"person1：{person1.Value.Age}");
services.PostConfigure<Person>(person =>
{
    person.Age = 10;
```

```
});
var person2 = services.BuildServiceProvider()
                        .GetRequiredService <IOptions<Person>>();
Console.WriteLine($"person2：{person2.Value.Age}");
```

　　該實例列印輸出了兩次設定資訊，一次是載入設定後的原始資訊，另一次是透過 PostConfigure 擴充方法修改後的資料。需要注意的是，此處存在一個順序性，首先載入 Configure 設定，PostConfigure 擴充方法可以用於修改前後透過 Configure 的設定，也就是無論 PostConfigure 擴充方法在前或在後，設定都可以造成修改作用，然後將結果列印出來。透過使用 PostConfigure 擴充方法進行輸出，如圖 5-11 所示。

▲ 圖 5-11 透過使用 PostConfigure 擴充方法進行輸出

　　Options 物件的建立過程如程式 5-43 所示，透過 Create 方法建立指定的 Options 物件。可以很清晰地看出，選項模式會抽象出一個 OptionsFactory 來處理 Options 物件的初始化與建立工作。

▼ 程式 5-43

```
public class OptionsFactory<TOptions> :
      IOptionsFactory<TOptions>
      where TOptions : class
{
    private readonly IConfigureOptions<TOptions>[] setups;
    private readonly IPostConfigureOptions<TOptions>[] postConfigures;
    private readonly IValidateOptions<TOptions>[] _validations;
public OptionsFactory(IEnumerable<IConfigureOptions<TOptions>> setups,
            IEnumerable<IPostConfigureOptions<TOptions>> postConfigures)
            : this(setups,postConfigures,
            validations: Array.Empty<IValidateOptions<TOptions>>()){ }
    public OptionsFactory(IEnumerable<IConfigureOptions<TOptions>> setups,
            IEnumerable<IPostConfigureOptions<TOptions>> postConfigures,
```

```
                IEnumerable<IValidateOptions<TOptions>> validations)
{
    _setups = setups as IConfigureOptions<TOptions>[] ?? new
                List<IConfigureOptions<TOptions>>(setups).ToArray();
    _postConfigures = postConfigures as
        IPostConfigureOptions<TOptions>[] ?? new
     List<IPostConfigureOptions<TOptions>>(postConfigures).ToArray();
    _validations = validations as IValidateOptions<TOptions>[] ?? new
            List<IValidateOptions<TOptions>>(validations).ToArray();
}

public TOptions Create(string name)
{
    TOptions options = CreateInstance(name);
    foreach(IConfigureOptions<TOptions> setup in _setups)
    {
        if(setup is IConfigureNamedOptions<TOptions> namedSetup)
        {
            namedSetup.Configure(name, options);
        }
        else if(name == Options.DefaultName)
        {
            setup.Configure(options);
        }
    }
    foreach(IPostConfigureOptions<TOptions> post in _postConfigures)
    {
        post.PostConfigure(name, options);
    }

    if(_validations.Length > 0)
    {
        var failures = new List<string>();
        foreach(IValidateOptions<TOptions> validate in _validations)
        {
            ValidateOptionsResult result = validate.Validate(name, options);
            if(result is not null && result.Failed)
            {
                failures.AddRange(result.Failures);
```

```
            }
        }
        if(failures.Count > 0)
        {
            throw new OptionsValidationException(
                                    name, typeof(TOptions), failures);
        }
    }
    return options;
}
protected virtual TOptions CreateInstance(string name)
{
    return Activator.CreateInstance<TOptions>();
}
}
```

　　Create 方法包含 3 個階段，分別為 Configure 階段、PostConfigure 階段和 Validate 階段，如圖 5-12 所示，第一個階段透過 Configure 方法對 Options 物件進行初始化。另外，在 IConfigureOptions<TOptions> 的處理過程中，Options 物件如果存在名稱，則以該名稱進行初始化，如果不存在則採取預設的名稱。隨後，對 IPostConfigureOptions<TOptions> 的 Options 物件進行初始化，初始化之後會對其進行驗證，但僅在有驗證設定的情況下。關於 Options 物件的驗證可以參考 5.2.3 節。

▲ 圖 5-12　Create 方法包含的 3 個階段

5.2.5　IOptionsSnapshot<TOptions>

　　IOptionsSnapshot<TOptions> 可以用來自動多載設定，而不需要重新開機應用程式。IOptionsSnapshot 物件預設採用的生命週期模式為 Scoped，每次插入都會得到新的物件，而 IOptions 物件採用的生命週期模式是 Singleton。因此，Singleton 在應用程式的整個生命週期中都有效。由於 IOptionsSnapshot<TOptions> 物件被註冊為 Scoped，因此該物件獲取的 Options 物件只會在當前請求上下文中保持一致。

接下來透過一個實例來示範 IOptions<TOptions> 物件和 IOptionsSnapshot <TOptions> 物件之間的差異。

如程式 5-44 所示,在應用程式中建立一個 ServiceCollection 物件,呼叫 Options 擴充方法註冊 Options 物件的核心服務後,首先呼叫 Configure<Person> 方法,然後註冊 CountIncrement 實例,而 CountIncrement 類別繼承自 IConfigureOptions<T> 介面,並且實作了 Configure 方法,用於處理對設定項更改的模擬操作,最後定義了 SetupInvokeCount 靜態屬性,用於儲存每次累加的數值。使用本地函式 Print 可以模擬呼叫情況。

▼ 程式 5-44

```csharp
IConfiguration configuration = new ConfigurationBuilder()
    .AddJsonFile("person.json")
    .Build();
var services = new ServiceCollection();
var serviceProvider = services
    .AddOptions()
    .Configure<Person>(configuration)
    .AddSingleton<IConfigureOptions<Person>>(new CountIncrement())
    .BuildServiceProvider();
Print(serviceProvider);
Print(serviceProvider);

static void Print(IServiceProvider provider)
{
    var scopedProvider = provider
        .GetRequiredService<IServiceScopeFactory>()
        .CreateScope()
        .ServiceProvider;
    var options = scopedProvider.GetRequiredService<IOptions<Person>>(). Value;
    var optionsSnapshot1 =
                scopedProvider.GetRequiredService<IOptionsSnapshot<Person>>().Value;
    var optionsSnapshot2 =
      scopedProvider.GetRequiredService<IOptionsSnapshot<Person>>().Value;

    Console.WriteLine($"options:{options.Age}");
    Console.WriteLine($"optionsSnapshot1:{optionsSnapshot1.Age}");
```

```
    Console.WriteLine($"optionsSnapshot2:{optionsSnapshot2.Age}");
}

public class CountIncrement : IConfigureOptions<Person>
{
    static int SetupInvokeCount { get; set; }
    public void Configure(Person options)
    {
        SetupInvokeCount++;
        options.Age += SetupInvokeCount;
    }
}
```

可以透過 ServiceCollection 物件建立 IServiceProvider 物件來提供服務，但是透過 ServiceCollection 物件建立的 IServiceProvider 物件表示子容器的 IServiceProvider 物件，子容器的 IServiceProvider 物件相當於 ASP.NET Core 應用程式中針對當前請求建立的 IServiceProvider 物件（RequestServices）。隨後分別針對 IOptions<TOptions> 物件和 IOptionsSnapshot<TOptions> 物件得到對應的 Person 物件之後，將 Age 屬性值列印到主控台中，由此可知上述操作先後執行了兩次，相當於 ASP.NET Core 應用程式處理了兩次請求。

圖 5-13 所示為使用 IOptionsSnapshot<TOptions> 物件的輸出結果，説明只有從同一個 IServiceProvider 物件獲取的 IOptionsSnapshot<TOptions> 物件才能提供一致的 Options 物件。但是對於所有來自同一個 IServiceProvider 物件來説，獲取的 IOptions<TOptions> 物件始終可以提供一致的 Options 物件。

▲ 圖 5-13 使用 IOptionsSnapshot<TOptions> 物件的輸出結果

5.2.6 IOptionsMonitor<TOptions>

IOptionsMonitor 既可以做到熱載入,也可以做到在設定發生變動時觸發事件。5.2.5 節提到,IOptionsSnapshot 物件可以做到熱載入,並且可以作為相依項註冊到容器中。但是需要注意的是,IOptionsSnapshot 物件採用的生命週期模式是 Scoped。Scoped 服務不能在 Singleton 服務中使用,因為這是相依性插入容器中的一項安全機制,被稱為 ValidateScopes。IOptions 物件採用的生命週期模式為 Singleton,但是它並不能做到熱載入,因此要使用像 IOptionsSnapshot 物件的這種熱載入功能,必須處理驗證問題,開發人員可以使用 IOptionsMonitor 物件。與 IOptions 物件一樣,IOptionsMonitor 物件採用的生命週期模式也是 Singleton,意味著可以安全地將其註冊到其他 Singleton 服務中。

如程式 5-45 所示,建立 IServiceCollection 物件,呼叫 BuildServiceProvider 擴充方法,由於該方法支援設定 validateScopes,因此將 validateScopes 設定為 true,以用於啟動服務的範圍驗證。

▼ 程式 5-45

```
IConfiguration configuration = new ConfigurationBuilder()
    .AddJsonFile("person.json", true, true)
    .Build();
var services = new ServiceCollection();
var optionsSnapshot = services
    .AddOptions()
    .Configure<Person>(configuration)
    .AddSingleton<ConfigureReader>()
    .BuildServiceProvider(validateScopes: true)
.GetRequiredService<ConfigureReader>();

public class ConfigureReader
{
    private readonly Person _person;
    public ConfigureReader(IOptionsSnapshot<Person> optionsSnapshot)
    {
        _person = optionsSnapshot.Value;
```

```
    }
    public int GetAge()
    {
        return _person.Age;
    }
}
```

隨後建立 ConfigureReader 類別,並以 Singleton 模式進行註冊,在 ConfigureReader 類別中獲取 IOptionsSnapshot<TOptions> 物件,應用程式執行後會觸發驗證錯誤。範圍驗證的錯誤資訊如圖 5-14 所示。

▲ 圖 5-14 範圍驗證的錯誤資訊

如程式 5-46 所示,先建立 ServiceCollection 物件,同時增加 Options 的核心服務,再載入設定,透過 GetRequiredService<T> 方法獲取服務物件。在 IOptionsMonitor<TOptions> 物件中,OnChange 事件用於接收檔案的變更通知,在收到變更通知時列印輸出資訊。

▼ 程式 5-46

```
IConfiguration configuration = new ConfigurationBuilder()
        .AddJsonFile("person.json", true, true)
        .Build();
var services = new ServiceCollection();
var optionsMonitor = services
    .AddOptions()
    .Configure<Person>(configuration)
    .BuildServiceProvider().GetRequiredService<IOptionsMonitor<Person>>();
```

```
optionsMonitor.OnChange(o =>
{
    Console.WriteLine($" 時間：{DateTime.Now}，Age：{o.Age}");
});
Console.ReadLine();
```

AddJsonFile 擴充方法具有多載方法。AddJsonFile 擴充方法中的 optional
參數表示檔案是否可選，reloadOnChange 參數表示如果檔案更改是否多載設
定。因為此處需要多載，所以將 reloadOnChange 參數設定為 true。圖 5-15 所
示為檔案更改時列印的資訊，可以透過多次修改設定檔來達到熱載入的狀態。

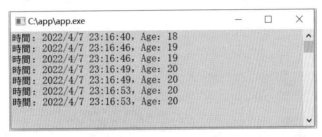

▲ 圖 5-15 檔案更改時列印的資訊

5.3 | 設計一個簡單的設定中心

上面介紹了設定檔的使用和執行機制，本節主要介紹設定中心。設定中心
是許多分散式應用程式的基礎，本節將建立一個設定中心的用戶端，以便開發
人員初步了解設定中心的設計。事實上，設定中心有許多開放原始碼元件可供
挑選，雖然有時忌諱重新造輪子，但是探究一個元件的原理有助於開發人員建
構更加扎實的技術系統。

5.3.1 什麼是設定中心

設定中心，顧名思義，是一個統一管理專案設定的系統。在常規專案中，
設定檔方便在應用程式中進行集中設定。隨著微服務的流行，應用程式的細微

性越來越小，設定檔的數量呈現幾何級數增長的趨勢，採用傳統的本地設定檔，難免有點不合時宜，並且維護成本和同步成本都很高，進而造成產品運行維護成本的攀升，因此，許多複雜系統都需要引入設定中心。

如圖 5-16 所示，當專案以單機服務執行時期，設定通常儲存在檔案中，程式發佈的時候，將設定檔和應用程式發佈到伺服器上。

隨著業務和使用者數量的增加，單機服務無法滿足業務需求，這就需要對單體應用進行拆分，應用進而走向微服務，通常來說可能需要把服務進行多機器（叢集）或多副本部署，在應用負載平衡設定的情況下，設定的發佈就會變成如圖 5-17 所示的形式。

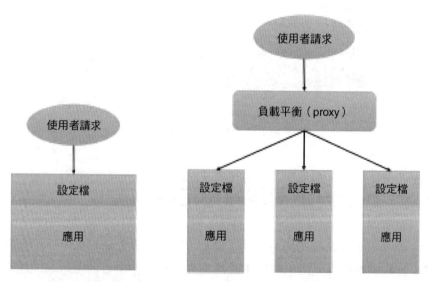

▲ 圖 5-16 專案以單機服務執行　　　▲ 圖 5-17 應用負載平衡

由於應用分佈在不同的伺服器上，同時管理多份設定檔顯然不現實，而利用設定中心可以做到在執行時期線上修改設定資訊，集中化管理應用設定，還有望支援設定的環境隔離（如果開發人員架設了開發、測試、預發佈、灰度 / 線上等多套環境，則可以透過為設定建立環境標籤來進行物理隔離）。

5.3.2 ConfigurationSource

上面介紹了 .NET Core 設定及常規的設定方式，如檔案、命令列參數等。由此可知，要擴充一個其他類型的設定來源，需要重寫 ConfigurationProvider 類別，如程式 5-47 所示，首先定義一個名為 SimpleConfigurationProvider 的類別，繼承 ConfigurationProvider 類別，然後重寫 Load 方法。

▼ 程式 5-47

```
public class SimpleConfigurationProvider : ConfigurationProvider
{
    public override void Load()
    {
        using(var httpClient = new HttpClient
        {
            BaseAddress = new Uri("https://localhost:44360")
        })
        {
            var response =
                httpClient.GetStringAsync("/configuration/ test.json")
                .ConfigureAwait(false).GetAwaiter().GetResult();
            if(!string.IsNullOrEmpty(response))
            {
                Data = JsonConvert
                .DeserializeObject<IDictionary<string, string>>(response);
            }
        }
    }
}
```

在 Load 方法中，可以利用 HttpClient 物件發起 HTTP 請求，呼叫服務端設定，在接收到結果之後對其進行解析，同時綁定到資料字典的 Data 屬性中。

5.3.3 ConfigurationProvider

如程式 5-48 所示，建立 SimpleConfigurationSource 類別，實作 IConfiguration Source 介面，在 Build 方法中傳回 SimpleConfigurationProvider 實例。

▼ 程式 5-48

```
public class SimpleConfigurationSource : IConfigurationSource
{
    public IConfigurationProvider Build(IConfigurationBuilder builder)
    {
        return new SimpleConfigurationProvider();
    }
}
```

5.3.4 設定擴充方法

增加擴充方法，如程式 5-49 所示，建立一個名為 SimpleConfiguration Extensions 的靜態類別，同時增加一個名為 AddSimpleSource 的擴充方法，將 SimpleConfigurationSource 加入設定來源集合中。

▼ 程式 5-49

```
public static class SimpleConfigurationExtensions
{
    public static IConfigurationBuilder AddSimpleSource(this
                                        IConfigurationBuilder builder)
    {
        return builder.Add(new SimpleConfigurationSource());
    }
}
```

服務端向用戶端應用傳回的設定資訊如程式 5-50 所示。

▼ 程式 5-50

```
{"key":"1","key1":"Key1"}
```

如程式 5-51 所示，透過主控台實例進行示範，先呼叫 AddSimpleSource 擴充方法註冊自訂的設定來源，並建立 IConfiguration 物件，再利用 IConfiguration 物件讀取設定項。

▼ 程式 5-51

```
class Program
{
    static void Main(string[] args)
    {
        IConfiguration configuration = new ConfigurationBuilder()
            .AddSimpleSource()
            .Build();
        var key = configuration.GetValue<string>("key");
        Console.WriteLine(key);
    }
}
```

先透過 IConfiguration 物件呼叫 GetValue 方法，根據指定的鍵名讀取指定的設定項，再將其列印輸出到主控台中。GetValue 方法的輸出結果如圖 5-18 所示。

▲ 圖 5-18　GetValue 方法的輸出結果

5.3.5　設定動態更新（HTTP Long Polling 方案）

雖然 5.3.2 ～ 5.3.4 節中的實例能做到將設定進行統一化管理，但是如果設定發生變更，就無法保證應用程式隨之改變設定資訊，所以需要進行設定的拉取操作。對於拉取操作來說，可以選擇輪詢（Polling）、長輪詢（Long Polling）、長連接或 WebSocket，本實例採用 Long Polling 方案實作。下面修改本節撰寫的應用程式。

如 程 式 5-52 所 示， 修 改 SimpleConfigurationSource 類 別， 增 加 的 ConfigurationServiceUri 屬性用於設置設定中心服務端的位址，同時透過 RequestTimeout 屬性設定 HTTPClient 的請求逾時時間，增加 ConfigurationName

屬性用於請求設定名稱。細心的讀者可能會發現，設定中心服務端的位址為 /configuration/test.json，該位址以 .json 的形式傳回一組設定。當然，如果讀者感興趣也可以進行改造和擴充。

▼ 程式 5-52

```
public class SimpleConfigurationSource : IConfigurationSource
{
    public string ConfigurationServiceUri { get; set; }
    public TimeSpan RequestTimeout { get; set; }
                                    = TimeSpan.FromSeconds(60);

    public string ConfigurationName { get; set; }
    public IConfigurationProvider Build(IConfigurationBuilder builder)
    {
        return new SimpleConfigurationProvider(this);
    }
}
```

如程式 5-53 所示，修改 SimpleConfigurationProvider 類別，繼承並實作 IDisposable 介面用於 HttpClient 的釋放操作。在 RequestConfigurationAsync 方法中，如果請求成功則呼叫 Notify 方法，在字典資訊賦值後呼叫 OnReload 方法，進行設定的更新操作。

▼ 程式 5-53

```
public class SimpleConfigurationProvider : ConfigurationProvider,
 IDisposable
{
    private readonly SimpleConfigurationSource _source;
    private readonly Lazy<HttpClient> _httpClient;
    private bool _isDisposed;
    private CancellationTokenSource? _cts;
    private HttpClient HttpClient => _httpClient.Value;
    public SimpleConfigurationProvider(SimpleConfigurationSource source)
    {
        _source = source ??
                throw new ArgumentException (nameof(source));
```

```
        _httpClient = new Lazy<HttpClient>(CreateHttpClient);
}
private HttpClient CreateHttpClient()
{
    var handler = new HttpClientHandler();
    var client = new HttpClient(handler, true)
    {
        BaseAddress = new Uri(_source.ConfigurationServiceUri),
        Timeout = _source.RequestTimeout
    };
    return client;
}
private async Task RequestConfigurationAsync(
                                CancellationToken cancellationToken)
{
    var encodedConfigurationName =
            WebUtility.HtmlEncode(_source.ConfigurationName);
    while(!cancellationToken.IsCancellationRequested)
    {
        try
        {
            using(var response = await HttpClient.GetAsync(
                    encodedConfigurationName, cancellationToken)
                                        .ConfigureAwait(false))
            {
                if(response.IsSuccessStatusCode)
                {
                    using (var stream = await
                response.Content.ReadAsStreamAsync(cancellationToken)
                                        .ConfigureAwait (false))
                    {
                        stream.Position = 0;
                        var data = new JsonConfigurationFileParser()
                                    .Parse(stream);
                        if(response.StatusCode == HttpStatusCode.OK)
                        {
                            Notify(data);
                        }
                    }
                }
```

```
                    }
                }
            }
            finally
            {
                await Task.Delay(50, cancellationToken)
                                        . ConfigureAwait(false);
            }
        }
    }

    private void Notify(IDictionary<string, string> data)
    {
        Data = data;
        OnReload();
    }

    public override void Load()
    {
        LoadAsync();
    }

    private async Task LoadAsync()
    {
        CancellationTokenSource cancellationToken =
        Interlocked. Exchange(ref _cts,new CancellationTokenSource());
        if(cancellationToken != null)
        {
            return;
        }
        await RequestConfigurationAsync(_cts.Token);
    }

    public void Dispose()
    {
        if(_isDisposed)
        {
            return;
        }
```

```
        if(_httpClient?.IsValueCreated == true)
        {
            _httpClient.Value.Dispose();
        }
        _isDisposed = true;
    }
}
```

上述程式繼承了 ConfigurationProvider 類別，重寫了 Load 方法，在第一次載入時會呼叫 Load 方法，在 Load 方法中呼叫自訂的 LoadAsync 方法，隨後利用 RequestConfigurationAsync 方法透過 while 敘述拉取設定資訊，當獲取到資訊後會呼叫 Notify 方法並賦值給 Data 屬性，填充設定資訊。

本實例採用的 Long Polling 方案需要等待 50 毫秒，如上述程式片段中的資料解析器提供的是解析的 JSON 格式，可以繼續抽象，讓它允許更多類型的支援，這樣可以實作一個簡易的設定中心用戶端。

如程式 5-54 所示，筆者透過對設定來源進行設定，同時迴圈列印並輸出設定的 key 資訊，因為服務端設定可能會在不固定的時間發生變更，所以可以透過隨機數進行模擬變更。

▼ 程式 5-54

```
class Program
{
    static async Task Main(string[] args)
    {
        var source = new SimpleConfigurationSource
        {
            ConfigurationName = "test.json",
            ConfigurationServiceUri = "https://localhost:44360/configuration/"
        };
        IConfiguration configuration = new ConfigurationBuilder()
            .AddSimpleSource(source)
            .Build();
        while (true)
        {
```

```
        var key = configuration.GetValue<string>("key");
        Console.WriteLine($" 時間：{DateTime.Now}，Key：{key}");
        await Task.Delay(TimeSpan.FromSeconds(10));
    }
    Console.ReadLine();
    }
}
```

迴圈獲取最新設定的輸出結果，如圖 5-19 所示。

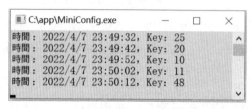

▲ 圖 5-19 迴圈獲取最新設定的輸出結果

5.4 小結

　　本章首先介紹了設定與選項的常規用法，包括如何使用 JSON 設定檔和環境變數，以及對設定進行動態更新等操作。設定是應用程式開發最不可或缺的一部分，基於 ASP.NET Core 提供的強大設定能力，開發人員可以輕鬆地完成對單體應用設定的管理。隨後，本章進一步介紹了在分散式應用場景下如何實作一個簡單的設定中心，並基於設定中心實作了設定的動態更新，限於篇幅，未對服務端設定管理詳細説明，如果讀者感興趣，可以考慮自行實作相關程式，獲得更多收穫。

第 6 章
使用 IHostedService 和 BackgroundService 實作背景工作

在應用程式開發過程中，開發人員可能常常需要建立用於背景執行的工作。例如，在應用程式內部需要定時呼叫協力廠商介面獲得某些回應資料來為業務提供支援，或者需要定時對歷史資料進行某些計算操作，這些都可能會用到定時工作或背景工作。

.NET 生態系統中與定時工作或背景工作有關的技術實作有多種方式，其中有4 種比較常見，分別是 IHostedService、背景工作（BackgroundService）、Quartz.NET 和 Hangfire。其中，前兩者都是 .NET 原生提供的方式，IHostedService 是一種介面，BackgroundService 則是基於主機託管服務的一種實作，使用這兩種方式可以輕鬆、快速地建立背景託管服務。

6.1 | IHostedService

IHostedService 允許開發人員在背景建立多個工作（託管服務），並支援在 Web 應用程式背景執行。IHostedService 的生命週期採用的是 Singleton 模式，在應用程式啟動時註冊實例化，應用程式將透過一個獨立的執行緒來維護該實例化工作，在應用程式退出時，註冊的工作也會隨著應用程式的退出而退出。

如程式 6-1 所示，IHostedService 介面定義了 StartAsync 方法和 StopAsync 方法，.NET 應用程式會在啟動和關閉時分別呼叫 IHostedService 介面的 StartAsync 方法和 StopAsync 方法。

▼ 程式 6-1

```
public interface IHostedService
{
    Task StartAsync(CancellationToken cancellationToken);
    Task StopAsync(CancellationToken cancellationToken);
}
```

從 IHostedService 介面的命名來看，它需要與通用主機綁定，本節將使用主控台應用程式進行探討。如程式 6-2 所示，以主控台應用程式為例，在建立了通用主機之後，呼叫 ConfigureServices 方法用於設定和註冊服務項，在該方法中透過呼叫 AddHostedService 擴充方法來註冊背景工作 MyHostedService 物件，最終建立到 HostBuilder 物件上。為了能夠更好地查看效果，本實例還呼叫了 ConfigureLogging 擴充方法，用於增加設定日誌相依項。由於這是一個主控台應用程式，該物件實例的 RunConsoleAsync 方法會在應用程式啟動後等待 Ctrl + C 複合鍵或 SIGTERM（終止訊號）退出，表示若沒有明確告訴應用程式退出，則它不會退出。

▼ 程式 6-2

```
var host = new HostBuilder()
        .ConfigureLogging(logging =>
```

```
        {
            logging.AddConsole();
        })
        .ConfigureServices((hostContext, services) =>
        {
            services.AddHostedService<MyHostedService>();
        });
await host.RunConsoleAsync();
```

如程式 6-3 所示，建立一個名為 MyHostedService 的類別，繼承 IHostedService 介面，實作 StartAsync 方法和 StopAsync 方法，在 StartAsync 方法中每隔 5 秒觸發並執行一次 DoWork 方法，該方法主要用於輸出時間，並測試背景工作的執行情況。

▼ 程式 6-3

```
public class MyHostedService : IHostedService
{
    private readonly ILogger<MyHostedService> _logger;
    private const int WAITTIME = 5000;// 定義等待時間
    public MyHostedService(ILogger<MyHostedService> logger)
    {
        _logger = logger;
    }
    public async Task StartAsync(CancellationToken cancellationToken)
    {
        logger.LogInformation("Starting IHostedService registered in Startup");
        while(true)
        {
            await Task.Delay(WAITTIME);
            DoWork();
        }
    }
    private void DoWork()
    {
        _logger.LogInformation($"Hello World! - {DateTime.Now}");
    }
```

```
public Task StopAsync(CancellationToken cancellationToken)
{
    _logger.LogInformation("Stopping IHostedService registered in Startup");
    return Task.CompletedTask;
}
}
```

圖 6-1 所示為 IHostedService 背景工作的輸出結果，在應用程式執行後，IHostedService 會在背景將訊息輸出到主控台中。

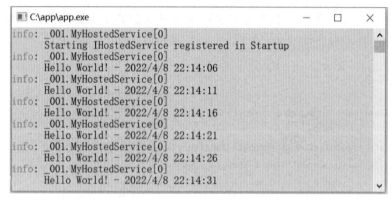

▲ 圖 6-1 IHostedService 背景工作的輸出結果

注意：可以建立多個 IHostedService 物件，並且每個實作 IHostedService 的物件都會在應用程式啟動時呼叫它們的 StartAsync 方法和 StopAsync 方法。

6.2 | BackgroundService

6.1 節 對 IHostedService 物 件 進 行 了 詳 細 的 探 討，本 節 主 要 介 紹 BackgroundService 的抽象類別，使用 BackgroundService 類別來架設一個背景工作應用程式。

　　如程式 6-4 所示，以主控台專案為例，建立 HostBuilder 物件，先呼叫
ConfigureLogging 擴充方法，增加設定日誌相依項，再呼叫 ConfigureServices
擴充方法用於設定服務項，並在該方法中呼叫 AddHostedService 擴充方法，
註冊背景工作 MyBackgroundService 物件，最後呼叫 HostBuilder 實例物件的
RunConsoleAsync 擴充方法，將它註冊為主控台生命週期服務。

▼ 程式 6-4

```
var host = new HostBuilder()
        .ConfigureLogging(logging =>
        {
            logging.AddConsole();
        })
        .ConfigureServices((hostContext, services) =>
        {
            services.AddHostedService<MyBackgroundService>();
        });
await host.RunConsoleAsync();
```

　　透過 NuGet 套件安裝 Microsoft.Extensions.Hosting，如程式 6-5 所示，
建立 MyBackgroundService 類別繼承 Microsoft.Extensions.Hosting 命名空間
下的 BackgroundService 類別。

▼ 程式 6-5

```
public class MyBackgroundService : BackgroundService
{
    private readonly ILogger<MyBackgroundService> _logger;
    public MyBackgroundService(ILogger<MyBackgroundService> logger)
    {
        _logger = logger;
    }
protected override async Task ExecuteAsync(CancellationToken stoppingToken)
    {
        logger.LogInformation("Starting IHostedService registered in Startup");
        while(true)
```

```
    {
        DoWork();
        await Task.Delay(5000);
    }
}
private void DoWork()
{
    _logger.LogInformation($"Hello World! - {DateTime.Now}");
}
}
```

背景服務需要實作 ExecuteAsync 方法，重寫該方法，隨後增加 while 迴圈敘述，在迴圈本體內部呼叫 Task.Delay 方法，使其每隔 5 秒觸發並執行一次 DoWork 方法。DoWork 方法主要用於輸出時間和測試背景工作的執行情況。圖 6-2 所示為 BackgroundService 類別的輸出結果。

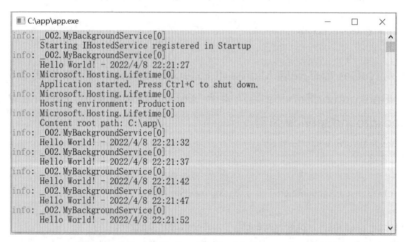

▲ 圖 6-2 BackgroundService 類別的輸出結果

擴充延伸

上面已經提到 BackgroundService 類別是基於 IHostedService 的一種實作，下面介紹 BackgroundService 類別的本質。在 BackgroundService 類別中定義一個名為 ExecuteTask 的 Task 類型的屬性，在啟動主機託管服務後，BackgroundService 類別會建立一個工作，用於執行 ExecuteAsync 方法，如程式 6-6 所示。

▼ 程式 6-6

```
public abstract class BackgroundService : IHostedService, IDisposable
{
    private Task? _executeTask;
    private CancellationTokenSource? _stoppingCts;
    public virtual Task? ExecuteTask => _executeTask;
    protected abstract Task ExecuteAsync(CancellationToken stoppingToken);

    public virtual Task StartAsync(CancellationToken cancellationToken)
    {
        _stoppingCts = CancellationTokenSource
                                    .CreateLinkedTokenSource (cancellationToken);
        _executeTask = ExecuteAsync(_stoppingCts.Token);
        if(_executeTask.IsCompleted)
        {
            return _executeTask;
        }
        return Task.CompletedTask;
    }

    public virtual async Task StopAsync(CancellationToken cancellationToken)
    {
        if(_executeTask == null)
        {
            return;
        }
        try
        {
            _stoppingCts!.Cancel();
        }
        finally
        {
            Await Task.WhenAny(_executeTask, Task.Delay(
                        Timeout.Infinite, cancellationToken)).ConfigureAwait(false);
        }
    }

    public virtual void Dispose()
    {
```

```
            _stoppingCts?.Cancel();
    }
}
```

BackgroundService 類別簡化了 IHostedService 物件的使用方式，並對它進行了抽象。圖 6-3 所示為 IHostedService 關係圖。

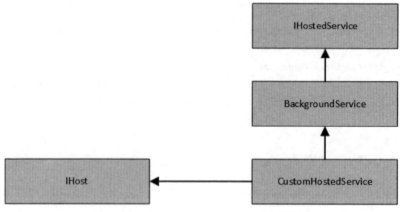

▲ 圖 6-3 IHostedService 關係圖

6.3 | 工作排程

Quartz 是工作函式庫，在其他技術語言框架中都有應用。Quartz.NET 是 Quartz 在 .NET 中的實作，主要使用 Cron 語法來定義工作的執行方式，從 .NET Framework 時代開始就受到開發人員的歡迎。Hangfire 最大的優點是提供了 Hangfire Dashboard，可以提供視覺化介面來管理定時工作。Hangfire 包括商業版和社區版兩種版本，無論是大型商業專案，還是中小型企業級應用或網際網路產品，都有適用的版本。

6.3.1 Hangfire

Hangfire 是在 .NET 平臺下開放原始碼的工作排程框架，可以很方便地整合到專案中，並且功能強大，提供了可整合的視覺化介面，支援中文介面。Hangfire 工作排程函式庫位於「Hangfire」NuGet 套件中。

如程式 6-7 所示，筆者以 WebAPI 專案為例，引入的 NuGet 套件為 Hangfire，先呼叫 AddHangfire 擴充方法，再呼叫 UseSqlServerStorage 擴充方法，設定 Hangfire 以 SqlServer 資料庫為持久化儲存服務，最後呼叫 AddHangfireServer 擴充方法註冊 Hangfire 核心服務。

▼ 程式 6-7

```
var builder = WebApplication.CreateBuilder(args);

// 註冊 Hangfire 資料庫持久服務
builder.Services.AddHangfire(x =>
        x.UseSqlServerStorage
(@"Server=.\;Database=Hangfire.Sample;Trusted_Connection=True;"));
// 註冊 Hangfire 核心服務
builder.Services.AddHangfireServer();

var app = builder.Build();
// 啟動 Hangfire 面板
app.UseHangfireDashboard();

app.Run();
```

呼叫 UseHangfireDashboard 擴充方法用於註冊 Hangfire 的視覺化面板介面。

在 Hangfire 設定完成後，便可以註冊工作，週期性工作是日常開發中常用的工作模式之一，RecurringJob.AddOrUpdate 方法用於建立週期性工作，如程式 6-8 所示。

▼ 程式 6-8

```
RecurringJob.AddOrUpdate(" 週期性工作 ", () =>
        Console.WriteLine($" 週期性工作：{DateTime.Now.ToLongTimeString()}"), Cron.
Minutely);
```

接下來啟動程式，先對設定的資料庫進行檢查，判斷是否包含 Hangfire 的資料庫結構，如果不包含則動態生成如圖 6-4 所示的 Hangfire 的資料庫結構。

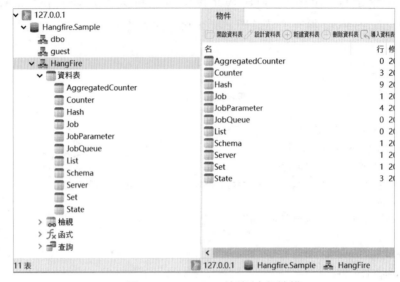

▲ 圖 6-4 Hangfire 的資料庫結構

在預設情況下，視覺化介面的路徑為 /hangfire。圖 6-5 所示為 Hangfire 儀表板。

從儀表板首頁中可以清晰地看到即時圖表走勢和歷史圖表走勢，由此可以對工作執行情況進行綜合概述。另外，儀表板首頁的導覽列中提供了「作業」選單、「重新」選單、「週期性作業」選單和「伺服器」選單。

作業：所有作業都將在此處展示，並且以不同的狀態呈現，如計畫、執行中、完成、失敗、等待中等狀態。

重新：處於失敗狀態的工作會進入「重新」選單中。

週期性作業：顯示定義的週期性作業清單。

伺服器：顯示註冊的 Hangfire 伺服器，這些伺服器用於處理作業。

▲ 圖 6-5 Hangfire 儀表板

6.3.2 Quartz.NET

Quartz.NET 是在 .NET 平臺下開放原始碼的工作排程框架,如程式 6-9 所示,筆者以 WebAPI 專案為例,引入的 NuGet 套件為 Quartz.AspNetCore,先呼叫 AddQuartz 擴充方法註冊核心服務,再呼叫 AddQuartzServer 擴充方法註冊 QuartzHostedService 服務。

▼ 程式 6-9

```
var builder = WebApplication.CreateBuilder(args);

builder.Services.AddQuartz(q =>
{
    q.UseMicrosoftDependencyInjectionJobFactory();
```

```
    var jobKey = new JobKey("CustomJob");

    q.AddJob<CustomJob>(o => o.WithIdentity(jobKey));

    q.AddTrigger(opts => opts
        .ForJob(jobKey)
        .WithIdentity(jobKey + "trigger")
        // 從第 0 秒開始，每 5 秒執行一次
        .WithCronSchedule("0/5 * * * * ?"));
});

builder.Services.AddQuartzServer(q =>
{
    q.WaitForJobsToComplete = true;
});

var app = builder.Build();

app.MapGet("/", () =>
{
    return "Hello World!";
});

app.Run();
```

在 AddQuartz 擴充方法中，首先呼叫 UseMicrosoftDependencyInjecti
onJobFactory 擴充方法，透過 DI（Dependency Injection，相依性插入）容
器來管理這些作業，然後建立 JobKey 實例，接收一個字串參數表示工作的名
稱，接著呼叫 AddJob 擴充方法註冊 CustomJob 工作，最後呼叫 AddTrigger
擴充方法為作業建立一個觸發器，其中，ForJob 擴充方法用於指定某個工作，
WithIdentity 擴充方法用於設定觸發器的名稱，同時透過 WithCronSchedule 擴
充方法設定工作每 5 秒執行一次。

程式 6-10 定義了 CustomJob 類別，它繼承了 IJob 介面，實作 Execute 方
法，在該方法中輸出日誌。

▼ 程式 6-10

```csharp
public class CustomJob : IJob
{
    private readonly ILogger<CustomJob> _logger;
    public CustomJob(ILogger<CustomJob> logger)
    {
        _logger = logger;
    }
    public Task Execute(IJobExecutionContext context)
    {
        _logger.LogInformation("Job {dateTime}", DateTime.UtcNow);
        return Task.CompletedTask;
    }
}
```

圖 6-6 所示為執行 Quartz.NET 主控台實施背景工作的輸出結果。

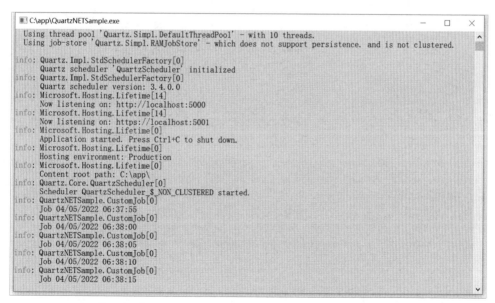

▲ 圖 6-6 執行 Quartz.NET 主控台實施背景工作的輸出結果

6.4 | 小結

在 .NET 平臺下可以簡化建立定時工作，使開發人員在編碼時有更多的時間關注業務層。本章先介紹 IHostedService 和 BackgroundService，再介紹協力廠商工作排程的使用。透過本章的學習，希望讀者可以從本質上來了解這些內容，從思維上來掌握。

第 **7** 章
中介軟體

　　ASP.NET Core 引入了中介軟體（Middleware）的概念。由官方文件可知，中介軟體是一種從裝配到應用管線以處理請求和回應的軟體。ASP.NET Core 內建了多種中介軟體，開發人員也可以定義自己的中介軟體。使用中介軟體可以對 ASP.NET Core 應用程式的每個請求和回應進行處理，進而實作某些特定的功能。例如，在某些場景下，開發人員需要對請求攜帶的某個參數進行驗證，這可以透過中介軟體來實作。

　　管線在 ASP.NET 中較為常見，主要包括 HttpHandlers 和 HttpModules 兩部分。中介軟體是對管線的進一步包裝，極大地減輕了開發人員的工作量，使開發人員能夠以更加便捷的方式實作相關需求。本章將對 ASP.NET Core 的中介軟體詳細說明。

7.1 中介軟體的作用

中介軟體是建構在管線之上的一層元件，允許開發人員以更優雅的形式對請求管線進行某些特定的處理。多個中介軟體以責任鏈模式形成一種串列的順序結構，每個中介軟體都會在其傳遞時進行處理並傳遞到下一個中介軟體，而回應內容則以相反的順序傳回。另外，利用中介軟體可以對應用程式的程式進行解耦。

圖 7-1 所示為 Logger 請求中介軟體的執行過程。Logger 是一個負責記錄所有請求和回應的中介軟體，會在請求時記錄所有的請求和回應。

例如，在授權中介軟體中（如圖 7-2 所示的授權回應阻止後），若中介軟體驗證失敗，則不會繼續呼叫下一個中介軟體，並且在 Web 應用程式回應之前拒絕請求。

▲ 圖 7-1 Logger 請求中介軟體的執行過程

▲ 圖 7-2 授權回應阻止後

通常，ASP.NET Core 應用程式具有多個中介軟體，但按照順序依次呼叫。圖 7-3 所示為中介軟體請求回應的過程。

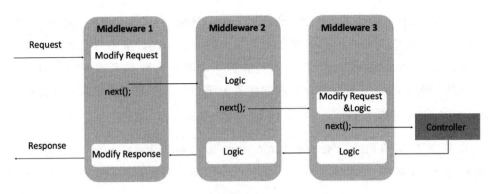

▲ 圖 7-3 中介軟體請求回應的過程

　　對請求而言,可以確定每個中介軟體是否滿足執行規則,若不滿足執行規則,則直接忽略,並使請求直接進入下一個中介軟體。

7.2 | 中介軟體的呼叫過程

　　目前,開發人員普遍追求簡單明瞭的設計理念,偏向於「複雜問題簡單化」,中介軟體正好表現了這種設計理念。本章開頭提到了管線,所謂請求管線,從本質上來說,就是對 HTTP 上下文(HttpContext 物件)的一系列操作,HttpContext 物件承載了單次請求的上下文資訊,主要包括請求(Request)屬性和回應(Response)屬性兩個主要成員,使用 Request 屬性可以獲取到當前請求的所有資訊,使用 Response 屬性可以獲取和設定回應內容。對於請求處理,ASP.NET Core 應用程式中定義了 RequestDelegate 委託類型,主要表示請求管線中的一個步驟,如程式 7-1 所示。

▼ 程式 7-1

```
public delegate Task RequestDelegate(HttpContext context);
```

　　處理者接收 HttpContext 物件,並且會透過 Request 屬性獲取所有關於該請求的資訊,而處理的結果則在 Response 屬性中表示,應用程式可以透過修改 Response 屬性來對當前的回應內容進行更改。

而對請求處理管線的註冊是透過 Func<RequestDelegate,RequestDelegate> 類型委託物件的,相信讀者會發現一個問題,為什麼中介軟體的輸入和輸出都是 RequestDelegate 物件。對於管線中的中介軟體來說,前一個中介軟體的輸出會成為下一個中介軟體的輸入,所以,中介軟體的輸入和輸出都是 RequestDelegate 物件。

中介軟體的 Func<RequestDelegate,RequestDelegate> 物件表示請求處理器,該物件的轉換是透過 IApplicationBuilder 介面來完成的,如程式 7-2 所示。

▼ 程式 7-2

```
public interface IApplicationBuilder
{
    IServiceProvider ApplicationServices { get; set; }
    IFeatureCollection ServerFeatures { get; }
IDictionary<string, object?> Properties { get; }

    ///<summary>
    /// 將中介軟體的委託方法增加到應用程式的請求管線中
    ///</summary>
    IApplicationBuilder Use(Func<RequestDelegate, RequestDelegate> middleware);
    ///<summary>
    /// 建立一個新的 IApplicationBuilder 物件
    ///</summary>
    ///<returns></returns>
    IApplicationBuilder New();
    RequestDelegate Build();
}
```

為了方便讀者理解,筆者將 ApplicationBuilder 類別做了精簡處理,對於中介軟體處理物件,無論上層進行了什麼樣的呼叫,底部的設計都會呼叫 Use 方法,進而將 Func<RequestDelegate, RequestDelegate> 物件增加到 _components 集合中,如程式 7-3 所示。

▼ 程式 7-3

```
public class ApplicationBuilder : IApplicationBuilder
{
    Private readonly IList<Func<RequestDelegate,RequestDelegate>>
                _components = new List<Func<RequestDelegate, RequestDelegate>>();

    public IApplicationBuilder Use(
                            Func<RequestDelegate, RequestDelegate> middleware)
    {
        _components.Add(middleware);
        return this;
    }
    public RequestDelegate Build()
    {
        RequestDelegate app = context =>
        {
            var endpoint = context.GetEndpoint();
            var endpointRequestDelegate = endpoint?.RequestDelegate;
            if(endpointRequestDelegate != null)
            {
                var message =
                    $"The request reached the end of the pipeline without executing
                the endpoint: '{endpoint!.DisplayName}'. Please register
                        the EndpointMiddleware using' {nameof(IApplicationBuilder)}
                                        .UseEndpoints(...)' if using routing.";
                throw new InvalidOperationException(message);
            }
            context.Response.StatusCode = StatusCodes.Status404NotFound;
            return Task.CompletedTask;
        };

        for(var c = _components.Count — 1; c >= 0; c--)
        {
            app = _components[c](app);
        }
        return app;
    }
}
```

Build 方法建立一個 RequestDelegate 類型的委託，中介軟體的請求鏈也是透過它完成的。Build 方法先定義 404 的委託物件，再呼叫 _components 集合的 Count 屬性，並以 c-- 的形式從大到小迴圈，將註冊的中介軟體反轉組成一個鏈式結構。所以，先執行最後一個中介軟體，再依次執行。其實，建構過程類似俄羅斯套娃，按照註冊順序從裡到外，一層套一層。在沒有自訂處理時，預設使用 404 的委託物件作為回應傳回。

7.3 | 撰寫自訂中介軟體

自訂一個中介軟體，開發人員需要建立一個帶有 RequestDelegate 作為參數的建構函式類別，以及一個傳回 Task 類型和名為 Invoke 或 InvokeAsync 的方法，並且參數為 HttpContext。如程式 7-4 所示，建立一個名為 CustomMiddleware 的中介軟體，該中介軟體主要用於記錄請求路徑。

▼ 程式 7-4

```
public class CustomMiddleware
{
    private readonly RequestDelegate _next;
    private readonly Ilogger<CustomMiddleware> _logger;

    public CustomMiddleware(RequestDelegate next, ILogger <CustomMiddleware> logger)
    {
        this._next = next;
        this._logger = logger;
    }

    public async Task InvokeAsync(HttpContext context)
    {
        _logger.LogWarning($"Before Invoke {context.Request.Path}");
        await _next(context);
        _logger.LogWarning($"After Invoke {context.Request.Path}");
    }
}
```

在 InvokeAsync 方法中，透過列印輸出 Before Invoke {context.Request.Path} 日誌模擬執行該中介軟體邏輯，並且在執行完成之後，呼叫 _next 方法來執行後續的中介軟體操作。

接下來為這個中介軟體建立擴充方法，用於簡化呼叫。要註冊中介軟體，就需要透過 IApplicationBuilder 物件呼叫 UseMiddleware 擴充方法，如程式 7-5 所示。

▼ 程式 7-5

```
public static class MiddlewareExtension
{
    public static void UseCustomExtension(this IApplicationBuilder app)
    {
        app.UseMiddleware<CustomMiddleware>();
    }
}
```

如程式 7-6 所示，呼叫 app.UseCustomExtension 擴充方法。

▼ 程式 7-6

```
var builder = WebApplication.CreateBuilder(args);

var app = builder.Build();
app.UseCustomExtension();

app.MapGet("/", () =>
{
    return "Hello World!";
});

app.Run();
```

註冊中介軟體需要呼叫 UseMiddleware 擴充方法註冊，如程式 7-7 展示了 UseMiddleware 的擴充方法的實作，筆者簡化了擴充方法。

▼ 程式 7-7

```csharp
public static class UseMiddlewareExtensions
{
    internal const string InvokeMethodName = "Invoke";
    internal const string InvokeAsyncMethodName = "InvokeAsync";

    public static IApplicationBuilder UseMiddleware(
            this IApplicationBuilder app, Type middleware, params object?[] args)
    {
        // 如果 middleware 物件實作了 IMiddleware 介面，則執行 UseMiddlewareInterface 方法
        if(typeof(IMiddleware).IsAssignableFrom(middleware))
        {
            return UseMiddlewareInterface(app, middleware);
        }
        var applicationServices = app.ApplicationServices;
        return app.Use(next =>
        {
            var methods = middleware.GetMethods(
                                BindingFlags.Instance | BindingFlags.Public);
            // 查看 middleware 中實作的 Invoke 方法和 InvokeAsync 方法
            var invokeMethods = methods.Where(m =>
                        string.Equals(m.Name, InvokeMethodName,
                            StringComparison. Ordinal)|| string.Equals(m.Name,
                    InvokeAsyncMethodName,StringComparison.Ordinal)).ToArray();

            if(invokeMethods.Length > 1)
            {
                // 不允許 Invoke 方法和 InvokeAsync 方法同時存在
                throw new InvalidOperationException(
                        Resources.FormatException_UseMiddleMutlipleInvokes(
                                InvokeMethodName, InvokeAsyncMethodName));
            }

            if(invokeMethods.Length == 0)
            {
                // 必須定義 Invoke 方法或 InvokeAsync 方法
                throw new InvalidOperationException(
                        Resources.FormatException_UseMiddlewareNoInvokeMethod(
                    InvokeMethodName, InvokeAsyncMethodName, middleware));
```

```
    }

    var methodInfo = invokeMethods[0];
    if(!typeof(Task).IsAssignableFrom(methodInfo.ReturnType))
    {
        // 如果方法的傳回值不是 Task 類型，則拋出例外
        throw new InvalidOperationException(
    Resources.FormatException_UseMiddlewareNonTaskReturnType(
                InvokeMethodName, InvokeAsyncMethodName, nameof(Task)));
    }

    var parameters = methodInfo.GetParameters();
    if (parameters.Length == 0 || parameters[0].ParameterType
                                            != typeof(HttpContext))
    {
        // 方法的參數必須是 HttpContext
        throw new InvalidOperationException(
          Resources.FormatException_UseMiddlewareNoParameters(
          InvokeMethodName, InvokeAsyncMethodName, nameof(HttpContext)));
    }

    var ctorArgs = new object[args.Length + 1];
    ctorArgs[0] = next;
    Array.Copy(args, 0, ctorArgs, 1, args.Length);
    var instance = ActivatorUtilities. CreateInstance(
                        app.ApplicationServices, middleware, ctorArgs);
    if (parameters.Length == 1)
    {
        return (RequestDelegate)methodInfo.CreateDelegate(
                                typeof (RequestDelegate), instance);
    }
    var factory = Compile<object>(methodInfo, parameters);
    return context =>
    {
        var serviceProvider =
                        context.RequestServices ?? applicationServices;
        if (serviceProvider == null)
        {
            throw new InvalidOperationException(
```

```
                    Resources.FormatException_UseMiddlewareIServiceProviderNotAvailable(
                                            nameof(IServiceProvider)));
                }
                return factory(instance, context, serviceProvider);
            };
        });
    }
}
```

在 UseMiddleware 方法中，如果 middleware 物件實作了 IMiddleware 介面，就執行 UseMiddlewareInterface 方法，否則表示是非 IMiddleware 介面約束的物件，並檢查中介軟體的合法性，如是否定義了 Invoke 方法和 HttpContext 參數等，最終透過 ActivatorUtilities 類型的 CreateInstance 方法建立中介軟體實例。

7.4 在篩檢程式中應用中介軟體

中介軟體還可以以篩檢程式（Filter）的形式註冊。ASP.NET Core 應用程式中提供了 MiddlewareFilterAttribute 物件，中介軟體可以在篩檢程式管線中被呼叫。要使用 MiddlewareFilterAttribute 物件，需要建立一個物件，如程式 7-8 所示，該物件需要滿足以下條件：

- 無參的建構函式。

- 具有名稱為 Configure 的公共方法，同時接收 IApplicationBuilder 物件參數。

▼ 程式 7-8

```
public class CustomPipeline
{
    public void Configure(IApplicationBuilder app)
    {
        app.UseMiddleware<CustomMiddleware>();
    }
}
```

接下來可以使用自訂的 CustomPipeline 物件。程式 7-9 使用的是 Middleware FilterAttribute 物件。

▼ 程式 7-9

```
[ApiController]
[Route("[controller]")]
[MiddlewareFilter(typeof(CustomPipeline))]
public class ValuesController : ControllerBase
{
    public OkResult Get()
    {
        return Ok();
    }
}
```

如程式 7-9 所示，每個存取 ValuesController 的請求都會觸發使用 CustomPipeline 物件定義的中介軟體。

如程式 7-10 所示，MiddlewareFilterAttribute 類別實作了 IFilterFactory 介面，用於將服務註冊到 MVC 篩檢程式的介面，這個介面只定義了一個 CreateInstance 方法。

▼ 程式 7-10

```
[AttributeUsage(AttributeTargets.Class | AttributeTargets.Method,
 AllowMultiple = true, Inherited = true)]
public class MiddlewareFilterAttribute : Attribute, IFilterFactory, IOrderedFilter
{
    public MiddlewareFilterAttribute(Type configurationType)
    {
        if (configurationType == null)
        {
            throw new ArgumentNullException(nameof(configurationType));
        }
        ConfigurationType = configurationType;
    }
```

```
    public Type ConfigurationType { get; }

    public int Order { get; set; }

    public bool IsReusable => true;

    public IFilterMetadata CreateInstance(IServiceProvider serviceProvider)
    {
        if (serviceProvider == null)
        {
            throw new ArgumentNullException(nameof(serviceProvider));
        }

        var middlewarePipelineService =
            serviceProvider.GetRequiredService<MiddlewareFilterBuilder>();
        var pipeline = middlewarePipelineService
                                .GetPipeline (ConfigurationType);
        return new MiddlewareFilter(pipeline);
    }
}
```

首先根據 MiddlewareFilterBuilder 從相依性插入容器中獲取一個實例物件，然後呼叫 GetPipeline 方法傳入定義的 ConfigurationType 屬性（上面定義的 CustomPipeline 物件）。GetPipeline 方法傳回的是 RequestDelegate 委託物件，如程式 7-11 所示，代表一個中介軟體管線，它接收一個 HttpContext 參數並傳回一個 Task 物件。

▼ 程式 7-11

```
public delegate Task RequestDelegate(HttpContext context);
```

將 RequestDelegate 以參數形式在建構 MiddlewareFilter 物件時傳遞。如程式 7-12 所示，可以看到 MiddlewareFilter 建構方法接收 RequestDelegate 類型的委託，並且在 MiddlewareFilter 方法中實作了 IAsyncResourceFilter 介面。另外，OnResourceExecutionAsync 方法記錄了 ResourceExecutingContext 物件，以及下一個要執行的篩檢程式 ResourceExecutionDelegate 委託物件，

作為一個新的 MiddlewareFilterFeature 物件儲存在 HttpContext 上下文中，因此可以在其他地方使用並存取。

▼ 程式 7-12

```
internal class MiddlewareFilter : IAsyncResourceFilter
{
    private readonly RequestDelegate _middlewarePipeline;

    public MiddlewareFilter(RequestDelegate middlewarePipeline)
    {
        if (middlewarePipeline == null)
        {
            throw new ArgumentNullException(nameof(middlewarePipeline));
        }

        _middlewarePipeline = middlewarePipeline;
    }

public Task OnResourceExecutionAsync(ResourceExecutingContext context
                                            ,ResourceExecutionDelegate next)
    {
        var httpContext = context.HttpContext;
        var feature = new MiddlewareFilterFeature()
        {
            ResourceExecutionDelegate = next,
            ResourceExecutingContext = context
        };
        httpContext.Features.Set<IMiddlewareFilterFeature>(feature);
        return _middlewarePipeline(httpContext);
    }
}
```

通常，開發人員會透過 await next() 在管線中執行下一個中介軟體，但是目前只是從 RequestDelegate 的呼叫中傳回 Task，那麼這個管線應該如何繼續呢？

如程式 7-13 所示,該物件的 BuildPipeline 方法用於執行篩檢程式管線,然後透過 HttpContext 物件載入 IMiddlewareFilterFeature 物件,並透過它獲取 ResourceExecutionDelegate 來存取下一個篩檢程式。

▼ 程式 7-13

```
internal class MiddlewareFilterBuilder
{
    private readonly ConcurrentDictionary<Type,
                     Lazy<RequestDelegate>> _pipelinesCache
            = new ConcurrentDictionary<Type, Lazy<RequestDelegate>>();
    private readonly MiddlewareFilterConfigurationProvider _ configurationProvider;

    public IApplicationBuilder? ApplicationBuilder { get; set; }

    public MiddlewareFilterBuilder(
                     MiddlewareFilterConfigurationProvider configurationProvider)
    {
        _configurationProvider = configurationProvider;
    }

    public RequestDelegate GetPipeline(Type configurationType)
    {
        var requestDelegate = _pipelinesCache.GetOrAdd(
            configurationType,
            key => new Lazy<RequestDelegate>(() => BuildPipeline(key)));

        return requestDelegate.Value;
    }

    private RequestDelegate BuildPipeline(Type middlewarePipelineProviderType)
    {
        if(ApplicationBuilder == null)
        {
            throw new InvalidOperationException(
                Resources.FormatMiddlewareFilterBuilder_NullApplicationBuilder
(nameof(ApplicationBuilder)));
        }

        var nestedAppBuilder = ApplicationBuilder.New();
```

```
    var configureDelegate = MiddlewareFilterConfigurationProvider
                        .CreateConfigureDelegate(middlewarePipelineProviderType);
    configureDelegate(nestedAppBuilder);

    nestedAppBuilder.Run(async (httpContext) =>
    {
        var feature = httpContext.Features.GetRequiredFeature
                                            <IMiddlewareFilterFeature>();

        var resourceExecutionDelegate = feature. ResourceExecutionDelegate!;

        var resourceExecutedContext = await resourceExecutionDelegate();
        if(resourceExecutedContext.ExceptionHandled)
        {
            return;
        }
        resourceExecutedContext.ExceptionDispatchInfo?.Throw();
        if(resourceExecutedContext.Exception != null)
        {
            throw resourceExecutedContext.Exception;
        }
    });

    return nestedAppBuilder.Build();
    }
}
```

7.5 製作簡單的 API 統一回應格式與自動包裝

在實際的專案中，可能需要對外提供統一的回應內容，這樣開發人員就需要定義統一的結構化內容。但是如果每個方法都按照一個回應類別進行包裝，那麼回應類別的格式一旦發生變化，需要修改的地方可能就會比較多，這時開發人員就需要考慮有沒有一種便捷的方式：無須關注每個方法傳回的內容，只需要在 HTTP 請求回應時將內容進行包裝，生成統一的回應格式，並傳回給用戶端。這時就可以使用中介軟體來實作這個功能。

7.5.1 建立一個中介軟體

如程式 7-14 所示,首先定義一個 CustomApiResponse 類別,用於統一回應內容的格式,Status 屬性工作表示狀態碼,RequestId 屬性工作表示請求的唯一編碼,Result 屬性工作表示一個結果,結果可能是陣列也可能是單一物件,所以定義為 object。

▼ 程式 7-14

```csharp
public class CustomApiResponse
{
    public static CustomApiResponse Create(int statusCode,
                                            object result, string requestId)
    {
        return new CustomApiResponse(statusCode, result, requestId);
    }

    internal CustomApiResponse(int statusCode, object result, string requestId)
    {
        Status = statusCode;
        RequestId = requestId;
        Result = result;
    }

    public int Status { get; set; }
    public string RequestId { get; set; }
    public object Result { get; set; }
}
```

如程式 7-15 所示,按照約束定義的一個結果回應包裝中介軟體,筆者在建構函式中插入了一個 RequestDelegate 物件,並且在用於請求處理的 InvokeAsync 方法中定義了表示當前 HttpContext 上下文的參數。

▼ 程式 7-15

```csharp
public class CustomMiddleware
{
```

```
    private readonly RequestDelegate _next;

    public CustomMiddleware(RequestDelegate next)
    {
        _next = next;
    }

    public async Task InvokeAsync(HttpContext context)
    {
        var originalResponseBodyStream = context.Response.Body;

        using var memoryStream = new MemoryStream();
        context.Response.Body = memoryStream;

        await _next(context);

        context.Response.Body = originalResponseBodyStream;
        memoryStream.Seek(0, SeekOrigin.Begin);

        var readToEnd = await new StreamReader(memoryStream).ReadToEndAsync();
        var objResult = JsonConvert.DeserializeObject(readToEnd);
        var result = CustomApiResponse.Create(
                    context.Response.StatusCode, objResult, context.TraceIdentifier);
        await context.Response.WriteAsync(JsonConvert.SerializeObject(result));
    }
}
```

　　該中介軟體在完成自身的請求操作後，透過建構函式中插入的 Request Delegate 物件可以將請求分發給後續的中介軟體，在後續的內容回應完成後會執行 _next 後面的程式邏輯。

　　使用上述程式可以獲取控制器方法輸出的 Response 回應內容，進而讀取回應內容。建立一個 CustomApiResponse 類別，並呼叫 Create 擴充方法，將傳回的狀態碼和當前請求的唯一標識及傳回的內容進行包裝，最終序列化為 JSON 格式（包裝後的回應如圖 7-4 所示），傳回給用戶端。

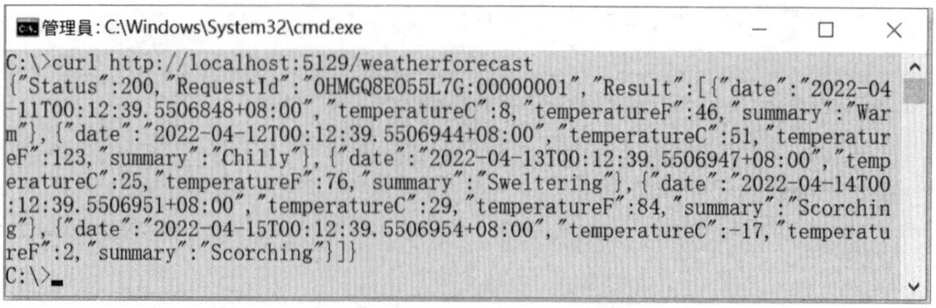

▲ 圖 7-4 包裝後的回應

7.5.2 設定擴充方法

在中介軟體建立完成後,建立一個擴充類別,在使用時只需要呼叫擴充方法進行註冊即可,如程式 7-16 所示。

▼ 程式 7-16

```
public static class MiddlewareExtension
{
    public static void UseCustomExtension(this IApplicationBuilder app)
    {
        app.UseMiddleware<CustomMiddleware>();
    }
}
```

7.6 延伸閱讀:責任鏈模式

責任鏈模式(Chain of Responsibility Pattern)是一種行為設計模式,這種模式允許將呼叫以鏈式的形式沿著處理者程式按循序執行和傳遞,在請求到達後,每個處理者均可對請求進行處理,或者將其直接傳遞給下一個處理者程式。使用責任鏈模式可以避免請求發送者與接收者之間的耦合關係,將它們形成一個鏈,物件與物件之間無須知道具體的處理者是誰,該鏈上的每個處理者都有機會參與處理請求。如果呼叫鏈上的某個處理者無法處理當前的請求,那麼它會把相同的請求傳遞給下一個物件。

　　下面透過一個主控台實例來介紹責任鏈模式。如程式 7-17 所示，建立一個名為 IHandler 的介面，每個處理者都需要繼承統一的 IHandler 介面。定義 Process 方法用於約束其執行的物件，隨後新增一個名為 Processor 的物件，該物件繼承 IHandler 介面並實作 Process 方法。在 Processor 物件中定義私有 IHandler 屬性，並定義 Next 方法用於設定當前實例的下一個要執行的實例物件，實作 Process 方法用於執行 DoProcess 方法。另外，還需要判斷 IHandler 物件是否為空，若不為空，則執行下一個實例物件的 Process 方法，這樣依次向下繼續執行。

▼ 程式 7-17

```csharp
public interface IHandler
{
    void Process(string msg);
}
public abstract class Processor : IHandler
{
    private IHandler _next;

    public Processor Next(IHandler next)
    {
        this._next = next;
        return this;
    }

    public void Process(string msg)
    {
        DoProcess(msg);
        if (_next != null)
        {
            _next.Process(msg);
        }
    }
    public abstract void DoProcess(string msg);
}
```

在主控台實例中定義 3 個 Handler 實例物件,在第二個實例物件中透過呼叫 Next 方法傳遞上一個實例物件,並依次向下傳遞相依性順序(責任鏈模式的輸出結果如圖 7-5 所示),這樣方便對相依性關係進行呼叫,但是會導致關係變成強相依性,如果出現中間一個環節沒有傳遞的情況,那麼這個連結就會在此處終止,如程式 7-18 所示,呼叫最後一個實例物件的 Process 方法,用於標識該連結程式的起始之處。

▼ 程式 7-18

```
IHandler handler1 = new Handler1();
IHandler handler2 = new Handler2().Next(handler1);
IHandler handler3 = new Handler3().Next(handler2);
handler3.Process("hello");

public class Handler1 : Processor
{
    public override void DoProcess(string msg)
    {
        Console.WriteLine($"{nameof(Handler1)}:{msg}");
    }
}

public class Handler2 : Processor
{
    public override void DoProcess(string msg)
    {
        Console.WriteLine($"{nameof(Handler2)}:{msg}");
    }
}
public class Handler3 : Processor
{
    public override void DoProcess(string msg)
    {
        Console.WriteLine($"{nameof(Handler3)}:{msg}");
    }
}
```

▲ 圖 7-5 責任鏈模式的輸出結果

在實例中物件以遞迴執行的方式實作了相關程式，程式層次不清晰，類別與類別的耦合性較高，不便於對程式進行維護，因此必須打破這種關係。如程式 7-19 所示，刪除了 Processor 物件，增加了 IHandler 的集合屬性成員（用於存放每個 IHandler 的實例物件），並迴圈 IHandler 物件集合，每個實例物件呼叫 Process 方法，最終的輸出結果如圖 7-6 所示。

▼ 程式 7-19

```csharp
List<IHandler> handlers = new List<IHandler>();
handlers.Add(new Handler1());
handlers.Add(new Handler2());
handlers.Add(new Handler3());
foreach (var handler in handlers)
{
    handler.Process("hello");
}

public class Handler1 : IHandler
{
    public void Process(string msg)
    {
        Console.WriteLine($"{nameof(Handler1)}：{msg}");
    }
}
public class Handler2 : IHandler
{
    public void Process(string msg)
    {
        Console.WriteLine($"{nameof(Handler2)}：{msg}");
    }
}
public class Handler3 : IHandler
```

```
{
    public void Process(string msg)
    {
        Console.WriteLine($"{nameof(Handler3)}：{msg}");
    }
}
```

▲ 圖 7-6 最終的輸出結果

　　將程式結構由遞迴型改為順序型，使程式層次分明，以便於後期的開發和擴充。

7.7 ┃ 延伸閱讀：中介軟體常見的擴充方法

　　與以前的版本相比，ASP.NET Core 應用程式中的中介軟體更加優雅、簡單，開發人員可以使用 Use 方法、Run 方法和 Map 方法來定義中介軟體。

7.7.1 Run 方法和 Use 方法

　　Run 是 IApplicationBuilder 物件的擴充方法。使用該方法可以將中介軟體增加到管線中。如程式 7-20 所示，呼叫 app.Run 方法，在程式執行後，透過存取該程式得到的輸出結果如圖 7-7 所示。

▼ 程式 7-20

```
var builder = WebApplication.CreateBuilder(args);

var app = builder.Build();

app.Run(async context =>
{
```

```
    await context.Response.WriteAsync("Hello, World!");
});

app.Run();
```

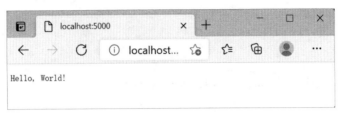

▲ 圖 7-7　輸出結果

　　由此可知，即使在後面再增加其他中介軟體，在執行過程中也不會呼叫，這是因為使用了 app.Run 中介軟體，它會在此處傳回對應的結果進而終止請求，不再呼叫後續的中介軟體。

　　如程式 7-21 所示，筆者精簡了 Run 方法的定義。該方法先接收 Request Delegate 委託物件，再呼叫 app.Use 方法將 RequestDelegate 物件傳入 Use 方法中，因為 Use 方法接收的是一個 Func 委託物件，這是一個帶有傳回值的類型的委託。

▼ 程式 7-21

```
public static class RunExtensions
{
    public static void Run(this IApplicationBuilder app, RequestDelegate handler)
    {
        app.Use(_ => handler);
    }
}
```

　　需要注意的是，程式 7-21 中使用的 _=>（**捨棄，Discards**）表示忽略使用的變數。當然，還可以使用 **app.Use(r=>handler)** 呼叫，r 物件是沒有意義的，所以沒有必要宣告它，可以直接忽略，就是將 RequestDelegate 物件增加到中介軟體管線中。

Use 方法不會終止請求。無論上層呼叫任何方法將中介軟體註冊到管線中，最終在內部都會呼叫 Use 方法進行註冊。如程式 7-22 所示，筆者呼叫了 app. Use 方法和 app.Run 方法，先定義第一個中介軟體 app.Use 將內容寫入回應物件，再透過 next 方法呼叫下一個中介軟體，並再次將內容寫入回應物件，定義 app.Run 中介軟體寫入回應物件並傳回。

▼ 程式 7-22

```
var builder = WebApplication.CreateBuilder(args);

var app = builder.Build();

app.Use(next =>
{
    return async (context) =>
    {
        await context.Response.WriteAsync("Before Invoke from 1st app. Use()\n");
        await next(context);
        await context.Response.WriteAsync("After Invoke from 1st app. Use()\n");
    };
});

app.Run(async (context) =>
{
    await context.Response.WriteAsync("Hello from 1st app.Run()\n");
});

app.Run(async context =>
{
    await context.Response.WriteAsync("Hello, World!");
});

app.Run();
```

　　如圖 7-8 所示，定義兩個 app.Run 中介軟體來驗證本節開頭的結論，即「使用 app.Run 中介軟體，它會在此處傳回對應的結果進而終止請求，不再呼叫後續的中介軟體。」，app.Run 方法前面的 app.Use 方法執行了，但是第二個 app.Run 方法並沒有執行，所以 app.Run 相當於一個終結中介軟體，它後面的中介軟體不會被執行。

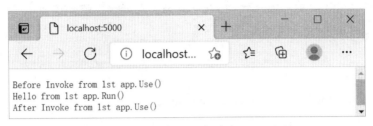

▲ 圖 7-8 呼叫 Use 方法和 Run 方法

　　在請求管線執行過程中（見圖 7-9），當執行完第一個 app.Run 方法後，請求就會終止，不繼續往下執行，而是輸出回應內容。

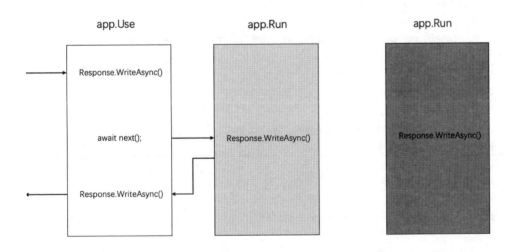

▲ 圖 7-9 請求管線的執行過程

7.7.2 Map 方法

顧名思義，Map，是指映射到路徑上，並為該路徑指定獨立的執行管線。在日常開發中，開發人員需要自訂路徑執行不同的操作，而使用 Map 方法可以實作對指定路由首碼的映射。

如程式 7-23 所示，建立一個 Web 實例。先定義兩個 app.Map 方法，再定義路由 /user 和 /test 的中介軟體。

▼ 程式 7-23

```
var builder = WebApplication.CreateBuilder(args);

var app = builder.Build();

app.Map("/user", HandleMapUser);
app.Map("/test", appMap =>
{
    appMap.Run(async context =>
    {
        await context.Response.WriteAsync("Hello from 2nd app.Map()");
    });
});
app.Run(async context =>
{
    await context.Response.WriteAsync("Hello, World!");
});

app.Run();

static void HandleMapUser(IApplicationBuilder app)
{
    app.Run(async context =>
    {
        await context.Response.WriteAsync("Hello from 1st app.Map()");
    });
}
```

請求和回應的參照表如表 7-1 所示，其中 Map 方法用於匹配路徑首碼的規則。

▼ 表 7-1 請求和回應的參照表

請求	回應
http://localhost:5000/	Hello, World!
http://localhost:5000/user	Hello from 1st app.Map()
http://localhost:5000/user/1	Hello from 1st app.Map()
http://localhost:5000/test	Hello from 2st app.Map()
http://localhost:5000/test/1	Hello from 2st app.Map()

程式 7-24 展示了 MapExtensions 類別中的 Map 方法的定義。在 IApplicationBuilder 物件中還有一個常用的 New 方法，通常用來建立分支。可以先根據實際情況使用 New 方法建立一個新的 ApplicationBuilder 物件，然後根據當前匹配的路徑和 Branch 分支管線建構一個 MapOptions 物件，最後呼叫 app.Use 方法註冊中介軟體。

▼ 程式 7-24

```
public static class MapExtensions
{
public static IApplicationBuilder Map(this IApplicationBuilder app,
            string pathMatch, Action<IApplicationBuilder> configuration)
    {
        return Map(
         app, pathMatch, preserveMatchedPathSegment: false, configuration);
    }

    public static IApplicationBuilder Map(this IApplicationBuilder app,
                PathString pathMatch, Action<IApplicationBuilder> configuration)
    {
        return Map(app, pathMatch, preserveMatchedPathSegment: false, configuration);
    }
```

```
public static IApplicationBuilder Map(this IApplicationBuilder app,
                PathString pathMatch, bool preserveMatchedPathSegment,
                Action<IApplicationBuilder> configuration)
{
    var branchBuilder = app.New();
    configuration(branchBuilder);
    var branch = branchBuilder.Build();

    var options = new MapOptions
    {
        Branch = branch,
        PathMatch = pathMatch,
        PreserveMatchedPathSegment = preserveMatchedPathSegment
    };
    return app.Use(next => new MapMiddleware(next, options).Invoke);
}
}
```

可以發現，程式 7-24 中新增了一個 MapMiddleware 方法，該方法的定義如程式 7-25 所示。筆者精簡了 MapMiddleware 方法的定義的內容，先建構 MapMiddleware 物件，並且將其 Invoke 方法包裝為 RequestDelegate 物件，再判斷要匹配的內容是否匹配，若匹配，則進入分支管線，否則繼續在當前管線中。透過判斷 _options 物件的 PreserveMatchedPathSegment 屬性，先重新設定 PathBase 屬性和 Path 屬性，再呼叫 _options 物件的 Branch 方法進入分支管線，最後還原 PathBase 路徑和 Path 路徑，因為可能有其他中介軟體繼續處理 HttpContext。

▼ 程式 7-25

```
public class MapMiddleware
{
    private readonly RequestDelegate _next;
    private readonly MapOptions _options;

    public MapMiddleware(RequestDelegate next, MapOptions options)
    {
        _next = next;
```

```
        _options = options;
    }


    public Task Invoke(HttpContext context)
    {
        if(context == null)
        {
            throw new ArgumentNullException(nameof(context));
        }

        if(context.Request.Path.StartsWithSegments(_options.PathMatch,
                                   out var matchedPath, out var remainingPath))
        {
            if(!_options.PreserveMatchedPathSegment)
            {
                return InvokeCore(context, matchedPath, remainingPath);
            }
            return _options.Branch!(context);
        }
        return _next(context);
    }


    private async Task InvokeCore(HttpContext context,
                              string matchedPath, string remainingPath)
    {
        var path = context.Request.Path;
        var pathBase = context.Request.PathBase;

        // 更新 Path
        context.Request.PathBase = pathBase.Add(matchedPath);
        context.Request.Path = remainingPath;

        try
        {
            await _options.Branch!(context);
        }
        finally
        {
            context.Request.PathBase = pathBase;
```

```
            context.Request.Path = path;
        }
    }
}
```

7.7.3 MapWhen 方法

Map 方法主要用於透過路由規則來判斷是否進入分支管線，若開發人員有其他的需求，如想對 Method 為 Delete 的請求用特殊的管線處理，則可以使用 MapWhen 方法。MapWhen 是一種通用的 Map 方法，可以由使用者來決定什麼時候進入分支管線，可以自訂相關的條件判斷。通常來說，Map 方法定義了一種通用情況，而 MapWhen 方法提供了更強大的判斷策略。

如程式 7-26 所示，app.MapWhen 方法定義一個條件，用於判斷是否進入執行分支管線，若滿足條件，則進入分支管線，否則繼續在當前管線中，如判斷請求參數中是否存在 **q** 鍵（Key）。

▼ 程式 7-26

```
var builder = WebApplication.CreateBuilder(args);

var app = builder.Build();

app.MapWhen(context => context.Request.Query.Keys.Contains("q"),
                appMap =>
                {
                    appMap.Run(async context =>
                    {
                        await context.Response.WriteAsync(
                                $"Hello Test:{context.Request.Query["q"]}");
                    });
                });
app.Run(async context =>
{
    await context.Response.WriteAsync("Hello, World!");
});

app.Run();
```

　　程式 7-27 展示了 MapWhen 方法的定義。MapWhen 方法的第一個參數是 IApplicationBuilder 物件；第二個參數是 Func<HttpContext,bool> 委託物件，輸入參數為 HttpContext 物件，輸出參數是 bool 類型；第三個參數是 Action <IApplicationBuilder> 委託物件，表示也可以將實作 Action 委託的方法增加到中介軟體管線中執行。

▼ 程式 7-27

```
using Predicate = Func<HttpContext, bool>;

public static class MapWhenExtensions
{
    public static IApplicationBuilder MapWhen(this IApplicationBuilder app,
                    Predicate predicate, Action<IApplicationBuilder> configuration)
    {
        //create branch
        var branchBuilder = app.New();
        configuration(branchBuilder);
        var branch = branchBuilder.Build();

        //put middleware in pipeline
        var options = new MapWhenOptions
        {
            Predicate = predicate,
            Branch = branch,
        };
        return app.Use(next => new MapWhenMiddleware(next, options).Invoke);
    }
}
```

　　和 Map 方法一樣，先建立 ApplicationBuilder 物件，再建立 MapWhen 物件用於儲存相關條件和分支，最後將 MapWhenMiddleware 中介軟體註冊到管線中。

　　如程式 7-28 所示，在 MapWhenMiddleware 中介軟體中實作還是比較簡單的，若委託物件傳回 true，則進入分支管線，否則繼續向下執行下一個中介軟體。

▼ 程式 7-28

```
public class MapWhenMiddleware
{
    private readonly RequestDelegate _next;
    private readonly MapWhenOptions _options;

    public MapWhenMiddleware(RequestDelegate next, MapWhenOptions options)
    {
        _next = next;
        _options = options;
    }

    public Task Invoke(HttpContext context)
    {
        if (context == null)
        {
            throw new ArgumentNullException(nameof(context));
        }

        if (_options.Predicate!(context))
        {
            return _options.Branch!(context);
        }
        return _next(context);
    }
}
```

7.7.4 UseWhen 方法

如程式 7-29 所示，UseWhen 方法也是根據指定的條件判斷是否執行當前的方法，核心是 UseWhen 方法基於指定的條件執行建立的請求管線分支。如果這個分支在執行時不中斷或不使用 app.Run 中介軟體，就重新加入主管線中執行，而 MapWhen 方法只在滿足條件時執行管線分支（透過 app.UseWhen 方法判斷後的輸出結果如圖 7-10 所示）。

▼ 程式 7-29

```
var builder = WebApplication.CreateBuilder(args);

var app = builder.Build();

app.UseWhen(
    context =>
    context.Request.Query.Keys.Contains("q"),
                    appMap =>
                    {
                        appMap.Use(next =>
                        {
                            return async (context) =>
                            {
                                await context.Response.WriteAsync(
                                        "Before Invoke from 1st app.Use()\n");
                                await next(context);
                                await context.Response.WriteAsync(
                                        "After Invoke from 1st app.Use()\n ");
                            };
                        });
                    });
app.Run(async context =>
{
    await context.Response.WriteAsync("Hello, World!\n");
});

app.Run();
```

▲ 圖 7-10 透過 app.UseWhen 方法判斷後的輸出結果

UseWhen 方法如程式 7-30 所示，先呼叫 IApplicationBuilder 物件的 New 方法建立一個管線分支，將 configuration 委託註冊到該分支上，再將 main（也就是後續要執行的中介軟體）也註冊到該分支上，最後根據 predicate 來判斷，執行新分支還是繼續在之前的管線中執行。

▼ 程式 7-30

```
using Predicate = Func<HttpContext, bool>;

public static class UseWhenExtensions
{
    public static IApplicationBuilder UseWhen(this IApplicationBuilder app,
                     Predicate predicate, Action<IApplicationBuilder> configuration)
    {
        var branchBuilder = app.New();
        configuration(branchBuilder);

        return app.Use(main =>
        {
            branchBuilder.Run(main);
            var branch = branchBuilder.Build();

            return context =>
            {
                if(predicate(context))
                {
                    return branch(context);
                }
                else
                {
                    return main(context);
                }
            };
        });
    }
}
```

7.8 | 小結

透過本章的學習，讀者可以深入了解 ASP.NET Core 的中介軟體。中介軟體技術可以為開發人員對 HTTP 請求上下文的某些操作帶來極大的便利，因此，它也是 ASP.NET Core 一項非常重要的核心技術。

第 8 章
快取

網際網路的普及、使用者和存取量的增加可以帶來更多的平行量，這對於應用程式來說是一個考驗。由於應用程式的資源有限，資料庫能承載的請求次數也有限，使用快取不僅能減少計算還可以提升回應速度，因此應該盡可能利用有限的資源提供更大的輸送量。

本章先介紹記憶體快取和分散式快取。記憶體快取將快取內容序列化儲存在應用程式處理程序中，分散式快取可以借助一個協力廠商儲存中介軟體進行儲存，如透過 Redis 和 SQL Server 來儲存。除了這些方式，ASP.NET Core 還提供了一個回應快取，用來實作基於 HTTP 快取的設計規範。

一般來説,記憶體快取就是將任意類型的物件內容儲存在快取中。記憶體快取的使用比較簡單,只需要透過 IMemoryCache 物件進行物件的設定和讀取即可。另外,本節也會涉及儲存結構的相關內容。

8.1.1 IMemoryCache

在 .NET 中,物件是記憶體快取的核心內容之一。下面以主控台專案為例,建立 ServiceCollection 物件,呼叫 AddMemoryCache 擴充方法註冊記憶體快取核心服務,透過呼叫 IServiceCollection 物件的 BuildServiceProvider 擴充方法得到相依性插入容器的 IServiceProvider 物件之後,可以直接呼叫 GetRequiredService<T> 擴充方法來獲取 IMemoryCache 物件。

如程式 8-1 所示,要設定快取可以呼叫 Set 擴充方法。該方法有兩個參數,Key 用來表示快取的物件的名稱,Value 表示要儲存的值。如果要從快取中檢索物件,並且開發人員不確定快取中是否存在特定的鍵,就可以呼叫 TryGetValue 方法。TryGetValue 方法傳回一個 bool 值(布林值),指示當前的鍵是否存在,最後一個參數使用 out 關鍵字,按照引用傳遞。

▼ 程式 8-1

```
var cache = new ServiceCollection()
    .AddMemoryCache()
    .BuildServiceProvider()
    .GetRequiredService<IMemoryCache>();

cache.Set("m1", "dotnet");
cache.TryGetValue("m1", out var value);
Console.WriteLine(value);
```

呼叫 TryGetValue 方法可以讀取快取值,並將結果輸出到主控台中,如圖 8-1 所示。

▲ 圖 8-1 輸出結果

　　如程式 8-2 所示，呼叫 Get<T> 方法可以在快取中檢索物件。

▼ 程式 8-2

```
cache.Get<string>("m1");
```

　　如程式 8-3 所示，呼叫 GetOrCreate<T> 方法可以根據對應的鍵檢索物件。如果對應的鍵不存在，那麼 GetOrCreate<T> 方法會選擇建立指定的鍵。

▼ 程式 8-3

```
cache.GetOrCreate<string>("m2", cacheEntry =>
{
    return "dotnet";
});
```

　　IMemoryCache 介面承載了基於記憶體的讀取操作和寫入操作。IMemoryCache 介面可以針對快取資料進行設定、獲取和移除，如程式 8-4 所示。

▼ 程式 8-4

```
public interface IMemoryCache : IDisposable
{
    bool TryGetValue(object key, out object value);
    ICacheEntry CreateEntry(object key);
    void Remove(object key);
}
```

　　IMemoryCache 介面定義了 TryGetValue 方法和 Remove 方法，Set 方法的實作會呼叫一個名為 CacheExtensions 的靜態類別，該類別為開發人員提供了快取設定的方法，可以設定快取。CreateEntry 方法可以根據指定的鍵建立一個 ICacheEntry 物件。

8.1.2 ICacheEntry

記憶體快取在 .NET 的內部以一個標準物件儲存，該物件的名稱為 CacheEntry。CacheEntry 物件承載了快取的特徵。

如程式 8-5 所示，先呼叫 CreateEntry 方法建立一個快取物件，並透過 using 程式區塊包裹起來，再呼叫 Get<T> 方法獲取儲存的快取值。

▼ 程式 8-5

```
using (var entry = cache.CreateEntry("m3"))
{
    entry.Value = "dotnet";
}
cache.Get<string>("m3");
```

如程式 8-6 所示，ICacheEntry 介面定義了如下屬性：Key 屬性作為儲存物件的鍵；Value 屬性工作表示獲取或設定的值；AbsoluteExpiration 屬性工作表示獲取或設定物件的絕對過期日期，也就是設定一個特定時間點過期；AbsoluteExpirationRelativeToNow 屬性相當於設定一個有效期，從當前時間開始計算，如 20 分鐘故障；SlidingExpiration 屬性提供了一種在指定時間內不活動或不常存取的快取故障策略；ExpirationTokens 屬性提供導致快取內容過期的 IChangeToken 實例；PostEvictionCallbacks 屬性工作表示獲取或設定在快取中故障後觸發的回呼；Priority 屬性工作表示獲取或設定快取項優先順序，預設為 CacheItemPriority.Normal，還包括 High、Low 和 NeverRemove，在快取滿載的情況下，對快取設定保留優先順序。

▼ 程式 8-6

```
public interface ICacheEntry : IDisposable
{
    object Key { get; }
    object Value { get; set; }
    DateTimeOffset? AbsoluteExpiration { get; set; }
    TimeSpan? AbsoluteExpirationRelativeToNow { get; set; }
    TimeSpan? SlidingExpiration { get; set; }
```

```
        IList<IChangeToken> ExpirationTokens { get; }
        IList<PostEvictionCallbackRegistration> PostEvictionCallbacks { get; }
        CacheItemPriority Priority { get; set; }
        long? Size { get; set; }
}
```

　　CreateEntry 方法並沒有顯性地執行 Add 操作，而是使用 using 敘述執行隱式操作。因為 C# 中的 using 敘述會在敘述區塊結束時自動呼叫 Dispose 方法，所以 Add 操作被定義在 Dispose 方法中。接下來介紹 Dispose 方法的實作。如程式 8-7 所示，筆者簡化了 CacheEntry 的實作，只保留了 Dispose 方法的釋放操作。呼叫 _state 物件的 IsDisposed 屬性，其標識了內容是否已經被釋放，若沒有被釋放，則執行 if 敘述區塊內的程式片段，將 IsDisposed 屬性設定為 true。另外，呼叫 IsValueSet 屬性判斷是否設定了 Value 值，如果設定了 Value 值，就呼叫 MemoryCache 物件的 SetEntry 方法儲存 CacheEntry 物件。

▼ 程式 8-7

```
internal sealed partial class CacheEntry : ICacheEntry
{
    private readonly MemoryCache _cache;
    public void Dispose()
    {
        if(!_state.IsDisposed)
        {
            _state.IsDisposed = true;

            CacheEntryHelper.ExitScope(this, _previous);
            if(_state.IsValueSet)
            {
                _cache.SetEntry(this);

                if(_previous != null && CanPropagateOptions())
                {
                    PropagateOptions(_previous);
                }
            }
            _previous = null;
```

```
        }
    }
}
```

　　如程式 8-8 所示，MemoryCache 承載了快取的操作，而 MemoryCache 物件會直接利用一個 ConcurrentDictionary<object,CacheEntry> 字典物件來維護快取內容，所以獲取、建立和刪除都是基於這個字典物件來操作的。ConcurrentDictionary 是一個執行緒安全的集合類別，正是因為 MemoryCache 物件使用了這樣的儲存結構，所以它預設支援多執行緒平行。

▼ 程式 8-8

```
public class MemoryCache : IMemoryCache
{
    private readonly ConcurrentDictionary<object, CacheEntry> _entries;
    bool TryGetValue(object key, out object value);
    ICacheEntry CreateEntry(object key);
    void Remove(object key);
}
```

　　MemoryCache 物件提供了 CacheEntry 方法，用於將 CacheEntry 物件增加到快取字典中，而 CacheEntry 物件正是透過 CacheEntry 方法中的 Dispose 方法來執行呼叫的。

8.1.3 快取大小的限制

　　MemoryCache 物件可以透過設定 MemoryCacheOptions 物件的 SizeLimit 屬性來限制快取的大小。快取大小並沒有定義一個明確的度量單位，因為快取沒有度量專案大小的機制，如果啟用了快取大小限制，那麼所有的專案都必須指定 Size 屬性。.NET 中沒有提供根據記憶體壓力限制記憶體大小的方式，需要開發人員自行限制快取大小。

　　如程式 8-9 所示，以主控台實例為例，建立 ServiceCollection 物件，呼叫 AddMemoryCache 擴充方法註冊記憶體快取核心服務。AddMemoryCache 擴充方法將 Action<MemoryCacheOptions> 委託物件作為參數，設定 Memory

CacheOptions 物件的 SizeLimit 屬性的值為 1，表示最大的快取，隨後呼叫 IServiceCollection 物件的 BuildServiceProvider 擴充方法得到相依性插入容器的 IServiceProvider 物件，這樣就可以直接呼叫 GetRequiredService<T> 擴充方法來提供 IMemoryCache 物件。

▼ 程式 8-9

```
var cache = new ServiceCollection()
    .AddMemoryCache(options =>
    {
        options.SizeLimit = 1;
    })
    .BuildServiceProvider()
    .GetRequiredService<IMemoryCache>();

var options = new MemoryCacheEntryOptions().SetSize(1);
cache.Set("key1", "value1", options);
cache.Set("key2", "value2");

Console.WriteLine(cache.Get("key1"));
Console.WriteLine(cache.Get("key2"));
```

建立一個 MemoryCacheEntryOptions 物件，呼叫 SetSize 擴充方法，設定 Size 屬性的值。如果設定了 SizeLimit 屬性的最大值，就需要在增加每個快取時顯示設定該屬性，該屬性的值必須小於或等於最大值，若不設定，則拋出例外（當設定了 SizeLimit 屬性時，快取項必須指定 Size 屬性的值，如圖 8-2 所示）。如果設定的數值累計超出 SizeLimit 屬性的大小，那麼快取不生效。

如果超出限制的容量，那麼超出部分的快取不會被增加進去（快取大小受限，未儲存超出的內容，如圖 8-3 所示）。

▲ 圖 8-2 當設定了 SizeLimit 屬性時，
快取項必須指定

▲ 圖 8-3 快取大小受限，未儲存
超出的 Size 屬性的值內容

8.2 | 分散式快取

　　叢集會導致每個節點伺服器中的快取出現不一致的情況，而採用分散式快取可以有效地架設「中心化」的儲存，解決快取共用的問題，進而實現應用水平擴充自動伸縮的目標。

8.2.1 IDistributedCache

　　分散式快取的核心物件是 IDistributedCache 介面（見程式 8-10），分散式快取的管理除了基礎的設定、獲取和刪除，還包括快取的更新。在 IDistributedCache 介面中還定義了同步和非同步的操作，快取的增加過程採用了位元組陣列，因此需要對快取的物件進行序列化和反序列化操作。

▼ 程式 8-10

```
public interface IDistributedCache
{
        byte[] Get(string key);
        Task<byte[]> GetAsync(string key, CancellationToken token
                                            = default(CancellationToken));

        void Set(string key, byte[] value, DistributedCacheEntryOptions options);
        Task SetAsync(string key, byte[] value,
                            DistributedCacheEntryOptions options,
                        CancellationToken token = default(CancellationToken));

        void Refresh(string key);
        Task RefreshAsync(string key, CancellationToken token =
                                        default(CancellationToken));

        void Remove(string key);
        Task RemoveAsync(string key, CancellationToken token =
                                        default(CancellationToken));
}
```

Get 方法 /GetAsync 方法可以用來獲取快取，並傳回一個 byte 類型的陣列；Set 方法 / SetAsync 方法用於設定或增加快取；Refresh 方法 /RefreshAsync 方法用於更新快取專案中的最後存取時間，並將它設定為當前時間；Remove 方法 /RemoveAsync 方法用於根據指定鍵刪除快取。

分散式快取可以透過 DistributedCacheEntryOptions 物件來指定相關的過期策略，絕對時間和滑動時間都可以透過該物件的屬性來指定，如程式 8-11 所示。

▼ 程式 8-11

```
public class DistributedCacheEntryOptions
{
    private DateTimeOffset? _absoluteExpiration;
    private TimeSpan? _absoluteExpirationRelativeToNow;
    private TimeSpan? _slidingExpiration;

    public DateTimeOffset? AbsoluteExpiration { get;set; }
    public TimeSpan? AbsoluteExpirationRelativeToNow { get;set; }
    public TimeSpan? SlidingExpiration { get; set; }
}
```

如程式 8-12 所示，分散式快取 DistributedCacheEntryOptions 物件可以透過呼叫擴充方法來操作物件屬性。

▼ 程式 8-12

```
public static class DistributedCacheEntryExtensions
{
    public static DistributedCacheEntryOptions SetAbsoluteExpiration(
        this DistributedCacheEntryOptions options,
        TimeSpan relative)
    {
        options.AbsoluteExpirationRelativeToNow = relative;
        return options;
    }

    public static DistributedCacheEntryOptions SetAbsoluteExpiration(
```

```
        this DistributedCacheEntryOptions options,
        DateTimeOffset absolute)
    {
        options.AbsoluteExpiration = absolute;
        return options;
    }

    public static DistributedCacheEntryOptions SetSlidingExpiration(
        this DistributedCacheEntryOptions options,
        TimeSpan offset)
    {
        options.SlidingExpiration = offset;
        return options;
    }
}
```

如程式 8-13 所示，IDistributedCache 物件可以透過呼叫擴充方法 Set 和 SetAsync 來設定快取的 Key 與 Value，但需要自行將快取內容序列化成位元組陣列。當然，也可以直接呼叫擴充方法 SetString 和 SetStringAsync，進而節省序列化的操作，開發人員不需要關注字串序列化，只需要傳遞對應的 String 類型值即可。開發人員可以採用這種方式獲取物件，分散式快取的儲存內容為序列化的位元組陣列，而取出的內容也是序列化位元組陣列，但 DistributedCacheExtensions 類別提供了擴充方法 GetString 和 GetStringAsync，因此，開發人員可以呼叫這兩個方法來省略反序列化操作。值得注意的是，快取的設定和讀取預設使用 UTF-8 進行字串的編碼與解碼。

▼ 程式 8-13

```
public static class DistributedCacheExtensions
{
    public static void Set(this IDistributedCache cache, string key!!, byte[] value!!)
    {
        cache.Set(key, value, new DistributedCacheEntryOptions());
    }

    public static Task SetAsync(this IDistributedCache cache, string key!!,
```

```
                     byte[] value!!, CancellationToken token = default(CancellationToken))
{
    return cache.SetAsync(key, value, new DistributedCacheEntryOptions(), token);
}


public static void SetString(this IDistributedCache cache, string key, string value)
{
    cache.SetString(key, value, new DistributedCacheEntryOptions());
}


public static void SetString(this IDistributedCache cache, string key!!,
                     string value!!,DistributedCacheEntryOptions options)
{
    cache.Set(key, Encoding.UTF8.GetBytes(value), options);
}


public static Task SetStringAsync(this IDistributedCache cache,
                         string key, string value,CancellationToken token
                                       = default(CancellationToken))
{
    return cache.SetStringAsync(key, value,
                            new DistributedCacheEntryOptions(), token);
}

public static Task SetStringAsync(this IDistributedCache cache,
        string key!!,string value!!,DistributedCacheEntryOptions options,
          string key!!,string value!!,DistributedCacheEntryOptions options,
                  CancellationToken token = default (CancellationToken))
{
    Return cache.SetAsync(key, Encoding.UTF8.GetBytes(value), options, token);
}


public static string? GetString(this IDistributedCache cache, string key)
{
    byte[]? data = cache.Get(key);
    if (data == null)
    {
        return null;
    }
```

```
        return Encoding.UTF8.GetString(data, 0, data.Length);
    }

public static async Task<string?> GetStringAsync(
                        this IDistributedCache cache, string key,
                    CancellationToken token = default(CancellationToken))
    {
        byte[]? data = await cache.GetAsync(key, token).ConfigureAwait (false);
        if (data == null)
        {
            return null;
        }
        return Encoding.UTF8.GetString(data, 0, data.Length);
    }
}
```

8.2.2 基於 Redis 的分散式快取

Redis 是一個開放原始碼的記憶體中資料庫，還是一個基於 C 語言撰寫的鍵值資料庫，也是一個 NoSQL 資料庫，支援相當多的資料結構，如 String（字串）、Hash（雜湊）、List（串列）等，通常用作分散式快取。.NET 提供了針對 Redis 資料庫的分散式快取的支援，該操作定義在「Microsoft.Extensions.Caching.StackExchangeRedis」NuGet 套件中。

如程式 8-14 所示，先呼叫 AddStackExchangeRedisCache 擴充方法註冊 Redis 服務，再獲取 IDistributedCache 物件，呼叫 SetString 擴充方法設定快取值。指定的快取內容儲存在 Redis 資料庫中，而與其相關的還有絕對過期時間和滑動過期時間。AbsoluteExpiration 屬性工作表示該快取的絕對過期時間，可以將其設定為當前系統時間 30 秒後過期；SlidingExpiration 屬性工作表示滑動過期時間，設定為 10 秒。

▼ 程式 8-14

```
var cache = new ServiceCollection()
    .AddStackExchangeRedisCache(options =>
    {
        options.Configuration = "localhost";
    }).BuildServiceProvider()
    .GetRequiredService<IDistributedCache>();
cache.SetString("key1", "value", new DistributedCacheEntryOptions
{
    AbsoluteExpiration = DateTimeOffset.UtcNow.AddSeconds(30),
    SlidingExpiration = TimeSpan.FromSeconds(10)
});
var value = cache.GetString("key1");
```

在上述實例執行完之後，快取資料會被儲存，並且透過 Redis 命令列的方式查看 Redis 資料庫中的快取內容。接下來按照如圖 8-4 所示的方式執行 hgetall key1 命令，並輸出結果，由輸出結果可以看出，設定的內容都被儲存到 Redis 資料庫中，而 absexp 和 sldexp 是以毫微秒量級儲存的，DateTimeOffset 物件和 TimeSpan 物件都對應 Ticks 屬性的值（一個 Tick 代表 1 毫微秒，DateTimeOffset 物件的 Ticks 傳回距離「0001 年 1 月 1 日午夜 12:00:00」的毫微秒數）。

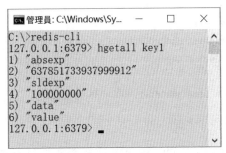

▲ 圖 8-4 查看 Redis 資料庫中的資料

8.2.3 基於 SQL Server 的分散式快取

對於分散式快取來說，資料除了可以放在 Redis 資料庫中，還可以放在關聯式資料庫 SQL Server 中。與 Redis 快取相比，SQL Server 可能不是最流行的快取儲存方式，但是它可以將應用程式狀態保持在處理程序本身之外，進而實現基於資料庫的分散式副本快取的共用。

如程式 8-15 所示，以主控台實例為例，呼叫 AddDistributedSqlServerCache 擴充方法註冊 SQL Server 分散式快取對應的服務。因為需要將快取資料儲存到資料庫中，所以透過 SqlServerCacheOptions 物件設定資料庫和資料表的資訊，ConnectionString 屬性工作表示目標資料庫的連接字串，SchemaName 屬性和 TableName 屬性分別表示快取資料庫的 Schema 和資料表。接下來獲取 IDistributedCache 實例物件，對快取進行設定、刪除等操作。

▼ 程式 8-15

```
var cache = new ServiceCollection()
    .AddDistributedSqlServerCache(options =>
    {
        options.ConnectionString = "data source=.;integrated security=True;
                                    User ID=sa;initial catalog=TestDb;Password=sa;";
        options.SchemaName = "dbo";
        options.TableName = "AspNetCache";
    }).BuildServiceProvider()
    .GetRequiredService<IDistributedCache>();
cache.SetString("key", "value", new DistributedCacheEntryOptions
{
    AbsoluteExpiration = DateTimeOffset.Now.AddSeconds(20)
});
```

如程式 8-16 所示，安裝 CLI 工具，該命令列工具用於 SQL Server 資料庫中分散式快取的資料表結構。

▼ 程式 8-16

```
dotnet tool install --global dotnet-sql-cache
```

如程式 8-17 所示，執行 dotnet sql-cache create 命令，建立 SQL Server 資料庫快取資料表。dotnet sql-cache create 命令的格式為 dotnet sql-cache create <connection string> <schema> <table name>。

▼ 程式 8-17

```
dotnet sql-cache create "data source=.;integrated security=True;
User ID=sa;Password=sa;initial catalog=TestDb" dbo AspNetCache
```

圖 8-5 所示為 SQL Server 資料庫快取資料表結構，該資料表結構中的 Id 屬性和 Value 屬性分別表示快取的 Key 和 Value，SlidingExpirationInSeconds 屬性和 AbsoluteExpiration 屬性工作表示滑動過期時間和絕對過期時間，ExpiresAtTime 屬性則表示儲存到期時間。需要注意的是，bigint 資料型態意味著將 SlidingExpirationInSeconds 屬性的總秒數增加到當前時間日期中可以建立該值。

▲ 圖 8-5 SQL Server 資料庫快取資料表結構

SQL Server 資料庫快取中的 AddDistributedSqlServerCache 擴充方法的設定由 SqlServerCacheOptions 物件定義（見程式 8-18）。SystemClock 屬性傳回一個本地時間，提供同步時間的系統時鐘；ExpiredItemsDeletionInterval 屬性工作表示快取清除的時間，預設時間間隔為 30 分鐘，與 Redis 資料庫做分散式快取差異最大的一點是刪除過期的快取資料，Redis 支援記憶體淘汰策略，當設定的資料過期時間過期後，Redis 會自動清除過期的快取記錄。而 SQL Server 清除快取的策略較為簡單，在每次呼叫 Get 方法 /GetAsync 方法時透過

ScanForExpiredItemsIfRequired 方法掃描過期的快取，同時執行清空過期快取的 SQL 敘述 DELETE FROM {0} WHERE @UtcNow > ExpiresAtTime。

▼ 程式 8-18

```
public class SqlServerCacheOptions : IOptions<SqlServerCacheOptions>
{
    public ISystemClock SystemClock { get; set; }
    public TimeSpan? ExpiredItemsDeletionInterval { get; set; }

    public string ConnectionString { get; set; }
    public string SchemaName { get; set; }
    public string TableName { get; set; }

    public TimeSpan DefaultSlidingExpiration { get; set; }
                                          = TimeSpan. FromMinutes(20);

    SqlServerCacheOptions IOptions<SqlServerCacheOptions>.Value
    {
        get
        {
            return this;
        }
    }
}
```

ConnectionString 屬性工作表示目標資料庫的連接字串，TableName 屬性和 SchemaName 屬性工作表示對應的快取資料表名稱和 Schema，DefaultSlidingExpiration 屬性工作表示快取的滑動過期時間。

8.3 | HTTP 快取

HTTP 快取分為兩種，即強快取（本地快取）和協商快取（弱快取），主要用於提高資源的獲取速度，減少網路傳輸的銷耗，緩解服務端的壓力。在 HTTP 規範下，一般可以快取 GET 請求和 HEAD 請求，而 PUT 請求和 DELETE 請求不

可快取，POST 請求在大多數情況下是不可以快取的。本節從 HTTP 的角度開始
介紹回應快取，然後介紹 ASP.NET Core 中的回應快取核心 ResponseCaching
Middleware 中介軟體的基本機制。

8.3.1 回應快取

快取會根據對應的規則以副本的形式將回應內容儲存到快取資料庫中，並
且可以匹配已經存在的資源副本。另外，快取並不是永久儲存的，快取資源是
有一定的時效性的，即使快取過期，也不會直接被清除或忽略，而是採用替換
的形式，將舊的資源替換為新的資源。圖 8-6 所示為第一次請求資源和寫入快
取的過程。

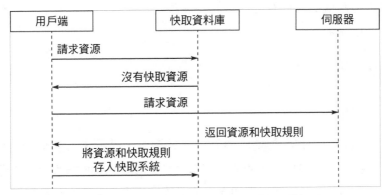

▲ 圖 8-6 第一次請求資源和寫入快取的過程

HTTP 快取的類型

HTTP 快取策略通常分為兩種，即強快取和協商快取。強快取用於強制使用
快取，協商快取需要和伺服器協商確認這個快取是否可以使用。

瀏覽器在載入資源時，根據請求標頭中的資訊（Expires 屬性和 Cache-
Control 屬性）來判斷是否命中強快取。如果命中強快取，那麼直接從快取中讀
取資源，不會將請求發到伺服器；如果沒有命中強快取，那麼瀏覽器會將請求
發送到伺服器，並透過 Last-Modified 屬性和 ETag 屬性驗證資源是否命中協商
快取。如果命中，伺服器就將這個請求傳回，但是不會傳回這個資源的資料，
依然從快取中讀取資源。如果兩者都沒有命中，那麼直接從伺服器中讀取資源。

HTTP 快取控制

在 HTTP 中，可以透過設定回應封包及請求標頭中對應的 Header 資訊來控制快取策略。快取主要由幾個 Header 屬性共同控制，強快取由 Expires 屬性、Cache-Control 屬性和 Pragma 屬性共同控制，協商快取由 Last-Modified 屬性或 ETag 屬性控制。

Expires

Expires 回應標頭是 HTTP/1.0 的屬性，表示快取資源的過期時間，並且是一個絕對過期時間。在回應封包中，Expires 回應標頭會告訴瀏覽器在該時間過期之前可以直接從瀏覽器中獲取快取的資源，由於該屬性是絕對過期時間，因此用戶端與服務端的時間存在時間時差或誤差這就會出現時間不一致的情況，最終快取會存在誤差。

```
Fri, 24 Sep 2021 07:42:34 GMT
```

Cache-Control

Cache-Control 回應標頭是 HTTP/1.1 的屬性，表示快取資源的最大有效時間，在有效時間內，用戶端不需要向伺服器發送請求。Cache-Control 屬性的優先順序高於 Expires 屬性的優先順序，兩者的區別就是 Expires 屬性工作表示的是絕對時間，而 Cache-Control 屬性允許設定相對時間。

可快取性

- Cache-Control: public：共用快取，又稱為公共快取，資源可以被用戶端和代理伺服器快取。

- Cache-Control: private：私有快取，資源只可以被用戶端快取，代理伺服器不能快取，不能作為共用快取。

- Cache-Control: no-store：快取不以任何形式儲存，該指令用於阻止回應內容被快取，通常用於阻止帶有敏感性資訊或隨時都會變化的資料回應。

- Cache-Control: no-cache：在每次請求時，快取都會將請求發送到伺服器，表示不使用快取的資源。

過期

- Cache-Control: max-age={seconds}：設定快取儲存的最大週期，超過這個時間快取則被認為過期。

- Cache-Control: s-maxage={seconds}：設定共用快取可以應用該指令，覆蓋 max-age 指令或 Expires 屬性。該指令僅適用於共用快取，私有快取不會應用，而是選擇忽略。

- Cache-Control: max-stale 或 Cache-Control: max-stale={seconds}：表示快取可以獲取已過期的資源，用戶端可以設定一個以秒為單位的時間（可選），以指定逾時後有效的時間，表示該回應即使過期，只要不超過該指定時間就可以使用。

- Cache-Control: min-fresh={seconds}：表示伺服器傳回 min-fresh 時間內的資源。

重新驗證和重新載入

- Cache-Control: must-revalidate：快取可以在本機存放區當前資源，但是在資源過期後必須經過驗證，確定一致性之後才能傳回給用戶端。

- Cache-Control: proxy-revalidate：和 must-revalidate 指令一樣，但是該指令僅用於共用快取。

其他

- Cache-Control: only-if-cached：不進行網路請求，僅使用快取資源。

- Cache-Control: no-transform：中間代理有時會改變圖片及檔案的格式，進而節省快取提高性能，而 no-transform 指令告訴中間代理不要改變和修改任何回應。

Last-Modified 屬性和 If-Modified-Since 屬性

Last-Modified 屬性和 If-Modified-Since 屬性用來表示資源的最後修改時間，在用戶端第一次請求時，服務端把資源的最後修改時間增加到 Last-Modified 回應標頭中，在第二次發起請求時，請求標頭會帶上第一次回應標頭中的 Last-Modified 屬性的時間，並設定在 If-Modified-Since 屬性中，當服務端接收到這個請求後，會利用這些資訊判斷資源是否發生過變化。如果資源一直沒有發生變化，那麼傳回 304 Not Modified 的回應，瀏覽器從快取中獲取資訊；如果資源發生變化，那麼開始傳輸一個最新的資源，同時伺服器傳回的狀態碼為 200 OK。

在請求時會出現一種特殊的情況，即資源被修改，但內容沒有發生過任何變化，Last-Modified 屬性的時間匹配不上，導致傳回整個內容給用戶端。為了解決這個問題，HTTP/1.1 增加了 ETag 屬性。ETag 屬性的優先順序高於 Last-Modified 屬性的優先順序。

ETag 屬性和 If-None-Match 屬性

ETag 是對資源生成的唯一標識，像一個指紋，資源只要發生變化就會導致 ETag 屬性發生變化，和最後的修改時間沒有關係。ETag 屬性可以保證每個資源都是唯一的。

瀏覽器發起請求後，請求封包中會包含 If-None-Match 屬性，該屬性的值就是上次傳回的 ETag 屬性的值，當伺服器發現 If-None-Match 屬性後，會與請求資源的唯一標識進行比較。若相同，則說明資源沒有修改，傳回 304 Not Modified 的回應，瀏覽器直接從快取中獲取資料資訊；若不同，則說明資源發生變化，回應資源內容，傳回的狀態碼為 200 OK。

8.3.2 ResponseCachingMiddleware 中介軟體

ASP.NET Core 提供了服務端回應快取。它的核心是一個名為 ResponseCachingMiddleware 的中介軟體，與 HTTP/1.1 快取的設計規範相容，可以為應用程式增加服務端的快取功能。

如程式 8-19 所示，Startup 類別先呼叫 AddResponseCaching 擴充方法註冊回應快取，再呼叫 UseResponseCaching 擴充方法將 ResponseCaching Middleware 中介軟體增加到 ASP.NET Core 的請求管線中。

▼ 程式 8-19

```
var builder = WebApplication.CreateBuilder(args);

builder.Services.AddResponseCaching(options => {
    options.UseCaseSensitivePaths = true;
    options.MaximumBodySize = 1024;
});
var app = builder.Build();

app.UseResponseCaching();
app.Run();
```

如程式 8-20 所示，在註冊回應快取服務時，可以透過 ResponseCaching Options 物件設定快取回應中介軟體的相關設定。

▼ 程式 8-20

```
public class ResponseCachingOptions
{
    public long SizeLimit { get; set; } = 100 * 1024 * 1024;
    public long MaximumBodySize { get; set; } = 64 * 1024 * 1024;
    public bool UseCaseSensitivePaths { get; set; }
    [EditorBrowsable(EditorBrowsableState.Never)]
    internal ISystemClock SystemClock { get; set; } = new SystemClock();
}
```

SizeLimit 屬性用於設定快取回應中介軟體快取的大小，預設為 100MB；MaximumBodySize 屬性用於設定快取回應正文的最大值，預設為 64MB；UseCaseSensitivePaths 屬性用於標記快取是否區分請求路徑的大小寫，預設為 false。

快取操作透過一個名為 IResponseCache 的介面表示，在介面中定義了兩個方法，Set 方法和 Get 方法分別實作了快取的讀和寫，如程式 8-21 所示。

▼ 程式 8-21

```
internal interface IResponseCache
{
    IResponseCacheEntry? Get(string key);
    void Set(string key, IResponseCacheEntry entry, TimeSpan validFor);
}
```

ResponseCachingMiddleware 中介軟體會利用 IMemoryCache 物件設定快取回應內容，並且透過 CachedResponse 類別定義結構化的快取內容，如程式 8-22 所示。CachedResponse 類別定義了建立時間、狀態碼、標頭集合和主體內容。

▼ 程式 8-22

```
internal class CachedResponse : IResponseCacheEntry
{
    public DateTimeOffset Created { get; set; }

    public int StatusCode { get; set; }

    public IHeaderDictionary Headers { get; set; } = default;

    public CachedResponseBody Body { get; set; } = default;
}
```

8.4 | 小結

透過本章的學習，讀者可以掌握多樣化快取的儲存方式（如常見的記憶體快取和分散式快取）和 ResponseCachingMiddleware 中介軟體。

第 9 章
當地語系化

當地語系化是指在應用交付到國際環境下時，需要根據特定國家的語言或市場的特點對軟體的某些功能進行組織和調整。當地語系化（Localization）又簡稱為 L10n，10 用來表示 L 和 n 中間省略的 10 個字母。當地語系化的基礎是提供多語言的支援，如查閱 .NET 的官方文件也可以看到其提供了多語言的支援。

本章將對 .NET 中的當地語系化功能進行解析，主要包括兩個方面：一是了解請求攜帶語言文化資訊參數的傳遞形式，以及如何自訂屬於自己的語言文化資訊解析器；二是了解資源檔中字串文字的讀取，以多樣化的資料來源回應結果。

9.1 內容當地語系化

.NET 中提供了開箱即用的當地語系化功能，開發人員可以透過幾行程式快速實作一個支援多語言的應用程式。

9.1.1 提供文字多語言支援

為了快速建構一個實例，下面以 .NET Minimal APIs 專案為例詳細說明，專案的檔案結構如圖 9-1 所示。先呼叫 WebApplication 物件的 CreateBuilder 擴充方法獲取 WebApplicationBuilder 物件；再呼叫它的 Services 屬性傳回一個 IServiceCollection 物件，並呼叫 AddLocalization 擴充方法註冊當地語系化相關的服務；最後呼叫 WebApplicationBuilder 物件的 Build 方法建立 WebApplication 物件，並利用 WebApplication 物件呼叫 RunAsync 方法啟動該服務，如程式 9-1 所示。

▼ 程式 9-1

```
var builder = WebApplication.CreateBuilder(args);

builder.Services.AddLocalization();

var app = builder.Build();

await app.RunAsync();
```

通常，開發人員會建立資源檔儲存多語言資源，筆者分別建立名為 SharedResource.resx 和 SharedResource.zh.resx 的資源檔（為對應的資源檔設定不同的語言，如圖 9-2 所示）。在這兩個資源檔中定義一個名為 Message 的字串資源，並且為這兩個資源檔分別定義中文「你好，世界！」和英文「Hello World!」。

▲ 圖 9-1　專案的檔案結構　　　▲ 圖 9-2　為對應的資源檔設定不同的語言

　　如程式 9-2 所示，透過 WebApplication 物件呼叫 MapGet 擴充方法，建立一個支援 GET 請求的方法，透過一個名為 culture 的參數獲得請求傳遞的語種資訊，在 MapGet 方法中插入一個 IStringLocalizerFactory 服務，並呼叫它的 Create 方法建立一個用於提供當地語系化字串的 IStringLocalizer 物件。先利用 culture 參數建立出對應語種的 CultureInfo 物件，再設定當前執行緒的 CurrentCulture 屬性和 CurrentUICulture 屬性，最後呼叫 IStringLocalizer 物件的 GetString 擴充方法獲取指定的資源字串內容。

▼ 程式 9-2

```
app.MapGet("/", (string? culture,
 IStringLocalizerFactory localizerFactory) =>
{
    var localizer = localizerFactory.Create("SharedResource", "App");
    if (!string.IsNullOrEmpty(culture))
    {
        CultureInfo.CurrentCulture = CultureInfo.CurrentUICulture =
                                                new CultureInfo(culture);
    }
    return Results.Content(localizer.GetString("Message").Value);
});
```

接下來透過 curl 命令列工具發起 GET 請求。圖 9-3 所示為針對不同語言文化輸出的回應結果，透過 culture 參數在請求中攜帶語言文化程式，若參數設定為 zh-cn，則傳回中文內容，若請求時沒有設定參數或參數不匹配預設情況，則採用 SharedResource.resx 資源檔中的內容。

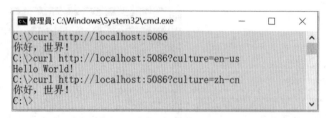

▲ 圖 9-3 針對不同語言文化輸出的回應結果

9.1.2 RequestLocalizationMiddleware 中介軟體

透過學習 9.1.1 節的實例，讀者可以了解多語言文化的使用，但是對於語言文化來說，筆者一直都是在方法內部設定的，如果使用多個方法，那麼通常來說要做很多重複的工作。.NET 中已經為開發人員考慮到了這一點，所以關於語言文化屬性的設定可以利用 RequestLocalizationMiddleware 中介軟體來完成。下面修改實例，如程式 9-3 所示。

▼ 程式 9-3

```
var builder = WebApplication.CreateBuilder(args);
builder.Services.AddLocalization();

var app = builder.Build();
app.UseRequestLocalization(options => options
    .AddSupportedCultures("en", "zh")
.AddSupportedUICultures("en", "zh"));

await app.RunAsync();
```

開發人員只需要透過 IApplicationBuilder 物件呼叫 UseRequest Localization 擴充方法即可完成對中介軟體 RequestLocalizationMiddleware 的註冊。接下來呼叫 AddSupportedCultures 方法和 AddSupportedUICultures 方法

設定 en 和 zh，將這兩種語言文化增加到設定選項的 Culture 集合與 UICulture 集合中。修改 MapGet 方法中的程式，刪除對語言文化設定的程式內容，因為這些操作中介軟體已經幫助開發人員自動處理了，如程式 9-4 所示。

▼ 程式 9-4

```
app.MapGet("/", (IStringLocalizerFactory localizerFactory) =>
{
    var localizer = localizerFactory.Create("SharedResource", "App");
    return Results.Content(localizer.GetString("Message").Value);
});
```

中介軟體預設提供了 3 種語言文化參數的設定方式，如 URL 參數、Cookie 和指定的 Accept-Language 請求標頭。可以透過任意一種方式傳遞語言文化資訊，最終透過 RequestLocalizationMiddleware 中介軟體解析該請求傳遞的語言文化資訊，如圖 9-4 所示，設定 Accept-Language 請求標頭的值，透過 curl 命令列工具並攜帶 Accept-Language 請求標頭作為語言文化資訊傳遞的方式，最終將請求資訊和回應結果輸出到主控台中。

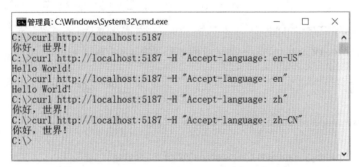

▲ 圖 9-4　設定 Accept-Language 請求標頭的值

如圖 9-5 所示，透過 Cookie 設定語言文化，以 Cookie 的方式傳遞當前的語言文化資訊，這是一種常用的方式。預設使用 .AspNetCore.Culture 作為 Cookie 的名稱，Cookie 的值以 c={Culture}|uic={UICulture} 的格式來傳遞，以 curl 命令列工具發起 HTTP 請求，使用 Cookie 的方式設定語言文化。

```
管理員: C:\Windows\System32\cmd.exe
C:\>curl http://localhost:5187 -H "Cookie: .AspNetCore.Culture=c=en|uic=en"
Hello World!
C:\>curl http://localhost:5187 -H "Cookie: .AspNetCore.Culture=c=zh|uic=zh"
你好，世界!
C:\>curl http://localhost:5187 -H "Cookie: .AspNetCore.Culture=c=en-US|uic=en-US"
Hello World!
C:\>curl http://localhost:5187 -H "Cookie: .AspNetCore.Culture=c=zh-CN|uic=zh-CN"
你好，世界!
C:\>
```

▲ 圖 9-5 透過 Cookie 設定語言文化

至此，讀者已經基本了解了 RequestLocalizationMiddleware 中介軟體的使用，接下來詳細介紹在中介軟體中是如何利用多語言文化解析器的。如程式 9-5 所示，簡化 RequestLocalizationMiddleware 中介軟體的實作，在其內部定義 RequestLocalizationOptions 設定選項物件，在中介軟體中判斷該物件的 RequestCultureProviders 屬性是否為空。如果 RequestCultureProviders 屬性不為空，那麼執行 RequestLocalizationMiddleware 中介軟體。另外，RequestCulture Providers 屬性用於儲存語言文化的解析器物件。在 RequestCultureProviders 屬性不為空的情況下迴圈該解析器，獲取 IRequestCultureProvider 物件並呼叫它的 DetermineProviderCultureResult 方法獲取當前解析器傳回的結果。如果 DetermineProviderCultureResult 方法傳回的結果為空，那麼繼續迴圈；如果 DetermineProviderCultureResult 方法傳回的結果不為空，那麼呼叫 SetCurrentThreadCulture 方法設定當前執行緒的語言文化。

▼ 程式 9-5

```
public class RequestLocalizationMiddleware
{
    private readonly RequestLocalizationOptions _options;
        public async Task Invoke(HttpContext context)
        {
            if(_options.RequestCultureProviders != null)
            {
                foreach(var provider in _options.RequestCultureProviders)
                {
                    var providerResultCulture =
                            await provider.DetermineProviderCultureResult(context);
                    if(providerResultCulture == null){
```

```
            continue;
        }

        var cultures = providerResultCulture.Cultures;
        var uiCultures = providerResultCulture.UICultures;

        if(_options.SupportedCultures != null)
        {
            cultureInfo = GetCultureInfo(
                cultures,
                _options.SupportedCultures,
                _options.FallBackToParen、tCultures);
        }

        if(_options.SupportedUICultures != null)
        {
            uiCultureInfo = GetCultureInfo(
                uiCultures,
                _options.SupportedUICultures,
                _options.FallBackToParentUICultures);
        }

        cultureInfo ??= _options.DefaultRequestCulture.Culture;
        uiCultureInfo ??= _options.DefaultRequestCulture.UICulture;

        var result = new RequestCulture(cultureInfo, uiCultureInfo);
        requestCulture = result;
        break;
        }
    }
    SetCurrentThreadCulture(requestCulture);
    await _next(context);
    }
}
```

　　RequestLocalizationMiddleware 中介軟體的設定選項定義在 Request
LocalizationOptions 物件中，如程式 9-6 所示，DefaultRequestCulture 屬性用於
中介軟體獲取不到有效的語言文化或語言文化沒有在受支援的列表中，此時使用

DefaultRequestCulture 屬性的設定作為預設語言文化，當然，預設語言文化也可以透過呼叫 SetDefaultCulture 方法來指定。FallBackToParentCultures 屬性和 FallBackToParentUICultures 屬性工作表示如果 IRequestCultureProvider 物件提供的語言文化（如 en-US、en-GB）並不在當前受支援的列表中，但它的 Parent（en）是受支援的語言之一，則 RequestLocalizationMiddleware 中介軟體會使用它的 Parent 作為當前語言的文化。當然，FallBackToParentCultures 屬性和 FallBackToParentUICultures 屬性預設為 true，開發人員可以修改基於 Parent 的語言文化策略，可以將其屬性設定為 false。ApplyCurrentCultureTo ResponseHeaders 屬性工作表示是否設定 Content-Language 回應標頭，若設定為 true，則告知用戶端當前使用的語言是 zh-CN 或 en-US 等。Supported Cultures 屬性和 SupportedUICultures 屬性工作表示當前應用程式支援的語言文化清單。RequestCultureProviders 屬性工作表示當前支援的語言文化解析器集合。AddSupportedCultures 方法和 AddSupportedUICultures 方法可以用來將指定的語言文化增加到 SupportedCultures 清單和 SupportedUICultures 列表中。SetDefaultCulture 方法可以用來設定當前預設的語言文化。

▼ 程式 9-6

```
public class RequestLocalizationOptions
{
    public RequestCulture DefaultRequestCulture {get; set; }
    public bool FallBackToParentCultures { get; set; } = true;
    public bool FallBackToParentUICultures { get; set; } = true;
    public bool ApplyCurrentCultureToResponseHeaders { get; set; }
    public IList<CultureInfo>? SupportedCultures { get; set; } =
                        new List<CultureInfo> { CultureInfo.CurrentCulture };
    public IList<CultureInfo>? SupportedUICultures { get; set; } =
                        new List<CultureInfo> { CultureInfo.CurrentUICulture };
    public IList<IRequestCultureProvider> RequestCultureProviders { get; set; }

    public RequestLocalizationOptions AddSupportedCultures(params string[] cultures);
    public RequestLocalizationOptions AddSupportedUICultures(params string[]
                                                            uiCultures);
```

```
    public RequestLocalizationOptions SetDefaultCulture(string defaultCulture);
    }
```

9.1.3 使用 RouteDataRequestCultureProvider

使用 RequestLocalizationMiddleware 中介軟體，開發人員可以快速建立基於當地語系化的應用程式。RequestLocalizationMiddleware 中介軟體提供了多種方式可以對語言文化進行設定，如 Cookie、請求參數等。

本節主要討論基於 URL 的方式傳遞語言文化，透過 RouteDataRequest CultureProvider 物件即可以 URL 的形式傳遞語言文化。

下面建立一個專案實例，如程式 9-7 所示，先呼叫 RequestLocalization Options 物件的 RequestCultureProviders 屬性，再呼叫 Insert 方法註冊 Route DataRequestCultureProvider 物件。

▼ 程式 9-7

```
var builder = WebApplication.CreateBuilder(args);

builder.Services.AddLocalization();

var app = builder.Build();

app.UseRequestLocalization(options =>
{
    options
        .AddSupportedCultures("en", "zh")
        .AddSupportedUICultures("en", "zh")
        .SetDefaultCulture("en")
        .RequestCultureProviders.Insert(0,new RouteDataRequestCultureProvider());
});

await app.RunAsync();
```

上述程式實作了對 URL 提供者的註冊。如程式 9-8 所示，修改 MapGet 方法，將路徑修改為 {culture}/docs。culture 是必須項，如它可以是一個 docs 頁面，主要用於接收語言文化參數。

▼ 程式 9-8

```
app.MapGet("{culture}/docs", (IStringLocalizerFactory localizerFactory) =>
{
    var localizer = localizerFactory.Create("SharedResource", "App1");
    return Results.Content(localizer.GetString("Message").Value);
});
```

如圖 9-6 所示，可以透過 URL 設定語言文化，透過 curl 命令列工具發起 HTTP 請求，以 URL 的形式設定請求語言文化。

▲ 圖 9-6 透過 URL 設定語言文化

9.1.4 自訂 RequestCultureProvider 類別

.NET 中預設提供了 3 個語言文化解析器，除此之外，開發人員還可以建立自訂語言文化解析器。如程式 9-9 所示，先呼叫 RequestLocalizationOptions 物件的 RequestCultureProviders 屬性，再呼叫 Clear 方法清除所有的解析器物件，最後呼叫 RequestCultureProviders 屬性的 Add 方法註冊自訂語言文化解析器。

▼ 程式 9-9

```
var builder = WebApplication.CreateBuilder(args);

builder.Services.AddLocalization();
```

```
var app = builder.Build();

app.UseRequestLocalization(options =>
{
    options
        .AddSupportedCultures("en", "zh")
        .AddSupportedUICultures("en", "zh")
        .RequestCultureProviders.Clear();
    options.RequestCultureProviders.Add(new CustomRequestCultureProvider());
});
await app.RunAsync();
```

如程式 9-10 所示，先建立一個名為 CustomRequestCultureProvider 的
類別，該類別繼承 RequestCultureProvider 類別，再實作一個名為 Determine
ProviderCultureResult 的方法，該方法傳回 ProviderCultureResult 物件。

▼ 程式 9-10

```
public class CustomRequestCultureProvider : RequestCultureProvider
{
    public override Task<ProviderCultureResult?>
                            DetermineProviderCultureResult (HttpContext httpContext)
    {
        if(httpContext == null)
        {
            throw new ArgumentNullException(nameof(httpContext));
        }

        if(!httpContext.User.Identity.IsAuthenticated)
        {
            return Task.FromResult((ProviderCultureResult)null);
        }

        var culture = httpContext.User.GetCulture();
        if(culture == null)
        {
            return Task.FromResult((ProviderCultureResult)null);
        }
```

```
    return Task.FromResult(new ProviderCultureResult(culture));
  }
}
```

9.2 | 多樣化的資料來源

在 .NET 中，已知的是以 .resx 為副檔名的資源檔，用於儲存多語言資源，使用者還可以自訂資料來源類型，如可以定義自己的一套方案（儲存到 JSON、TXT 甚至資料庫中都是可以的）。本節主要介紹自訂資源儲存。

9.2.1 基於 JSON 格式的當地語系化

為了讓讀者可以更好地理解，筆者以 JSON 格式的檔案作為資料來源，儲存資源內容。如程式 9-11 所示，建立一個名為 SharedResource.json 的檔案，定義一個 Key 為 Message，方便定位指定的值，同時該 Key 對應兩個值，分別為 zh-CN 和 en-US 兩種語言文化內容。

▼ 程式 9-11

```
//SharedResource.json
{
  "Message": {
    "LocalizedValue": {
      "zh-CN": " 你好，世界 !",
      "en-US": "Hello World!"
    },
    "Key": "Message"
  }
}
```

如程式 9-12 所示，先呼叫 WebApplicationBuilder 物件的 Services 屬性，該屬性傳回一個 IServiceCollection 介面，再呼叫 AddJsonLocalizer 擴充方法註冊自訂 JSON 資料來源實作。

▼ 程式 9-12

```
var builder = WebApplication.CreateBuilder(args);

builder.Services.AddLocalization();
builder.Services.AddJsonLocalizer(builder.Environment.ContentRootFileProvider);

var app = builder.Build();

app.UseRequestLocalization(options =>
{
    options
        .AddSupportedCultures("en-US", "zh-CN")
        .AddSupportedUICultures("en-US", "zh-CN");
});

app.MapGet("/", (IStringLocalizer<SharedResource> localizer) =>
{
    return Results.Content(localizer.GetString("Message").Value);
});

app.Run();
```

如程式 9-13 所示，建立一個名為 LocalizationStringEntry 的類別，用於對應 JSON 檔案中的內容。LocalizationStringEntry 類別的 Key 屬性工作表示內容的鍵；LocalizedValue 屬性透過一個字典類型表示，該字典的 Key 和 Value 分別為語種和對應的當地語系化內容。

▼ 程式 9-13

```
public class LocalizationStringEntry
{
    public string Key { get; set; }
public Dictionary<string, string> LocalizedValue = new Dictionary <string, string>();
}
```

如程式 9-14 所示，實作 IStringLocalizer 介面，建立一個名為 JsonString
Localizer 的類別，在內部透過 Dictionary<string,LocalizationStringEntry> 屬
性承載當地語系化內容。

▼ 程式 9-14

```
public class JsonStringLocalizer : IStringLocalizer
{
    private readonly Dictionary<string, LocalizationStringEntry> _localizaion;
    public JsonStringLocalizer(Dictionary<string, LocalizationStringEntry> directory)
    {
        _localizaion = new Dictionary<string, LocalizationStringEntry> (directory);
    }

    public LocalizedString this[string name]
    {
        get
        {
            var value = GetString(name);
            return new LocalizedString(
                            name, value ?? name, resourceNotFound: value == null);
        }
    }

    public LocalizedString this[string name, params object[] arguments]
    {
        get
        {
            var format = GetString(name);
            var value = string.Format(format ?? name, arguments);
            return new LocalizedString(name, value, resourceNotFound: format == null);
        }
    }

    public IEnumerable<LocalizedString> GetAllStrings(bool includeParentCultures)
    {
        return _localizaion.Where(
```

```
                    l => l.Value.LocalizedValue.Keys.Any(lv => lv ==
                                                CultureInfo.CurrentCulture.Name))
                            .Select(l => new LocalizedString(l.Key,
                        l.Value.LocalizedValue[CultureInfo.CurrentCulture.Name], true));
    }

    public IStringLocalizer WithCulture(CultureInfo culture)
    {
        throw new NotImplementedException();
    }

    private string GetString(string name)
    {
        var query = _localizaion.Where(
            l => l.Value.LocalizedValue. Keys.Any(lv => lv ==
                                            CultureInfo.CurrentCulture.Name));
        var value = query.FirstOrDefault(l => l.Value.Key == name).Value;
        return value.LocalizedValue[CultureInfo.CurrentCulture.Name];
    }
}
```

如程式 9-15 所示，透過 IStringLocalizerFactory 介面實作並建立一個 JsonStringLocalizerFactory 類別，在內部定義一個建構函式將 IFileProvider 物件作為參數，用於按照指定的路徑讀取 JSON 檔案，最終讀取出來的內容被反序列化為一個 Dictionary<string,LocalizedStringEntry> 物件。透過 Dictionary<String,LocalizedStringEntry> 物件建立 JsonStringLocalizer 物件，並將該實例物件快取起來。

▼ 程式 9-15

```
public class JsonStringLocalizerFactory : IStringLocalizerFactory
{
    private readonly ConcurrentDictionary<string, IStringLocalizer> _localizers;
    private readonly IFileProvider _fileProvider;
    public JsonStringLocalizerFactory(IFileProvider fileProvider)
    {
```

```csharp
            _localizers = new ConcurrentDictionary<string, IStringLocalizer>();
            _fileProvider = fileProvider;
    }

    public IStringLocalizer Create(Type resourceSource)
    {
        var path = ParseFilePath(resourceSource);
        return _localizers.GetOrAdd(path, _ =>
        {
            return CreateStringLocalizer(_);
        });
    }

    public IStringLocalizer Create(string baseName, string location)
    {
        var path = ParseFilePath(location, baseName);
        return _localizers.GetOrAdd(path, _ =>
        {
            return CreateStringLocalizer(_);
        });
    }

    private IStringLocalizer CreateStringLocalizer(string path)
    {
        var file = _fileProvider.GetFileInfo(path);
        if (!file.Exists)
        {
            return new JsonStringLocalizer(
                                new Dictionary<string, LocalizationStringEntry>());
        }
        var dictionary = JsonConvert.DeserializeObject<Dictionary<string,
                            LocalizationStringEntry>>(File.ReadAllText(path));
        return new JsonStringLocalizer(dictionary);
    }

    private string ParseFilePath(string location, string baseName)
    {
        var path = location + "." + baseName;
        return path.Replace("..", ".")
```

```
                .Replace('.', Path.DirectorySeparatorChar) + ".json";
    }

    private string ParseFilePath(Type resourceSource)
    {
        var rootNamespaceAttribute = resourceSource.Assembly
                            .GetCustomAttribute<RootNamespaceAttribute>()
            ?.RootNamespace ?? new AssemblyName(
                                resourceSource.Assembly. FullName).Name;
        return TrimPrefix(resourceSource.FullName, rootNamespaceAttribute + ".")
                                                            + ".json";
    }

    private string TrimPrefix(string name, string prefix)
    {
        if (name.StartsWith(prefix, StringComparison.Ordinal))
        {
            return name.Substring(prefix.Length);
        }
        return name;
    }
}
```

　　如程式 9-16 所示，建立一個名為 AddJsonLocalizer 的擴充方法，針對
IServiceCollection 介面建立擴充方法，並且利用 IFileProvider 物件建立 Json
StringLocalizerFactory 物件，將該物件註冊為 Singleton 服務實例，同時將
IStringLocalizer 物件註冊為 Transient 服務實例。

▼ 程式 9-16

```
public static class ServiceCollectionExtensions
{
public static IServiceCollection AddJsonLocalizer(
                    this IServiceCollection services, IFileProvider fileProvider)
    {
        services.AddSingleton<IStringLocalizerFactory>
                            (new JsonStringLocalizerFactory(fileProvider));
```

```
    services.AddTransient(typeof(IStringLocalizer<>), typeof(StringLocalizer<>));
    return services;
    }
}
```

9.2.2 基於 Redis 儲存的當地語系化

對於當地語系化內容來說，放在設定檔中也許不是最好的選擇，也可以將其儲存到資料庫或 Redis 中進行持久化儲存，以方便開發人員在執行時期動態設定當地語系化資源。本節以 Redis 為例儲存當地語系化內容。

對於 Redis 操作，筆者先引入 StackExchange.Redis 框架作為 Redis 操作的用戶端，再對 9.2.1 節中建立的專案進行調整。為了可以更好地理解，下面的簡化程式只保留有修改的方法。如程式 9-17 所示，先引入 Redis 的操作類別，再透過 IDatabase 物件呼叫 HashGetAll 方法，根據指定的鍵查詢對應的值，取值後建立 Dictionary<string,LocalizationStringEntry> 物件。

▼ 程式 9-17

```
public class JsonStringLocalizerFactory : IStringLocalizerFactory
{
    private readonly ConcurrentDictionary<string, IStringLocalizer> _localizers;
    private readonly IFileProvider _fileProvider;
    private volatile IConnectionMultiplexer conn =
                                        ConnectionMultiplexer. Connect("localhost");
    private IDatabase _cache;

    public JsonStringLocalizerFactory(IFileProvider fileProvider)
    {
        _localizers = new ConcurrentDictionary<string, IStringLocalizer>();
        _fileProvider = fileProvider;
        _cache = conn.GetDatabase();
    }
...
    private IStringLocalizer CreateStringLocalizer(string path)
    {
        var file = _fileProvider.GetFileInfo(path);
```

```
    if (!file.Exists)
    {
        return new JsonStringLocalizer(
                        new Dictionary<string, LocalizationStringEntry>());
    }
    var result = _cache.HashGetAll(path);
    Dictionary<string, LocalizationStringEntry> dictionary =
                        new Dictionary<string, LocalizationStringEntry>();
    dictionary.Add(path, new LocalizationStringEntry
    {
        Key = result[0].Value,
        LocalizedValue = JsonConvert.DeserializeObject
                            <Dictionary<string, string>>(result[1].Value)
    });
    return new JsonStringLocalizer(dictionary);
}
    …
}
```

在上述程式中，先讀取 Redis 中的資料，再透過 Redis 命令列工具查看資料庫中儲存的內容。圖 9-7 所示為執行 hgetall SharedResource.json 命令輸出的結果。

▲ 圖 9-7 執行 hgetall SharedResource.json 命令輸出的結果

9.3 | 小結

　　透過本章的學習，讀者可以了解如何建構一個支援多語言的應用程式，以及語言文化參數的傳遞形式和工作機制。關於多語言資源內容的儲存，預設 .NET 中提供的是以 .resx 為副檔名的資源檔，也可以自訂資料來源，自行實作一個資料來源提供器，如 JSON 檔案或基於 Redis。雖然本章的實例比較詳細，但是主要是為了讓讀者更好地理解，不建議用在專案生產中。另外，讀者可以對本章的實例自行擴充。

第 10 章
健康檢查

對於網際網路的線上服務來說，通常有基礎監控和健康檢查，以判斷服務狀態是否可用。在 .NET 中可以輕鬆地建構出包含健康檢查的應用程式，用戶端會維護一個定時工作，每隔一個指定時間發送一次心跳請求，以確保自身處於活躍狀態。

10.1 檢查當前應用的健康狀態

.NET 中提供了 HealthCheckMiddleware 中介軟體，透過該中介軟體可以對應用程式做可用性檢查，利用「Microsoft.Extensions.Diagnostics. HealthChecks」NuGet 套件中的 IHealthCheck 介面，可以根據實際需求撰寫自訂檢查邏輯。

10.1.1 查看當前應用的可用性

在 .NET 中可以很輕鬆地對應用程式的健康狀態做出回應。通常，在叢集部署中需要對節點服務的可用性進行檢查，以確保服務可以正常做出正確的回應。當然，開發人員需要對外曝露出一個終節點，以確定服務的可用性，如程式 10-1 所示。

▼ 程式 10-1

```
var builder = WebApplication.CreateBuilder(args);

builder.Services.AddHealthChecks();

var app = builder.Build();

app.UseHealthChecks("/health");

app.Run();
```

健康檢查功能位於「Microsoft.Extensions.Diagnostics.HealthChecks」NuGet 套件中，如程式 10-1 所示，先透過 IServiceCollection 介面的 AddHealth Checks 擴充方法註冊健康檢查所相依性的核心服務，再利用 WebApplication 物件呼叫 UseHealthChecks 擴充方法註冊 HealthCheckMiddleware 中介軟體，並將參數 /health 作為健康檢查終節點指定的路徑。圖 10-1 所示為當前健康檢查傳回的狀態。

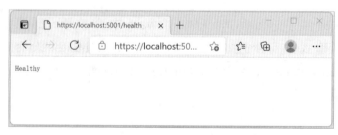

▲ 圖 10-1 當前健康檢查傳回的狀態

10.1.2 自訂健康檢查邏輯

開發人員可以自訂健康狀態，以方便對應用程式的「健康度」進行監測，在 10.1.1 節的程式實例中，應用程式始終會傳回 Healthy 狀態，顯然這不利於對應用程式健康程度的表示。假設存在一個更複雜的場景，需要檢查資料庫和其他一些服務的可用性，直接引用且不做自訂邏輯處理顯然是行不通的。

如程式 10-2 所示，建立一個 Check 方法，用於傳回健康檢查的結果狀態，使用隨機數對應 3 種健康狀態（Healthy、Unhealthy 和 Degraded）並傳回。在呼叫 AddHealthChecks 擴充方法註冊所需的相依性服務後，會傳回一個 IHealthChecksBuilder 物件，透過該物件繼續追加呼叫 AddCheck 擴充方法註冊 IHealthCheck 物件，透過 Check 方法執行並傳回健康狀態。

▼ 程式 10-2

```
var builder = WebApplication.CreateBuilder(args);

builder.Services.AddHealthChecks()
    .AddCheck("default", Check);

var app = builder.Build();

app.UseHealthChecks("/health");

app.Run();

HealthCheckResult Check()
{
    var rnd = new Random().Next(1, 4);
    return rnd switch
    {
        1 => HealthCheckResult.Healthy(),
        2 => HealthCheckResult.Unhealthy(),
        _ => HealthCheckResult.Degraded()
    };
}
```

如程式 10-3 所示，在實例執行後，透過 curl 命令列工具存取該應用程式，會隨機傳回 3 種健康狀態的回應封包。

▼ 程式 10-3

```
C:\Users\hueif>curl -i http://localhost:5000/health
HTTP/1.1 503 Service Unavailable
Content-Type: text/plain
Date: Thu, 30 Sep 2021 14:10:18 GMT
Server: Kestrel
Cache-Control: no-store, no-cache
Expires: Thu, 01 Jan 1970 00:00:00 GMT
Pragma: no-cache
Transfer-Encoding: chunked

Unhealthy
C:\Users\hueif>curl -i http://localhost:5000/health
HTTP/1.1 200 OK
Content-Type: text/plain
Date: Thu, 30 Sep 2021 14:10:19 GMT
Server: Kestrel
Cache-Control: no-store, no-cache
Expires: Thu, 01 Jan 1970 00:00:00 GMT
Pragma: no-cache
Transfer-Encoding: chunked

Degraded
C:\Users\hueif>curl -i http://localhost:5000/health
HTTP/1.1 200 OK
Content-Type: text/plain
Date: Thu, 30 Sep 2021 14:10:20 GMT
Server: Kestrel
Cache-Control: no-store, no-cache
Expires: Thu, 01 Jan 1970 00:00:00 GMT
Pragma: no-cache
Transfer-Encoding: chunked

Healthy
C:\Users\hueif>
```

如程式 10-4 所示，在 IHealthCheck 介面中定義 CheckHealthAsync 方法，健康檢查邏輯也需要在該方法中實作，HealthCheckContext 表示與當前執行相關的上下文物件，CancellationToken 物件用於執行長時間健康檢查工作時中止執行中的健康檢查。CancellationAsync 方法最終傳回一個 HealthCheckResult 物件，表示健康檢查的結果。

▼ 程式 10-4

```
public interface IHealthCheck
{
    Task<HealthCheckResult> CheckHealthAsync(HealthCheckContext context,
                                   CancellationToken cancellationToken = default);
}
```

程式 10-5 展示了 HealthCheckResult 物件的定義。其中，Data 屬性工作表示可以附加的資料；Description 屬性工作表示該健康檢查物件結果的狀態描述；Exception 屬性工作表示檢查過程中的例外資訊；Status 屬性工作表示健康檢查的狀態，健康檢查的狀態對應 Unhealthy、Degraded 和 Healthy。在 HealthCheckResult 中還提供了 3 個靜態方法，分別對應 3 種狀態，開發人員可以更方便地傳回健康檢查的結果。

▼ 程式 10-5

```
public struct HealthCheckResult
{
    public HealthCheckResult(HealthStatus status,
            string? description = null, Exception? Exception = null,
                                IReadOnlyDictionary<string, object>? data = null);
    public IReadOnlyDictionary<string, object> Data { get; }
    public string? Description { get; }
    public Exception? Exception { get; }
    public HealthStatus Status { get; }

    public static HealthCheckResult Healthy(string? description = null,
        IReadOnlyDictionary<string,object>? Data = null) =>
                new HealthCheckResult(status: HealthStatus.Healthy,
```

```
                                              description, exception: null, data);
    public static HealthCheckResult Degraded(string? description = null,
        Exception? exception = null,
            IReadOnlyDictionary<string, object>? data = null)
                                    => new HealthCheckResult(
    status: HealthStatus.Degraded, description, exception: exception, data);
    public static HealthCheckResult Unhealthy(
        string? description = null, Exception? exception =
                    null, IReadOnlyDictionary<string, object>? data = null)
                => new HealthCheckResult(
                        status: HealthStatus.Unhealthy, description, exception, data);
}

public enum HealthStatus
{
    Unhealthy = 0,
    Degraded = 1,
    Healthy = 2,
}
```

DelegateHealthCheck 是 IHealthCheck 介面的實作類別，簡化了健康檢查邏輯的建立，可以利用委託物件來實作健康檢查邏輯，如程式 10-6 所示，DelegateHealthCheck 類別提供了一個 Func<CancellationToken, Task<HealthCheckResult>> 類型的委託物件。

▼ 程式 10-6

```
internal sealed class DelegateHealthCheck : IHealthCheck
{
    private readonly Func<CancellationToken, Task<HealthCheckResult>> _check;
    public DelegateHealthCheck(Func<CancellationToken,
                                        Task <HealthCheckResult>> check)
    {
        _check = check ?? throw new ArgumentNullException(nameof(check));
    }
    public Task<HealthCheckResult> CheckHealthAsync(
        HealthCheckContext context,CancellationToken cancellationToken = default) =>
                                        _check (cancellationToken);
}
```

如程式 10-7 所示，IHealthChecksBuilder 介面用於註冊 IHealthChecks 物件，對外提供 Add 方法，並將一個 HealthCheckRegistration 物件作為參數。Services 屬性是輔助類型，並且是一個 IServiceCollection 物件，可以透過該屬性註冊服務。

▼ 程式 10-7

```
public interface IHealthChecksBuilder
{
    IHealthChecksBuilder Add(HealthCheckRegistration registration);
    IServiceCollection Services { get; }
    }
```

如程式 10-8 所示，HealthChecksBuilder 是 IHealthChecksBuilder 介面的實作類別，Add 方法將增加的 HealthCheckRegistration 物件儲存到 Health CheckServiceOptions 設定選項中。

▼ 程式 10-8

```
internal class HealthChecksBuilder : IHealthChecksBuilder
{
    public HealthChecksBuilder(IServiceCollection services)
    {
        Services = services;
    }
    public IServiceCollection Services { get; }

    public IHealthChecksBuilder Add(HealthCheckRegistration registration)
    {
        Services.Configure<HealthCheckServiceOptions>(options =>
        {
            options.Registrations.Add(registration);
        });
        return this;
    }
}
```

HealthCheckServiceOptions 設定選項用於儲存 HealthCheckRegistration 物件，如程式 10-9 所示。

▼ 程式 10-9

```
public sealed class HealthCheckServiceOptions
{
    public ICollection<HealthCheckRegistration> Registrations { get; } =
                                        new List<HealthCheckRegistration>();
}
```

程式 10-10 展示了 HealthCheckRegistration 類別的定義，該類別提供了多個建構方法多載。其中，Factory 屬性用於獲取或設定一個 IHealthCheck 物件的委託；FailureStatus 屬性工作表示該健康檢查物件在失敗的情況下對應的健康檢查狀態；Timeout 屬性工作表示健康檢查的逾時時限；Name 屬性工作表示當前註冊的 IHealthCheck 物件的名稱；Tags 屬性工作表示儲存的標籤集合，通常該屬性用於對健康檢查邏輯進行分類。

▼ 程式 10-10

```
public sealed class HealthCheckRegistration
{
    public HealthCheckRegistration(
        string name, IHealthCheck instance, HealthStatus? failureStatus,
         IEnumerable<string>? tags): this(name, instance, failureStatus,
                                                    tags, default) { }
    public HealthCheckRegistration(
        string name, IHealthCheck instance, HealthStatus? failureStatus,
                                IEnumerable<string>? tags, TimeSpan? timeout);
    public HealthCheckRegistration(
        string name, Func<IServiceProvider, IHealthCheck> factory,
         HealthStatus? failureStatus, IEnumerable<string>? Tags) : this(
                                name, factory, failureStatus, tags, default) { }
    public HealthCheckRegistration(
        string name, Func<IServiceProvider, IHealthCheck> factory,
              HealthStatus? failureStatus, IEnumerable<string>? tags,
                                                    TimeSpan? timeout);
```

```
    public Func<IServiceProvider, IHealthCheck> Factory { get; set; }
    public HealthStatus FailureStatus { get; set; }
    public TimeSpan Timeout { get; set; }
    public string Name { get; set; }
    public ISet<string> Tags { get; }
}
```

如程式 10-11 所示，HealthChecksBuilderAddCheckExtensions 為擴充類別，該類別中定義了多個 AddCheck 擴充方法、AddCheck<T> 泛型方法及 AddTypeActivatedCheck<T> 擴充方法，用於註冊 IHealthCheck 物件。AddCheck<T> 泛型方法和 AddTypeActivatedCheck<T> 擴充方法最終都會呼叫 IHealthChecksBuilder 物件的 Add 方法增加 HealthCheckRegistration 物件，而這兩個方法的不同之處在於：當實例化 IHealthCheck 物件時，一個呼叫的是 ActivatorUtilities 類型的 GetServiceOrCreateInstance<T> 方法，該方法重複使用現有的服務實例；另一個呼叫的是 ActivatorUtilities 類型的 CreateInstance<T> 方法，始終建立一個新的實例。

▼ 程式 10-11

```
public static class HealthChecksBuilderAddCheckExtensions
{
    public static IHealthChecksBuilder AddCheck(
        this IHealthChecksBuilder builder, string name, IHealthCheck instance,
        HealthStatus? failureStatus, IEnumerable<string> tags) =>
         AddCheck(builder, name, instance, failureStatus, tags, default);

    public static IHealthChecksBuilder AddCheck(
        this IHealthChecksBuilder builder, string name, IHealthCheck instance,
        HealthStatus? failureStatus = null, IEnumerable<string>? tags = null,
          TimeSpan? Timeout = null) =>
                builder.Add(new HealthCheckRegistration(
                                    name, instance, failureStatus, tags, timeout));

    public static IHealthChecksBuilder AddCheck<T>(
        this IHealthChecksBuilder builder, string name,
          HealthStatus? failureStatus, IEnumerable<string> tags) where T : class,
            IHealthCheck =>
```

```csharp
                            AddCheck<T>(builder, name, failureStatus, tags, default);

    public static IHealthChecksBuilder AddCheck<T>(
        this IHealthChecksBuilder builder, string name,
                HealthStatus? failureStatus = null,
        IEnumerable<string>? tags = null, TimeSpan? timeout = null)
            where T : class, IHealthCheck =>
                builder.Add(new HealthCheckRegistration(name, s =>
                                ActivatorUtilities.GetServiceOrCreateInstance<T>(s),
                                                failureStatus, tags, timeout));

    public static IHealthChecksBuilder AddTypeActivatedCheck<T>(
        this IHealthChecksBuilder builder, string name,
            params object[] args) where T : class, IHealthCheck =>
                AddTypeActivatedCheck<T>(
                                builder, name, failureStatus: null, tags: null, args);

    public static IHealthChecksBuilder AddTypeActivatedCheck<T>(
        this IHealthChecksBuilder builder, string name,
        HealthStatus? failureStatus, params object[] args)
            where T : class, IHealthCheck
                => AddTypeActivatedCheck<T>(
                        builder, name, failureStatus, tags: null, args);
    public static IHealthChecksBuilder AddTypeActivatedCheck<T>(
        this IHealthChecksBuilder builder, string name,
          HealthStatus? failureStatus,IEnumerable<string>? tags,
            params object[] args) where T : class, IHealthCheck =>
                builder.Add(new HealthCheckRegistration(name, s =>
                    ActivatorUtilities.CreateInstance<T>(s, args), failureStatus, tags));

    public static IHealthChecksBuilder AddTypeActivatedCheck<T>(
        this IHealthChecksBuilder builder, string name,
        HealthStatus? failureStatus,
        IEnumerable<string> tags, TimeSpan timeout,
        params object[] args) where T : class, IHealthCheck =>
          builder.Add(new HealthCheckRegistration(name, s =>
                    ActivatorUtilities.CreateInstance<T>(s, args),
                                                failureStatus, tags, timeout));
}
```

如程式 10-12 所示，在 HealthChecksBuilderDelegateExtensions 擴充類別下，每個擴充方法都需要傳遞一個委託物件，而委託物件都會透過 DelegateHealthCheck 物件進行實例化。

▼ 程式 10-12

```
public static class HealthChecksBuilderDelegateExtensions
{
    public static IHealthChecksBuilder AddCheck(
        this IHealthChecksBuilder builder, string name,
            Func<HealthCheckResult> check, IEnumerable<string> tags) =>
                                AddCheck(builder, name, check, tags, default);

    public static IHealthChecksBuilder AddCheck(
        this IHealthChecksBuilder builder, string name,
                Func <HealthCheckResult> check, IEnumerable<string>? tags = null,
                                            TimeSpan? timeout = default)
    {
        var instance = new DelegateHealthCheck((ct) => Task.FromResult(check()));
        return builder.Add(new HealthCheckRegistration(name,
                                    instance, failureStatus: null, tags, timeout));
    }

    public static IHealthChecksBuilder AddCheck(
        this IHealthChecksBuilder builder, string name,
            Func<CancellationToken, HealthCheckResult> check,
                    IEnumerable<string>? tags) =>
                                        AddCheck(builder, name, check, tags, default);
    public static IHealthChecksBuilder AddCheck(
        this IHealthChecksBuilder builder, string name,
            Func<CancellationToken, HealthCheckResult> check,
            IEnumerable<string>? tags = null, TimeSpan? timeout = default)
    {
        var instance = new DelegateHealthCheck((ct) => Task. FromResult (check(ct)));
        return builder.Add(new HealthCheckRegistration(name, instance,
                                        failureStatus: null, tags, timeout));
    }
```

```
    public static IHealthChecksBuilder AddAsyncCheck(
        this IHealthChecksBuilder builder, string name,
            Func<Task <HealthCheckResult>> check, IEnumerable<string> tags) =>
                AddAsyncCheck(builder, name, check, tags, default);

    public static IHealthChecksBuilder AddAsyncCheck(
        this IHealthChecksBuilder builder, string name, Func<Task <HealthCheckResult>>
check, IEnumerable<string>? tags = null, TimeSpan? timeout = default)
    {
        var instance = new DelegateHealthCheck((ct) => check());
        return builder.Add(new HealthCheckRegistration(name, instance, failureStatus:
null, tags, timeout));
    }


    public static IHealthChecksBuilder AddAsyncCheck(
        this IHealthChecksBuilder builder, string name,
            Func <CancellationToken, Task<HealthCheckResult>> check,
                IEnumerable<string> tags) => AddAsyncCheck (
                                                builder, name, check, tags, default);
    public static IHealthChecksBuilder AddAsyncCheck(
        this IHealthChecksBuilder builder, string name,
            Func <CancellationToken, Task<HealthCheckResult>> check,
                    IEnumerable<string>? tags = null, TimeSpan? timeout = default)
    {
        var instance = new DelegateHealthCheck((ct) => check(ct));
          return builder.Add(
            new HealthCheckRegistration(
                            name, instance, failureStatus: null, tags, timeout));
    }
}
```

10.1.3 改變回應狀態碼

開發人員可以分別對健康狀態設定自訂的狀態碼，透過狀態碼做出業務的邏輯處理和判斷，如程式 10-13 所示。

▼ 程式 10-13

```
var builder = WebApplication.CreateBuilder(args);

builder.Services.AddHealthChecks()
    .AddCheck("default", Check);

var app = builder.Build();
var options = new HealthCheckOptions
{
    ResultStatusCodes =
    {
        [HealthStatus.Unhealthy] = 420,
        [HealthStatus.Healthy] = 298,
        [HealthStatus.Degraded] = 299
    }
};

app.UseHealthChecks("/health", options);

app.Run();

HealthCheckResult Check()
{
    var rnd = new Random().Next(1, 4);
    return rnd switch
    {
        1 => HealthCheckResult.Healthy(),
        2 => HealthCheckResult.Unhealthy(),
        _ => HealthCheckResult.Degraded()
    };
}
```

如上所示，呼叫 UseHealthChecks 擴充方法註冊 HealthCheckMiddleware 中介軟體，並且建立一個 HealthCheckOptions 物件作為該中介軟體的設定選項。HealthCheckOptions 物件透過 ResultStatusCodes 屬性設定對應的健康狀態和狀態碼之間的關係，該屬性為 IDictionary <HealthStatus,int> 類型，筆者將 Unhealthy 的狀態碼設定為 420，將 Healthy 和 Degraded 的狀態碼設定為 298 和 299。

執行該應用程式，透過 curl 命令列工具請求該應用程式，輸出結果如程式 10-14 所示。

▼ 程式 10-14

```
C:\Users\hueif>curl -i http://localhost:5000/health
HTTP/1.1 299
Content-Type: text/plain
Date: Fri, 01 Oct 2021 00:23:24 GMT
Server: Kestrel
Cache-Control: no-store, no-cache
Expires: Thu, 01 Jan 1970 00:00:00 GMT
Pragma: no-cache
Transfer-Encoding: chunked

Degraded
C:\Users\hueif>curl -i http://localhost:5000/health
HTTP/1.1 298
Content-Type: text/plain
Date: Fri, 01 Oct 2021 00:23:25 GMT
Server: Kestrel
Cache-Control: no-store, no-cache
Expires: Thu, 01 Jan 1970 00:00:00 GMT
Pragma: no-cache
Transfer-Encoding: chunked

Healthy
C:\Users\hueif>
```

10.1.4 訂製回應內容

　　至此，讀者已經基本了解自訂邏輯及狀態碼。如程式 10-15 所示，透過一個 Web 實例自訂健康報告，並將自訂回應內容傳回給用戶端。

▼ 程式 10-15

```
var builder = WebApplication.CreateBuilder(args);

builder.Services.AddHealthChecks()
    .AddCheck("Foo", Check)
    .AddCheck("Bar", Check)
    .AddCheck("Baz", Check);

var app = builder.Build();
var options = new HealthCheckOptions
{
    ResponseWriter = ReportAsync
};

app.UseHealthChecks("/health", options);

app.Run();

HealthCheckResult Check()
{
    var rnd = new Random().Next(1, 4);
    return rnd switch
    {
        1 => HealthCheckResult.Healthy(),
        2 => HealthCheckResult.Unhealthy(),
        _ => HealthCheckResult.Degraded()
    };
}

static Task ReportAsync(HttpContext context, HealthReport report)
{
    var result = JsonConvert.SerializeObject(
        new
```

```
    {
        status = report.Status.ToString(),
        responseTimeStamp =
            new DateTimeOffset(DateTime.UtcNow).ToUnixTimeSeconds(),
        errors = report.Entries.Select(e => new { key = e.Key, value=
                            Enum.GetName(typeof(HealthStatus), e.Value.Status) })
    });
    context.Response.ContentType = MediaTypeNames.Application.Json;
    return context.Response.WriteAsync(result);
}
```

首先透過 AddCheck 擴充方法註冊多個 IHealthCheck 物件，分別為 Foo、Bar 和 Baz 的服務；然後呼叫 UseHealthChecks 擴充方法註冊 HealthCheck Middleware 中介軟體，指定 HealthCheckOptions 物件作為設定選項，並將其 ResponseWriter 屬性作為健康報告的處理方法。建立一個名為 ReportAsync 的方法作為委託物件對應的回應方法，ResponseWriter 屬性接收一個 Func<Http Context,HealthReport,Task> 類型。使用 ReportAsync 方法可以序列化回應內容並將其傳回。圖 10-2 所示為健康報告。

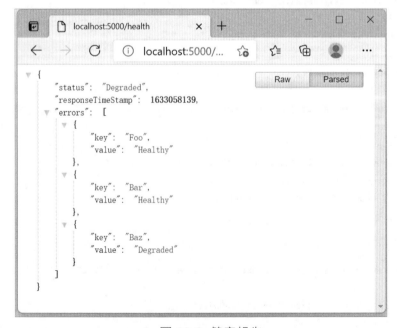

▲ 圖 10-2 健康報告

　　HealthCheckMiddleware 中介軟體將一個 HealthCheckOptions 設定選項作為搭配。其中，Predicate 屬性工作表示獲取或設定 Func<HealthCheck Registration,bool> 類型的委託物件，該屬性用於過濾已註冊的 IHealthCheck 物件，也就是說，即使已經註冊過 IHealthCheck 物件，如果不包含在篩選的條件內，也不會執行；ResultStatusCodes 屬性工作表示健康狀態和狀態碼之間的映射關係；ResponseWriter 屬性工作表示設定或獲取回應內容的格式，該屬性是一個 Func<HttpContext, HealthReport,Task> 類型的委託；AllowCachingResponses 屬性工作表示健康檢查的回應是否需要被用戶端快取，如程式 10-16 所示。

▼ 程式 10-16

```csharp
public class HealthCheckOptions
{
    public Func<HealthCheckRegistration, bool>? Predicate { get; set; }
    public IDictionary<HealthStatus, int> ResultStatusCodes { get; set; }
    public Func<HttpContext, HealthReport, Task> ResponseWriter { get; set; }
                            = HealthCheckResponseWriters.WriteMinimalPlaintext;
    public bool AllowCachingResponses { get; set; }
}
internal static class HealthCheckResponseWriters
{
    private static readonly byte[] DegradedBytes =
                        Encoding.UTF8.GetBytes(HealthStatus.Degraded.ToString());
    private static readonly byte[] HealthyBytes =
                        Encoding.UTF8.GetBytes(HealthStatus.Healthy.ToString());
    private static readonly byte[] UnhealthyBytes =
                        Encoding.UTF8.GetBytes(HealthStatus.Unhealthy.ToString());

    public static Task WriteMinimalPlaintext(
                                HttpContext httpContext, HealthReport result)
    {
        httpContext.Response.ContentType = "text/plain";
        return result.Status switch
        {
            HealthStatus.Degraded =>
                httpContext.Response.Body.WriteAsync(
```

```
                DegradedBytes.AsMemory()).AsTask(), HealthStatus.Healthy =>
                 httpContext.Response.Body.WriteAsync(
                  HealthyBytes.AsMemory()).AsTask(),HealthStatus.Unhealthy =>
                   httpContext.Response.Body.WriteAsync(
                            UnhealthyBytes.AsMemory()).AsTask(),
           _ => httpContext.Response.WriteAsync(result.Status.ToString())
        };
    }
}
```

如 程 式 10-17 所 示，HealthCheckMiddleware 中 介 軟 體 首 先 透 過 HealthCheckService 服務獲取 HealthReport 物件，然後透過 HealthCheckOptions 設定選項做出業務判斷，如判斷 AllowCachingResponses 屬性是否啟用用戶端 快取，同時判斷 ResponseWriter 屬性是否為空，該屬性是一個委託類型。如程 式 10-16 所示，在預設情況下會透過 HealthCheckResponseWriters 類別中的 WriteMinimalPlaintext 方法做內容的回應。

▼ 程式 10-17

```
public class HealthCheckMiddleware
{
    private readonly RequestDelegate _next;
    private readonly HealthCheckOptions _healthCheckOptions;
    private readonly HealthCheckService _healthCheckService;

    public HealthCheckMiddleware(
        RequestDelegate next, IOptions<HealthCheckOptions> healthCheckOptions,
                                HealthCheckService healthCheckService)
    {
        _next = next;
        _healthCheckOptions = healthCheckOptions.Value;
        _healthCheckService = healthCheckService;
    }

    public async Task InvokeAsync(HttpContext httpContext)
    {
        var result =
                    await _healthCheckService.CheckHealthAsync(
```

```
                _healthCheckOptions.Predicate, httpContext.RequestAborted);
        if(!_healthCheckOptions.ResultStatusCodes.TryGetValue(
                                        result.Status, out var statusCode))
        {
            var message =
                $"No status code mapping found for {nameof(HealthStatus)} value:
            {result.Status}."+$"{nameof(HealthCheckOptions)}.
                    {nameof(HealthCheckOptions.ResultStatusCodes)} must contain" +
            $"an entry for {result.Status}.";
            throw new InvalidOperationException(message);
        }

        httpContext.Response.StatusCode = statusCode;
        if(!_healthCheckOptions.AllowCachingResponses)
        {
            var headers = httpContext.Response.Headers;
            headers.CacheControl = "no-store, no-cache";
            headers.Pragma = "no-cache";
            headers.Expires = "Thu, 01 Jan 1970 00:00:00 GMT";
        }
        if(_healthCheckOptions.ResponseWriter != null)
        {
            await _healthCheckOptions.ResponseWriter(httpContext, result);
        }
    }
}
```

如程式 10-18 所示，HealthCheckService 是一個抽象類別，在該類別中定義了兩個 CheckHealthAsync 多載方法。HealthCheckService 抽象類別相當於一個操作器，在進行健康檢查時會呼叫 CheckHealthAsync 方法。

▼ 程式 10-18

```
public abstract class HealthCheckService
{
    public Task<HealthReport> CheckHealthAsync(
                CancellationToken cancellationToken = default)
                    => CheckHealthAsync(predicate: null, cancellationToken);
```

```
    public abstract Task<HealthReport> CheckHealthAsync(
            Func<HealthCheckRegistration, bool>? predicate,
                    CancellationToken cancellationToken = default);
}
```

如程式 10-19 所示，DefaultHealthCheckService 類別是 HealthCheckService 抽象類別的實作，並且會透過 HealthCheckServiceOptions 設定選項獲取儲存的 HealthCheckRegistration 物件集合。它是健康檢查模組的核心部分，主要負責排程其他物件方法的使用，可以看到在 CheckHealthAsync 方法中，首先利用 Func<HealthCheckRegistration,bool> 類型的參數篩選出符合條件的 HealthCheckRegistration 物件（Func<HealthCheckRegistration,bool> 參數是在註冊中介軟體時，透過 HealthCheckOptions 設定選項物件傳遞的），然後迴圈 HealthCheckRegistration 物件集合，透過 Task.Run 建立工作，將 RunCheckAsync 作為 Task.Run 執行的委託方法，在該方法中建立 HealthCheckContext 物件，並利用 HealthCheckRegistration 物件註冊 IHealthCheck 物件，呼叫 IHealth Check 物件的 CheckHealthAsync 方法，獲取當前傳回的 HealthCheckResult 物件。最終利用這些傳回值建立並傳回一個 HealthReport 物件。

▼ 程式 10-19

```
internal partial class DefaultHealthCheckService : HealthCheckService
{
    private readonly IServiceScopeFactory _scopeFactory;
    private readonly IOptions<HealthCheckServiceOptions> _options;
    private readonly ILogger<DefaultHealthCheckService> _logger;

    public DefaultHealthCheckService(
                        IServiceScopeFactory scopeFactory,
                        IOptions<HealthCheckServiceOptions> options,
                        ILogger<DefaultHealthCheckService> logger)
    {
//…
    }
    public override async Task<HealthReport> CheckHealthAsync(
                Func<HealthCheckRegistration, bool>? predicate,
                CancellationToken cancellationToken = default)
```

```
{
    var registrations = _options.Value.Registrations;
    if (predicate != null)
    {
        registrations = registrations.Where(predicate).ToArray();
    }
    var totalTime = ValueStopwatch.StartNew();
    var tasks = new Task<HealthReportEntry>[registrations.Count];
    var index = 0;
    foreach (var registration in registrations)
    {
        tasks[index++] = Task.Run(() =>
    RunCheckAsync(registration, cancellationToken), cancellationToken);
    }
    await Task.WhenAll(tasks).ConfigureAwait(false);
    index = 0;
    var entries = new Dictionary<string, HealthReportEntry>(
                                        StringComparer.OrdinalIgnoreCase);
    foreach (var registration in registrations)
    {
        entries[registration.Name] = tasks[index++].Result;
    }
    var totalElapsedTime = totalTime.GetElapsedTime();
    var report = new HealthReport(entries, totalElapsedTime);
    return report;
}

private async Task<HealthReportEntry> RunCheckAsync (
    HealthCheckRegistration registration, CancellationToken cancellationToken)
{
    cancellationToken.ThrowIfCancellationRequested();
    using(var scope = _scopeFactory.CreateScope())
    {
        var healthCheck = registration.Factory(scope.ServiceProvider);
        using(_logger.BeginScope(
                            new HealthCheckLogScope(registration. Name)))
        {
            var stopwatch = ValueStopwatch.StartNew();
            var context =
```

```csharp
new HealthCheckContext { Registration = registration };
        HealthReportEntry entry;
        CancellationTokenSource? timeoutCancellationTokenSource = null;
        try
        {
            HealthCheckResult result;
            var checkCancellationToken = cancellationToken;
            if(registration.Timeout > TimeSpan.Zero)
            {
                timeoutCancellationTokenSource =
        CancellationTokenSource.CreateLinkedTokenSource(cancellationToken);
        timeoutCancellationTokenSource.CancelAfter(registration.Timeout);
        checkCancellationToken = timeoutCancellationTokenSource.Token;
            }
            result = await
              healthCheck.CheckHealthAsync(
                        context,checkCancellationToken).ConfigureAwait(false);
            var duration = stopwatch.GetElapsedTime();
            entry = new HealthReportEntry(
            status: result.Status, description: result.Description,
                            duration: duration, exception: result.Exception,
                                data: result.Data, tags: registration.Tags);
        }
        catch(OperationCanceledException ex)when(
                                    !cancellationToken.IsCancellationRequested)
        {
            var duration = stopwatch.GetElapsedTime();
            entry = new HealthReportEntry(
                status: registration. FailureStatus,
                description: "A timeout occurred while running check.",
                duration: duration, exception: ex, data: null,
                                        tags: registration.Tags);
        }
        catch(Exception ex)when(ex as OperationCanceledException == null)
        {
            var duration = stopwatch.GetElapsedTime();
            entry = new HealthReportEntry(
                    status: registration. FailureStatus,
```

```
                             description: ex.Message,duration: duration,
                        exception: ex, data: null, tags: registration.Tags);
                }
                finally
                {
                    timeoutCancellationTokenSource?.Dispose();
                }
                return entry;
            }
        }
    }


private static void ValidateRegistrations(
                            IEnumerable <HealthCheckRegistration> registrations)
    {
        StringBuilder? builder = null;
        var distinctRegistrations =
                            new HashSet<string>(StringComparer. OrdinalIgnoreCase);
        foreach(var registration in registrations)
        {
            if(!distinctRegistrations.Add(registration.Name))
            {
                builder ??= new StringBuilder(
                        "Duplicate health checks were registered with the name(s): ");
                builder.Append(registration.Name).Append(", ");
            }
        }
        if(builder is not null)
        {
            throw new ArgumentException(
                builder.ToString(0, builder.Length - 2), nameof (registrations));
        }
    }
}
```

10.2 │ 發佈健康報告

　　健康報告有利於開發人員對服務進行監測，可以定期收集和發佈到指定的平臺，如開發人員可以自訂發佈到主控台中，或者儲存到資料庫中等。

　　當開發人員需要定期檢查服務狀態時，需要透過 IHealthCheckPublisher 介面自訂邏輯，如程式 10-20 所示。

▼ 程式 10-20

```
var builder = WebApplication.CreateBuilder(args);
builder.Logging.ClearProviders();
builder.Services.AddHealthChecks()
    .AddCheck("Foo", Check)
    .AddCheck("Bar", Check)
    .AddCheck("Baz", Check);

builder.Services.Configure<HealthCheckPublisherOptions>(options =>
{
    options.Delay = TimeSpan.FromSeconds(2);
    options.Period = TimeSpan.FromSeconds(5);
});
builder.Services.AddSingleton<IHealthCheckPublisher, SimplePublisher>();

var app = builder.Build();
app.UseHealthChecks("/health");

app.Run();

HealthCheckResult Check()
{
    var rnd = new Random().Next(1, 4);
    return rnd switch
    {
        1 => HealthCheckResult.Healthy(),
        2 => HealthCheckResult.Unhealthy(),
        _ => HealthCheckResult.Degraded()
```

```
        };
}
```

先呼叫 WebApplicationBuilder 物件的 Logging 屬性的 ClearProviders 擴充方法,再設定發行者的設定選項。其中,Period 屬性和 Delay 屬性分別表示健康報告的發佈時間間隔和健康檢查服務啟動後收集工作的延後時間。

如程式 10-21 所示,建立一個名為 SimplePublisher 的類別,繼承 IHealth CheckPublisher 介面,實作 PublishAsync 方法。因為 PublishAsync 方法會被呼叫並接收健康狀態,所以可以在此處對健康狀態做出回應。本實例還是比較簡單的,直接將健康狀態輸出到主控台中。

▼ 程式 10-21

```
public class SimplePublisher : IHealthCheckPublisher
{
    public Task PublishAsync(HealthReport report, CancellationToken cancellationToken)
    {
        if (report.Status == HealthStatus.Healthy)
        {
            Console.ForegroundColor = ConsoleColor.Green;
            Console.WriteLine($"{DateTime.UtcNow} Prob status: {report. Status}");
        }
        else
        {
            Console.ForegroundColor = ConsoleColor.Red;
            Console.WriteLine($"{DateTime.UtcNow} Prob status: {report. Status}");
        }
        var sb = new StringBuilder();

        foreach (var name in report.Entries.Keys)
        {
            sb.AppendLine($" {name}: {report.Entries[name].Status}");
        }
        cancellationToken.ThrowIfCancellationRequested();
        Console.WriteLine(sb);
        Console.ResetColor();
```

```
        return Task.CompletedTask;
    }
}
```

發佈的健康報告如圖 10-3 所示。

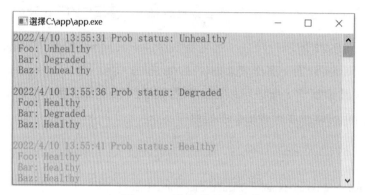

▲ 圖 10-3 發佈的健康報告

如程式 10-22 所示，IHealthCheckPublisher 介面作為發佈健康報告的約束，在應用程式中可以註冊多樣化的健康報告輸出服務，如可以發佈到主控台、記錄檔及資料庫中。對於多樣化的健康報告，可以透過如上實例自行實作儲存服務。

▼ 程式 10-22

```
public interface IHealthCheckPublisher
{
    Task PublishAsync(HealthReport report, CancellationToken cancellationToken);
}
```

如程式 10-23 所示，HealthCheckPublisherOptions 設定選項作為 Health CheckPublisher HostedService 服務的設定物件。HealthCheckPublisher Options 物件的 Delay 屬性工作表示服務啟動後收集工作的延後時間，預設為 5 秒；Period 屬性工作表示健康報告的發佈時間間隔，預設為 30 秒；

Predicate 屬性工作表示為 IHealthCheck 物件進行過濾；Timeout 屬性工作表示 IHealthCheckPublisher 物件的逾時時間。

▼ 程式 10-23

```
public sealed class HealthCheckPublisherOptions
{
    public TimeSpan Delay { get; set; } = TimeSpan.FromSeconds(5);
    public TimeSpan Period { get; set; } = TimeSpan.FromSeconds(30);
    public Func<HealthCheckRegistration, bool>? Predicate { get; set; }
    public TimeSpan Timeout { get; set; } = TimeSpan.FromSeconds(30);
}
```

如程式 10-24 所示，HealthCheckPublisherHostedService 類別實作了 IHostedService 介面。HealthCheckPublisherHostedService 類別作為一個背景工作，首先執行 StartAsync 方法，隨之建立一個 Timer 物件，並落在 RunAsyncCore 方法上，在該方法內會呼叫 HealthCheckService 物件的 CheckHealthAsync 方法；然後獲取健康報告；最後呼叫 IHealthCheckPublisher 物件的 PublishAsync 方法發佈健康報告，並輸出到開發人員實作的健康檢查發佈服務中。當然，應用程式允許開發人員註冊多個健康檢查發佈服務。

▼ 程式 10-24

```
internal sealed partial class HealthCheckPublisherHostedService :
IHostedService
{
    private readonly HealthCheckService _healthCheckService;
    private readonly IOptions<HealthCheckPublisherOptions> _options;
    private readonly ILogger _logger;
    private readonly IHealthCheckPublisher[] _publishers;

    private readonly CancellationTokenSource _stopping;
    private Timer? _timer;
    private CancellationTokenSource? _runTokenSource;

    public HealthCheckPublisherHostedService(
            HealthCheckService healthCheckService,
```

```
                        IOptions <HealthCheckPublisherOptions> options,
                           ILogger<HealthCheckPublisherHostedService> logger,
                                    IEnumerable <IHealthCheckPublisher> publishers)
    {
        _healthCheckService = healthCheckService;
        _options = options;
        _logger = logger;
        _publishers = publishers.ToArray();
        _stopping = new CancellationTokenSource();
    }

    internal bool IsStopping => _stopping.IsCancellationRequested;
    internal bool IsTimerRunning => _timer != null;
    public Task StartAsync(CancellationToken cancellationToken = default)
    {
        _timer = NonCapturingTimer.Create(Timer_Tick,
                null, dueTime: _options.Value.Delay, period: _options.Value.Period);
        return Task.CompletedTask;
    }

    public Task StopAsync(CancellationToken cancellationToken = default)
    {
        _stopping.Cancel();
        _timer?.Dispose();
        _timer = null;
        return Task.CompletedTask;
    }

    private async void Timer_Tick(object? state)
    {
        await RunAsync();
    }
    internal void CancelToken()
    {
        _runTokenSource!.Cancel();
    }
    internal async Task RunAsync()
    {
        CancellationTokenSource? cancellation = null;
        try
```

```csharp
        {
            var timeout = _options.Value.Timeout;
            cancellation =
                    CancellationTokenSource.CreateLinkedTokenSource(_stopping.Token);
            _runTokenSource = cancellation;
            cancellation.CancelAfter(timeout);
            await RunAsyncCore(cancellation.Token);
        }
        catch (OperationCanceledException) when (IsStopping) { }
        catch (Exception ex) { }
        finally
        {
            cancellation?.Dispose();
        }
    }

    private async Task RunAsyncCore(CancellationToken cancellationToken)
    {
        await Task.Yield();
        var report = await _healthCheckService.CheckHealthAsync(
                                _options. Value.Predicate, cancellationToken);
        var publishers = _publishers;
        var tasks = new Task[publishers.Length];
        for (var i = 0; i < publishers.Length; i++)
        {
            tasks[i] = RunPublisherAsync(publishers[i], report, cancellationToken);
        }
        await Task.WhenAll(tasks);
    }

    private async Task RunPublisherAsync(IHealthCheckPublisher publisher,
                    HealthReport report, CancellationToken cancellationToken)
    {
        try
        {
            await publisher.PublishAsync(report, cancellationToken);
        }
        catch (OperationCanceledException) when (IsStopping) { }
    }
```

```
}
```

10.3 │ 視覺化健康檢查介面

在健康檢查中，還提供了一個視覺化介面，引用「AspNetCore. HealthChecks.UI」NuGet 套件可以啟用視覺化介面。如程式 10-25 所示，先透過 WebApplicationBuilder 物件的 Services 屬性呼叫 AddHealthChecksUI 擴充方法，註冊視覺化介面相依性的相關服務，HealthChecksUI 提供了多種儲存方式，以記憶體儲存為例，可以呼叫 AddInMemoryStorage 擴充方法，再透過 WebApplication 物件呼叫 UseHealthChecksUI 擴充方法註冊相關的中介軟體。

▼ 程式 10-25

```
var builder = WebApplication.CreateBuilder(args);

builder.Services.AddHealthChecksUI()
    .AddInMemoryStorage();

var app = builder.Build();

app.UseHealthChecksUI();

await app.RunAsync();
```

如程式 10-26 所示，在 appsettings.json 檔案中設定 HealthChecksUI 的設定項。HealthChecks 是一個陣列，允許定義多個要檢查的服務或應用程式；EvaluationTimeinSeconds 表示每隔多少秒輪詢一次健康檢查；MinimumSecondsBetweenFailureNotifications 表示故障通知每隔指定的秒數觸發一次。

▼ 程式 10-26

```
{
  "HealthChecksUI": {
    "HealthChecks": [
      {
```

```
      "Name": "Test Health",
      "Uri": "http://localhost:5179/health"
    },
    {
      "Name": "Test Health1",
      "Uri": "http://localhost:5000/health"
    }
  ],
  "EvaluationTimeinSeconds": 10,
  "MinimumSecondsBetweenFailureNotifications": 60
  }
}
```

透過 /healthchecks-ui 路徑存取視覺化介面，如圖 10-4 所示。

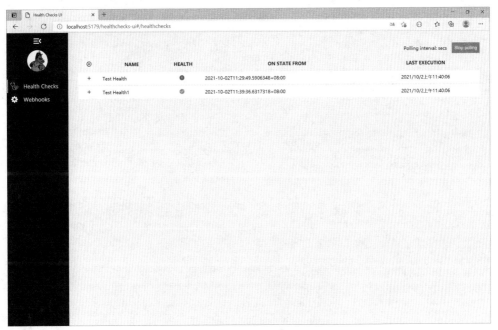

▲ 圖 10-4 視覺化介面

10.4 | 小結

　　本章介紹了健康檢查的核心內容，主要包括檢查當前應用的健康狀態和發佈健康報告。前者用於對應用程式的存活進行監控；後者支援將健康報告發佈到主控台、日誌等其他地方，用於開發人員對應用程式的監測。

　　10.3 節主要介紹如何增加健康檢查面板。透過本節的學習，讀者可以架設屬於自己的健康檢查面板。

第 11 章
檔案系統

ASP.NET Core 提供的靜態檔案模組用來管理本地靜態檔案,其擴充性比較高。利用靜態檔案模組可以處理靜態檔案請求,同時提供物理資源、嵌入式檔案或其他自訂方式。本章主要介紹靜態檔案中介軟體的使用,以及如何擴充檔案系統。

11.1 | ASP.NET Core 靜態檔案

靜態檔案是指 JavaScript、CSS 和圖片等格式的檔案。利用 ASP.NET Core 中提供的靜態檔案中介軟體可以對這些靜態檔案進行處理,請求可以透過 HTTP 方式獲取指定的物理檔案,也能獲得檔案的物理目錄結構。

11.1.1 靜態檔案

筆者採用「結論先行，體驗優先」的方式建立一個專案實例。如程式 11-1 所示，首先透過 WebApplication 物件的 CreateBuilder 擴充方法獲取 WebApplicationBuilder 物件，然後呼叫 WebApplicationBuilder 物件的 Build 方法建立 WebApplication 物件，並利用 WebApplication 物件呼叫 UseStaticFiles 擴充方法，最後呼叫 Run 方法啟動該服務。

▼ 程式 11-1

```
var builder = WebApplication.CreateBuilder(args);

var app = builder.Build();

app.UseStaticFiles();

app.Run();
```

圖 11-1 所示為專案目錄，靜態檔案儲存在專案的 wwwroot 目錄下，預設目錄為 {content root}/wwwroot，可以透過 wwwroot 的相關路徑存取靜態檔案。例如，在 wwwroot 目錄下包含多個資料夾。

- wwwroot。

- css。

- js。

- lib。

如圖 11-2 所示，讀取靜態檔案 https://<hostname>/dotnet.png，以 css 資料夾為例，存取 css 資料夾的格式為 https://<hostname>/css/<css_file_name>。

▲ 圖 11-1 專案目錄　　　　　　▲ 圖 11-2 讀取靜態檔案

11.1.2 新增靜態檔案目錄

在預設情況下，靜態檔案目錄為 wwwroot，允許開發人員自訂靜態檔案所在的目錄。如程式 11-2 所示，只需在呼叫 UseStaticFiles 擴充方法時，傳遞一個 StaticFileOptions 設定選項，FileProvider 屬性為檔案操作者（該屬性為 IFileProvider 類型），RequestPath 屬性為該處理常式的請求路徑首碼。

▼ 程式 11-2

```
var builder = WebApplication.CreateBuilder(args);

var app = builder.Build();

app.UseStaticFiles(new StaticFileOptions
{
    FileProvider = new PhysicalFileProvider(
        Path.Combine(builder.Environment.ContentRootPath, "MyStaticFiles")),
    RequestPath = "/StaticFiles"
});

app.Run();
```

如圖 11-3 所示，讀取圖片的格式為 https://<hostname>/StaticFiles/dotnet.png。

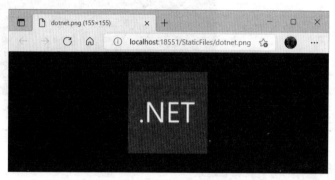

▲ 圖 11-3 讀取圖片

11.1.3 自訂 HTTP 回應標頭

靜態檔案可以自訂 HTTP 回應標頭。如程式 11-3 所示，只需透過 StaticFileOptions 物件的 OnPrepareResponse 屬性設定 HTTP 回應即可。

▼ 程式 11-3

```
var builder = WebApplication.CreateBuilder(args);

var app = builder.Build();

const string cacheMaxAge = "604800";
app.UseStaticFiles(new StaticFileOptions
{
    OnPrepareResponse = ctx =>
    {
        ctx.Context.Response.Headers.Append(
            "Cache-Control", $"public, max-age={cacheMaxAge}");
    }
});

app.Run();
```

以 Cache-Control 標頭為例，可以透過 StaticFileResponseContext 物件的 Context 屬性呼叫它的 Response 屬性設定回應標頭。如圖 11-4 所示，查看自訂回應輸出。

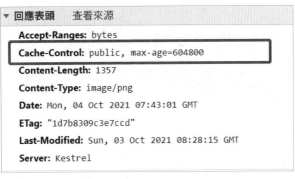

▲ 圖 11-4　查看自訂回應輸出

11.1.4　靜態檔案的授權管理

與其他常規中介軟體一樣，UseStaticFiles 擴充方法在 UseAuthorization 呼叫之前，這樣不會對靜態檔案的執行進行任何授權檢查，以便支援對靜態檔案進行公開存取。

當然，開發人員也可以對靜態檔案進行授權存取。如程式 11-4 所示，可以在註冊 Authorization 核心服務時，透過 AuthorizationOptions 設定選項設定 FallbackPolicy 屬性，回退授權按照策略要求所有使用者進行身份驗證。透過 RequireAuthenticatedUser 擴充方法將 DenyAnonymousAuthorizationRequirement 增加到當前實例中，這將強制對當前使用者進行身份驗證。

▼ 程式 11-4

```
var builder = WebApplication.CreateBuilder(args);
builder.Services.AddAuthentication(authOpt =>
    {
        authOpt.DefaultAuthenticateScheme =
                            CookieAuthenticationDefaults. AuthenticationScheme;
        authOpt.DefaultChallengeScheme =
```

```
                                        CookieAuthenticationDefaults. AuthenticationScheme;
    })
    .AddCookie(o =>
    {
        //TODO
    });
builder.Services.AddAuthorization(options =>
{
    options.FallbackPolicy = new AuthorizationPolicyBuilder()
        .RequireAuthenticatedUser()
        .Build();
});

var app = builder.Build();

app.UseStaticFiles();

app.UseAuthentication();
app.UseAuthorization();

app.UseStaticFiles(new StaticFileOptions
{
    FileProvider = new PhysicalFileProvider(
        Path.Combine(builder.Environment.ContentRootPath, "MyStaticFiles")),
    RequestPath = "/StaticFiles"
});

app.Run();
```

11.1.5 開啟目錄瀏覽服務

　　在 ASP.NET Core 中，出於安全方面的考慮，預設目錄瀏覽處於禁用狀態。可以透過如程式 11-5 所示的呼叫實作目錄瀏覽，首先註冊 AddDirectory Browser 服務，然後呼叫 UseDirectoryBrowser 擴充方法，註冊 Directory BrowserMiddleware 中介軟體。

▼ 程式 11-5

```
var builder = WebApplication.CreateBuilder(args);
builder.Services.AddDirectoryBrowser();

var app = builder.Build();

app.UseStaticFiles(new StaticFileOptions
{
    FileProvider = new PhysicalFileProvider(
        Path.Combine(builder.Environment.ContentRootPath, "MyStaticFiles")),
    RequestPath = "/MyImages"
});

app.UseDirectoryBrowser(new DirectoryBrowserOptions
{
    FileProvider = new PhysicalFileProvider(
      Path.Combine(builder.Environment.ContentRootPath, "MyStaticFiles")),
    RequestPath = "/MyImages"
});

app.Run();
```

在註冊中介軟體時，建立 DirectoryBrowserOptions 設定選項作為該中介軟體的設定，如設定開啟瀏覽的目錄，以及設定該目錄引導的路徑。圖 11-5 所示為檔案目錄。

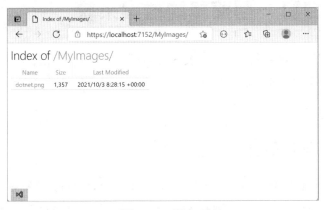

▲ 圖 11-5 檔案目錄

11.1.6 自訂檔案副檔名

FileExtensionContentTypeProvider 物件提供了 Mappings 屬性，如在 ASP.NET Core 中預設沒有為 .less 擴充檔案提供支援，這時可以透過該屬性進行映射。如程式 11-6 所示，可以透過 FileExtensionContentTypeProvider 物件進行擴充。

▼ 程式 11-6

```
var builder = WebApplication.CreateBuilder(args);

var app = builder.Build();

var provider = new FileExtensionContentTypeProvider();
provider.Mappings[".less"] = "text/css";
provider.Mappings[".htm3"] = "text/html";
provider.Mappings[".image"] = "image/png";

app.UseStaticFiles(new StaticFileOptions
{
    ContentTypeProvider = provider
});

app.Run();
```

11.2 │ 自訂一個簡單的檔案系統

在 ASP.NET Core 中，允許開發人員自訂檔案系統，可以利用 IFileProvider 介面建構一個檔案系統。在本節中，筆者將替換預設的物理檔案系統，將 Redis 作為檔案系統。

11.2.1 檔案和目錄

要建構一個檔案系統，需要先建立 RedisFileInfo 類別和 Enumerable DirectoryContents 類別，分別用來表示檔案的資訊和檔案的目錄。如程式

11-7 所示，RedisFileInfo 類別需要繼承 IFileInfo 介面，Exists 屬性工作表示判斷目錄或檔案是否真的存在，Length 屬性工作表示檔案內容的位元組長度，Name 屬性工作表示檔案或目錄的名稱，PhysicalPath 屬性工作表示檔案或目錄的物理路徑，LastModified 屬性工作表示檔案或目錄最後一次修改的時間，IsDirectory 屬性工作表示是目錄還是檔案。

▼ 程式 11-7

```csharp
public class RedisFileInfo : IFileInfo
{
    public RedisFileInfo(string name, string content)
    {
        Name = name;
        LastModified = DateTimeOffset.Now;
        _fileContent = Convert.FromBase64String(content);
    }

    public RedisFileInfo(string name, bool isDirectory)
    {
        Name = name;
        LastModified = DateTimeOffset.Now;
        IsDirectory = isDirectory;
    }
    public Stream CreateReadStream()
    {
        var stream = new MemoryStream(_fileContent);
        stream.Position = 0;
        return stream;
    }

    public bool Exists => true;

    public long Length => _fileContent.Length;

    public string Name { get; set; }
    public string PhysicalPath { get; }
    public DateTimeOffset LastModified { get; }
    public bool IsDirectory { get; }
```

```
    private readonly byte[] _fileContent;
}
```

實作 CreateReadStream 方法,利用該方法傳回讀取的檔案內容,並傳回一個 Stream 類型。

如程式 11-8 所示,建立 EnumerableDirectoryContents 類別,主要用於表示目錄的資訊。同樣地,在目錄內部維護一個 IFileInfo 集合,該集合中的每個元素都是一個 RedisFileInfo 物件。

▼ 程式 11-8

```
public class EnumerableDirectoryContents : IDirectoryContents
{
    private readonly IEnumerable<IFileInfo> _entries;

    public EnumerableDirectoryContents(IEnumerable<IFileInfo> entries)
    {
        _entries = entries;
    }

    public IEnumerator<IFileInfo> GetEnumerator()
    {
        return _entries.GetEnumerator();
    }

    IEnumerator IEnumerable.GetEnumerator()
    {
        return GetEnumerator();
    }

    public bool Exists => true;
}
```

11.2.2 RedisFileProvider

建立一個應用程式用於處理 Redis 中讀取檔案的邏輯，新增一個名為 RedisFileProvider 的解析器，主要用於透過指定的名稱（也就是指定的路徑名稱或檔案名稱）從 Redis 中讀取儲存的圖片內容。

如程式 11-9 所示，建立一個名為 RedisFileOptions 的設定選項，定義 HostAndPort 屬性用於設定 Redis 的連接資訊。

▼ 程式 11-9

```
public class RedisFileOptions
{
    public string HostAndPort { get; set; }
}
```

如程式 11-10 所示，RedisFileProvider 類別繼承了 IFileProvider 介面，並定義了一個 Redis 用戶端，透過 RedisFileOptions 設定選項讀取 Redis 的連接資訊，程式的定義還是比較簡單的。使用 GetDirectoryContents 方法可以得到指定的目錄，使用 GetFileInfo 方法可以得到指定目錄或檔案的 IFileInfo 物件，此處暫時先不實作 Watch 方法。

▼ 程式 11-10

```
public class RedisFileProvider : IFileProvider
{
    private readonly RedisFileOptions _options;
    private readonly ConnectionMultiplexer _redis;

    public RedisFileProvider(IOptions<RedisFileOptions> options)
    {
        _options = options.Value;
        _redis = ConnectionMultiplexer.Connect(
            new ConfigurationOptions
            {
                EndPoints = { _options.HostAndPort }
            });
```

```csharp
    }

    public IDirectoryContents GetDirectoryContents(string subpath)
    {
        var db = _redis.GetDatabase();
        var server = _redis.GetServer(_options.HostAndPort);
        var list = new List<IFileInfo>();
        subpath = NormalizePath(subpath);
        foreach(var key in server.Keys(0, $"{subpath}*"))
        {
            var k = "";
            if(subpath != "")
            {
                k = key.ToString().Replace(subpath, "").Split(":")[0];
            }
            else
            {
                k = key.ToString().Split(":")[0];
            }

            if(list.Find(f => f.Name == k) == null)
            {
                // 判斷是否存在 "."
                if (k.IndexOf('.', StringComparison.OrdinalIgnoreCase) >= 0)
                {
                    list.Add(new RedisFileInfo(k, db.StringGet(k)));
                }
                else
                {
                    list.Add(new RedisFileInfo(k, true));
                }
            }
        }

        if(list.Count == 0)
        {
            return NotFoundDirectoryContents.Singleton;
        }
```

```
        return new EnumerableDirectoryContents(list);
    }

private static string NormalizePath(string path) =>
                                    path.TrimStart ('/').Replace('/', ':');

    public IFileInfo? GetFileInfo(string subpath)
    {
        subpath = NormalizePath(subpath);
        var db = _redis.GetDatabase();
        var redisValue = db.StringGet(subpath);
        return !redisValue.HasValue ? new NotFoundFileInfo(subpath) :
                    new RedisFileInfo(subpath, redisValue.ToString());
    }

    public IChangeToken Watch(string filter) =>
                        throw new NotImplementedException();
}
```

在 GetFileInfo 方法中透過 subpath 參數值在 Redis 用戶端讀取檔案資訊，該資訊當前儲存的是 base64 字串。如果字串存在則建立 RedisFileInfo 物件。GetDirectoryContents 方法也是根據對應的 subpath 參數值，在 Redis 中讀取對應的資料夾和目錄，並讀取 lib 資料夾下面的資料夾和目錄等。

在應用程式中，掃描 Redis 中的內容，進行模糊匹配，若匹配首碼為 lib 的 key，則先獲取指定的伺服器，再使用 Keys 命令遍歷 key。可以先使用 lib* 進行匹配，再迴圈獲取匹配的 key，建立 RedisFileInfo 物件，並將其儲存到集合中，最後建立 EnumerableDirectoryContents 物件。

11.2.3 使用自訂檔案系統

建立完 RedisFileProvider 類別之後就可以將 Redis 作為應用程式的檔案系統。如程式 11-11 所示，先呼叫 UseStaticFiles 擴充方法，再建立 StaticFileOptions 設定選項，利用 FileProvider 屬性設定當前建構的 RedisFileProvider

實例物件，透過它可以替換檔案提供者，將 Redis 作為應用程式的檔案系統。因為 RedisFileProvider 類別接收一個 IOptions 設定選項，所以呼叫 Options 靜態類別的 Create 方法可以建構一個設定選項物件。

▼ 程式 11-11

```
var builder = WebApplication.CreateBuilder(args);

var app = builder.Build();

app.UseStaticFiles(new StaticFileOptions()
{
    FileProvider = new RedisFileProvider(Options.Create(new RedisFileOptions
    {
        HostAndPort = "localhost:6379"
    }))
});

app.UseDirectoryBrowser(new DirectoryBrowserOptions
{
    FileProvider = new RedisFileProvider(Options.Create(new RedisFileOptions
    {
        HostAndPort = "localhost:6379"
    }))
});

app.Run();
```

呼叫 UseDirectoryBrowser 擴充方法啟用目錄瀏覽，一般來說，除非在必要情況下，否則不建議開啟目錄瀏覽。圖 11-6 所示為瀏覽器中瀏覽檔案的目錄。

在 Redis 中，key 的命名用「:」隔開不同的層次及命名空間。圖 11-7 所示為 Redis 透過命名方式分層，在 Redis 中可以以層次的形式作為資料夾的分層。透過 Redis Desktop Manager（Redis 視覺化工具）可以查看儲存的內容。

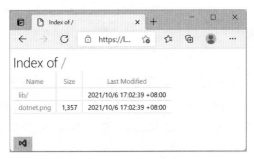

▲ 圖 11-6 瀏覽器中瀏覽檔案的目錄

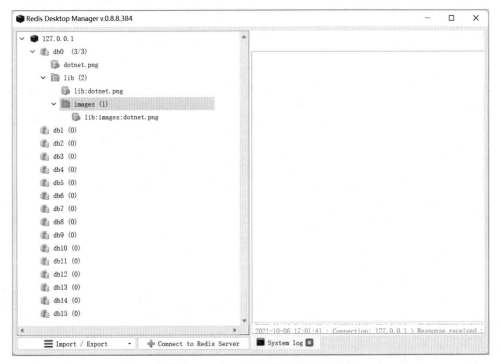

▲ 圖 11-7 Redis 透過命名方式分層

11.3 | 小結

　　透過 ASP.NET Core 提供的靜態檔案模組和靜態檔案中介軟體，開發人員可以輕鬆地讓應用程式擁有存取靜態檔案的功能，同時可以基於 IFileProvider 物件來擴充新的檔案系統，如基於 Redis、SQL Server 等做擴充檔案系統。

第 **12** 章
日誌

日誌用於快速對應用程式的執行狀況進行即時查看。當出現錯誤時，可以基於日誌進行問題定位和偵錯。在 .NET 中提供了多種方式的日誌輸出，如主控台日誌、偵錯日誌、事件日誌等。下面介紹日誌的輸出方式。

12.1 | 主控台日誌

主控台日誌的輸出是 .NET 應用最簡單的一種日誌輸出形式。它利用日誌模組抽象的 ILogger 介面建立了一個 ConsoleLogger 物件，同時利用 ILoggerProvider 物件實作一個 ConsoleLoggerProvider 類型，主控台日誌輸出模組位於「Microsoft.Extensions.Logging. Console」NuGet 套件中。

12.1.1 主控台日誌的輸出

首先建立主控台專案，如程式 12-1 所示，建立 ServiceCollection 物件，先呼叫 AddLogging 擴充方法註冊日誌服務，再利用 Action<ILoggingBuilder> 物件呼叫 AddConsole 擴充方法註冊 ConsoleLoggerProvider 物件。先呼叫 BuildServiceProvider 擴充方法傳回 ServiceProvider 物件，再呼叫 GetRequiredService<T> 擴充方法獲取對應的服務實例，最後呼叫 CreateLogger<T> 擴充方法建立一個 ILogger 物件。

▼ 程式 12-1

```
var logger = new ServiceCollection()
    .AddLogging(builder =>
        builder.AddConsole())
    .BuildServiceProvider()
    .GetRequiredService<ILoggerFactory>()
    .CreateLogger<Program>();
var levels = Enum.GetValues<LogLevel>()
    .Where(l => l != LogLevel.None);
var eventId = 1;
foreach (var level in levels)
{
    logger.Log(level, eventId++, "LogLevel:{0}", level);
}
```

接下來輸出不同等級的類型，以便查看其輸出結果，利用 LogLevel 列舉類獲取日誌等級集合，並在集合中忽略 None 列舉成員。隨後迴圈該集合，透過 ILogger 物件呼叫 Log 方法，如程式 12-1 所示，日誌內容包括日誌等級和事件 ID。最終這些日誌都會依次被列印到主控台中。圖 12-1 所示為主控台日誌的輸出。

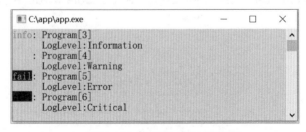

▲ 圖 12-1 主控台日誌的輸出

12.1.2 日誌等級和事件 ID

日誌等級記錄了日誌的嚴重性,這是一種簡單且強大的區分日誌事件的方法。在正確使用日誌等級的情況下,可以非常方便地對日誌進行排除,並對問題進行定位。一般來說,對日誌的寫入都會連結一個具體發生的事件(Event),所以每筆日誌都存在一個事件 ID(EventID),以進行標識。事件 ID 可以標識日誌記錄,可以對日誌記錄進行篩選過濾及分組。

如程式 12-2 所示,LogLevel 類別是一個列舉類型,定義了 7 種不同的日誌等級,此處按照日誌的嚴重性從低到高排序。

▼ 程式 12-2

```
public enum LogLevel
{
    Trace = 0,
    Debug = 1,
    Information = 2,
    Warning = 3,
    Error = 4,
    Critical = 5,
    None = 6,
}
```

LogLevel 類別的屬性 / 值如表 12-1 所示,表中對 LogLevel 類別的 7 種日誌等級進行了描述,可以參照這些資訊來決定如何選擇日誌訊息的等級。

▼ 表 12-1 LogLevel 類別的屬性 / 值

屬性	值	說明
Trace	0	記錄一些詳細的訊息,用於對某個問題或方法進行追蹤偵錯。由於這些訊息可能包含敏感的資訊,因此在預設情況下不建議開啟此等級
Debug	1	用於記錄開發和偵錯期間的訊息,這種日誌具有較短的時效性
Information	2	用於追蹤應用程式的一般流程,通常來說可以忽略,這種日誌具有較長的時效性

（續表）

屬性	值	說明
Warning	3	用於記錄應用程式發生的意外或例外事件，但不影響應用程式繼續工作，可以用於調查錯誤或其他情況
Error	4	應用程式遇到無法處理的錯誤和例外，這些訊息表示對於當前操作或請求失敗
Critical	5	用於記錄一些需要立即被關注的故障，通常是難以恢復的災難性問題，如資料遺失、磁碟空間不足等
None	6	指定日誌記錄類別不應寫入任何訊息

如程式 12-3 所示，透過該實例示範不同日誌等級的輸出形式，日誌框架可以透過一系列預先定義的擴充方法輸出不同等級的日誌訊息，可以透過 ILogger<T> 物件呼叫相關的擴充方法，建立一個名為 ApplicationEvents 的類別，定義多個常數用於表示事件 ID，表示 Create、Read、Update 和 Delete 操作時對應的日誌輸出。

▼ 程式 12-3

```
var logger = new ServiceCollection()
    .AddLogging(builder =>
        builder.AddConsole())
    .BuildServiceProvider()
    .GetRequiredService<ILoggerFactory>()
    .CreateLogger<Program>();


logger.LogInformation("This information log from Program");
logger.LogError("This error log from Program");
logger.LogCritical("This critical log from Program");
logger.LogWarning("This warning log from Program");

logger.LogInformation(ApplicationEvents.Create, "訂單建立");
logger.LogInformation(ApplicationEvents.Delete, "訂單刪除，訂單編號：{0}",
"NO.10000000");
logger.LogInformation(ApplicationEvents.Read, "讀取訂單資訊");
logger.LogInformation(ApplicationEvents.Update, "修改了訂單的配送地址：從 "{0}" 修改到
```

```
"{1}"","A 社區 ","B 社區 ");

internal static class ApplicationEvents
{
    internal const int Create = 1000;
    internal const int Read = 1001;
    internal const int Update = 1002;
    internal const int Delete = 1003;
}
```

例如，呼叫 LogInformation 擴充方法輸出日誌，分別在這幾種操作下以不同的事件 ID 進行輸出，方便日誌訊息的篩選和過濾。圖 12-2 所示為主控台日誌的輸出。

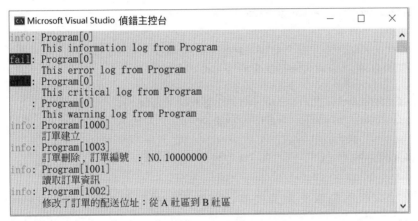

▲ 圖 12-2　主控台日誌的輸出

12.1.3　日誌過濾

AddFilter 擴充方法透過定義日誌等級，並根據指定的日誌等級輸出訊息。當然，可以單獨設定過濾類別，如可以為指定的命名空間下輸出的日誌等級訊息設定一種策略，限制在該命名空間的類別下允許輸出的日誌等級訊息，這是一種很有價值的方法，這兩個限制的深度在一般情況下滿足絕大部分的需求。

如程式 12-4 所示，建立主控台專案，呼叫兩次 AddFilter 擴充方法，分別用來對 Error 日誌等級進行過濾和對指定名稱的物件做 Information 日誌等級的過濾。另外，建立兩個 ILogger<T> 實例，分別根據這兩個不同的類別建立兩個實例物件。

▼ 程式 12-4

```
var loggerFactory = new ServiceCollection()
    .AddLogging(builder =>
        builder.AddConsole()
            .AddFilter(f => f == LogLevel.Error)
            .AddFilter("Simple", f => f == LogLevel.Information)
    )
    .BuildServiceProvider()
    .GetRequiredService<ILoggerFactory>();

var logger = loggerFactory.CreateLogger<Program>();
var simpleLogger = loggerFactory.CreateLogger<Simple>();

logger.LogInformation("This information log from Program");
logger.LogError("This error log from Program");
simpleLogger.LogInformation("This information log from Simple");
simpleLogger.LogError("This error log from Simple");
```

圖 12-3 所示為條件過濾後的日誌輸出，可以看出，ILogger<Program> 實例保留了 Error 日誌等級的輸出，而 ILogger<Simple> 實例也是如期輸出 Information 日誌等級的訊息。

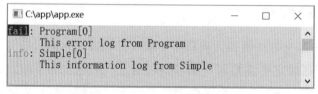

▲ 圖 12-3　條件過濾後的日誌輸出

開發人員可以限制日誌等級，也可以按條件限制到指定的類別。另一種限制方式是設定允許輸出的最低日誌等級。如程式 12-5 所示，建立主控台專案，增加並呼叫 SetMinimumLevel 擴充方法，將其值設定為 LogLevel.Warning，也就是說，允許輸出的日誌等級最低為 Warning。

▼ 程式 12-5

```
var loggerFactory = new ServiceCollection()
    .AddLogging(builder =>
        builder.AddConsole()
            .SetMinimumLevel(LogLevel.Warning)
    )
    .BuildServiceProvider()
    .GetRequiredService<ILoggerFactory>();

var logger = loggerFactory.CreateLogger<Program>();
var simpleLogger = loggerFactory.CreateLogger<Simple>();

logger.LogInformation("This information log from Program");
logger.LogError("This error log from Program");
logger.LogWarning("This warning log from Program");
simpleLogger.LogInformation("This information log from Simple");
simpleLogger.LogError("This error log from Simple");
simpleLogger.LogWarning("This warning log from Program");
```

如圖 12-4 所示，設定最低日誌等級的輸出，輸出的日誌始終以 Warning 為最低的等級進行限制並輸出。

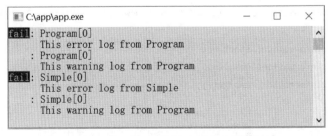

▲ 圖 12-4 設定最低日誌等級的輸出

12.1.4 日誌範圍

使用 BeginScope 方法不僅可以對日誌進行追蹤，還可以對一個區間範圍內的日誌定義一個範圍內的日誌標識。在範圍內的日誌可以更方便地對日誌資訊進行標識和定位。

如程式 12-6 所示，建立 ServiceCollection 物件，首先呼叫 AddLogging 擴充方法註冊日誌服務，然後透過 Action<ILoggingBuilder> 物件呼叫 AddSimpleConsole 擴充方法註冊 ConsoleLoggerProvider 物件，最後透過 Action<SimpleConsoleFormatterOptions> 設定選項將 IncludeScopes 屬性設定為 true 來啟用日誌範圍。首先呼叫 BuildServiceProvider 擴充方法傳回 ServiceProvider 物件，然後呼叫 GetRequiredService<T> 擴充方法獲取對應的服務實例，最後呼叫 CreateLogger<T> 擴充方法建立 ILogger 物件。

▼ 程式 12-6

```
var loggerFactory = new ServiceCollection()
    .AddLogging(builder =>
                builder.AddSimpleConsole(options =>
                {
                    options.IncludeScopes = true;
                })
    )
    .BuildServiceProvider()
    .GetRequiredService<ILoggerFactory>();

var logger = loggerFactory.CreateLogger<Program>();
using (logger.BeginScope("Scope Id:{id}", Guid.NewGuid().ToString ("N")))
{
    logger.LogInformation("start get");
    logger.LogInformation("result=1");
    logger.LogInformation("end get");
}
```

需要注意的是，日誌範圍物件是在 using 程式區塊中進行的，所以在 using 程式區塊中執行完成後會呼叫該物件的 Dispose 方法進行釋放。BeginScope 是一個擴充方法，允許傳遞一個格式化字串的參數（以字串預留位置的形式傳遞,如 User{User})。另外,BeginScope 方法還支援一個 params object[] 類型的參數,開發人員可以透過傳遞多個參數來填充格式化字串。

注意:Console 日誌提供了 3 種預先定義格式化設定的支援,包括 Simple、Systemd 和 Json,本節透過呼叫 AddSimpleConsole 擴充方法來註冊 Simple 格式化設定。要註冊其他格式化設定,可以使用 Add{Type}Console 擴充方法。

如圖 12-5 所示,設定作用域日誌的輸出(透過設定作用域執行程式並輸出到主控台中)。

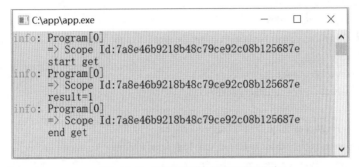

▲ 圖 12-5 設定作用域日誌的輸出

根據主控台中的輸出結果來看,如對一個訂單做一個操作流程,透過範圍設定可以更友善地輸出日誌。

12.1.5 JSON 設定

開發人員既可以透過程式設定日誌,也可以以設定檔的方式設定日誌。建立一個主控台專案,如程式 12-7 所示,首先讀取設定檔,同時建立並使用 ConfigurationBuilder 物件,呼叫 AddJsonFile 擴充方法註冊設定檔。然後呼叫 ConfigurationBuilder 物件的 Build 方法建立 IConfiguration 物件。建立一個 ServiceCollection 物件,呼叫 AddLogging 擴充方法註冊日誌服務,同時利用 Action<ILoggingBuilder> 物件呼叫 AddConsole 擴充方法註冊 ConsoleLoggerProvider 物件,呼叫 AddConfiguration 擴充方法,並接收 IConfiguration 參數物件,透過前面的 IConfiguration 物件呼叫 GetSection

方法獲取指定鍵的設定資訊。最後呼叫 BuildServiceProvider 擴充方法傳回
ServiceProvider 物件，呼叫 GetRequiredService<T> 擴充方法獲取對應的服
務實例，呼叫 CreateLogger<T> 擴充方法建立 ILogger 物件。

▼ 程式 12-7

```
var configuration = new ConfigurationBuilder()
    .AddJsonFile("appsettings.Development.json")
    .Build();

var loggerFactory = new ServiceCollection()
    .AddLogging(builder =>
        builder.AddConsole()
            .AddConfiguration(configuration.GetSection("Logging"))
    )
    .BuildServiceProvider()
    .GetRequiredService<ILoggerFactory>();

var logger = loggerFactory.CreateLogger<Program>();
logger.LogInformation("This information log from Program");
logger.LogError("This error log from Program");
logger.LogWarning("This warning log from Program");

using (logger.BeginScope("Scope Id:{id}", Guid.NewGuid().ToString ("N")))
{
    logger.LogWarning("start get");
    logger.LogWarning("result=1");
    logger.LogWarning("end get");
}
```

透過 ILogger<Program> 實例物件呼叫對應的日誌輸出擴充方法，對日誌
進行輸出，之後呼叫 BeginScope 擴充方法輸出範圍性的日誌訊息。

如程式 12-8 所示，在日誌設定中透過 LogLevel 指定 Program 類別和
Default 類別，Program 類別在日誌等級上定義了 Warning 等級，所以在 Program
類別中匹配的日誌會以 Warning 等級或更高的等級輸出。另外，在 Console 中透
過 FormatterName 設定了 Simple 值，將日誌輸出格式設定為 Simple 類型，透過
FormatterOptions 的 IncludeScopes 屬性啟動了範圍性的日誌。

▼ 程式 12-8

```json
{
  "Logging": {
    "LogLevel": {
      "Program": "Warning",
      "Default": "Information"
    },
    "Console": {
      "FormatterName": "Simple",
      "FormatterOptions": {
        "IncludeScopes": true
      }
    }
  }
}
```

如圖 12-6 所示，在設定 JSON 設定檔後，執行應用程式會輸出預期的內容。

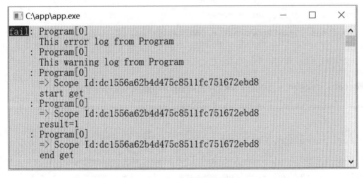

▲ 圖 12-6 輸出結果

12.1.6 主控台日誌格式化

　　Console 日誌記錄提供了 3 個預先定義格式化設定選項（見表 12-2）可供選擇，分別為 Simple、Systemd 和 Json。如果註冊格式化設定選項，則可以呼叫 Add{Type}Console 擴充方法。

▼ 表 12-2 格式化設定選項

可用類型	註冊類型的方法
ConsoleFormatterNames.Json	ConsoleLoggerExtensions.AddJsonConsole
ConsoleFormatterNames.Simple	ConsoleLoggerExtensions.AddSimpleConsole
ConsoleFormatterNames.Systemd	ConsoleLoggerExtensions.AddSystemdConsole

如程式 12-9 所示，建立一個主控台專案，使用 Simple 方式格式化日誌內容，透過 AddSimpleConsole 擴充方法註冊 ConsoleFormatterNames.Simple 格式化程式。

▼ 程式 12-9

```
using ILoggerFactory loggerFactory =
    LoggerFactory.Create(builder =>
        builder.AddSimpleConsole(options =>
        {
            options.IncludeScopes = true;
            options.SingleLine = true;
            options.TimestampFormat = "hh:mm:ss ";
        }));

ILogger<Program> logger = loggerFactory.CreateLogger<Program>();
using (logger.BeginScope("[scope is enabled]"))
{
    logger.LogInformation("Hello World!");
    logger.LogInformation("Logs contain timestamp and log level.");
    logger.LogInformation("Each log message is fit in a single line.");
}
```

AddSimpleConsole 擴充方法支援 SimpleConsoleFormatterOptions 設定選項，使用 IncludeScopes 屬性可以開啟範圍日誌，使用 SingleLine 屬性可以將日誌進行縮排，使用 TimestampFormat 屬性可以設定日期格式化，在設定 Simple 格式化以後，執行應用程式輸出的結果如圖 12-7 所示，以 Simple 方式輸出。

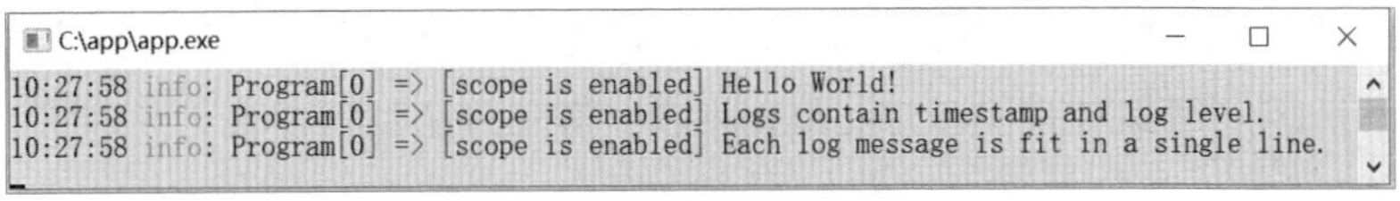

▲ 圖 12-7 Simple 方式的輸出結果

如程式 12-10 所示,透過呼叫 AddSystemdConsole 擴充方法註冊 Console FormatterNames. Systemd 格式化程式。通常來説對於容器環境非常有用,因為在容器中經常使用 Systemd 主控台日誌記錄。另外,Systemd 主控台記錄還可以實作以單行方式進行日誌記錄(見圖 12-8),並且允許禁用顏色。

▼ 程式 12-10

```
using ILoggerFactory loggerFactory =
    LoggerFactory.Create(builder =>
        builder.AddSystemdConsole(options =>
        {
            options.IncludeScopes = true;
            options.TimestampFormat = "hh:mm:ss ";
        }));

ILogger<Program> logger = loggerFactory.CreateLogger<Program>();
using(logger.BeginScope("[scope is enabled]"))
{
    logger.LogInformation("Hello World!");
    logger.LogInformation("Logs contain timestamp and log level.");
    logger.LogInformation("Systemd console logs never provide color options.");
logger.LogInformation("Systemd console logs always appear in a single line.");
}
```

▲ 圖 12-8 Systemd 方式的輸出結果

對於預設的幾種輸出方式，開發人員還可以輸出 JSON 格式的日誌，如程式 12-11 所示，可以使用 AddJsonConsole 擴充方法進行註冊。

▼ 程式 12-11

```
using ILoggerFactory loggerFactory =
    LoggerFactory.Create(builder =>
        builder.AddJsonConsole(options =>
        {
            options.TimestampFormat = "hh:mm:ss ";
            options.JsonWriterOptions = new JsonWriterOptions
            {
                Indented = true
            };
        }));

ILogger<Program> logger = loggerFactory.CreateLogger<Program>();

logger.LogInformation("Hello World!");
```

如圖 12-9 所示，在預設情況下，JSON 主控台格式化程式將每筆訊息以單行的形式進行記錄，但是為了保證日誌的可讀性，可以將 JsonWriterOptions. Indented 屬性設定為 true，最終以 JSON 格式化的形式輸出。

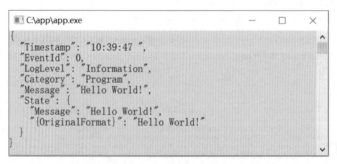

▲ 圖 12-9 JSON 方式的輸出結果

12.1.7 實作自訂格式化程式

下面介紹一個簡單的自訂格式化程式。如程式 12-12 所示，定義一個名為 CustomOptions 的設定選項，繼承 ConsoleFormatterOptions 物件。理解了 CustomOptions 類別的定義，讀者應該能明白期望這個程式可以達到的功能。先不要繼續往後看，如果讓你來實作，你該怎麼做？

▼ 程式 12-12

```
public class CustomOptions : ConsoleFormatterOptions
{
    public string CustomPrefix { get; set; }

    public string CustomSuffix { get; set; }
}
```

建立一個名為 CustomFormatter 的類別，該類別繼承 ConsoleFormatter 類別和 IDisposable 介面。

如程式 12-13 所示，實作並重寫 ConsoleFormatter 類別中的 Write<TState> 方法，使用該方法可以對日誌執行寫入操作。另外，在 CustomOptions 設定選項中定義了兩個自訂屬性，表示日誌記錄的首碼和尾碼，此處用 WritePrefix 方法和 WriteSuffix 方法來包裝首碼字串和尾碼字串。

▼ 程式 12-13

```
public sealed class CustomFormatter : ConsoleFormatter, IDisposable
{
    private readonly IDisposable _optionsReloadToken;
    private CustomOptions _formatterOptions;
    public CustomFormatter(IOptionsMonitor<CustomOptions> options)
        //Case insensitive
        : base("customName") =>
        (_optionsReloadToken, _formatterOptions) =
        (options.OnChange(ReloadLoggerOptions), options.CurrentValue);

    private void ReloadLoggerOptions(CustomOptions options) =>
```

```
            _formatterOptions = options;
            public override void Write<TState>(
                        in LogEntry<TState> logEntry,
                        IExternalScopeProvider scopeProvider,
                        TextWriter textWriter)
        {
            string message =
                logEntry.Formatter(
                    logEntry.State, logEntry.Exception);

            if(message == null)
            {
                return;
            }
            WritePrefix(textWriter);
            textWriter.Write(message);
            WriteSuffix(textWriter);
        }

        private void WritePrefix(TextWriter textWriter)
        {
            DateTime now = _formatterOptions.UseUtcTimestamp
                ? DateTime.UtcNow
                : DateTime.Now;
            textWriter.Write($"{_formatterOptions.CustomPrefix}
                                {now.ToString(_formatterOptions.TimestampFormat)} ");
        }

        private void WriteSuffix(TextWriter textWriter)
        {
            textWriter.WriteLine(_formatterOptions.CustomSuffix);
        }

        public void Dispose() => _optionsReloadToken?.Dispose();
}
```

在 CustomFormatter 物件中，透過 base 關鍵字可以呼叫基礎類別的建構函式，利用 IOptionsMonitor<CustomOptions> 物件可以獲取即時變更的資訊，呼叫該物件的 OnChange 方法可以傳回一個 Tuple（元祖），利用傳回值可以獲取 CustomOptions 設定選項和 IDisposable 介面。

接下來為自訂格式化程式建立一個擴充方法，如程式 12-14 所示。

▼ 程式 12-14

```
public static class ConsoleLoggerExtensions
{
    public static ILoggingBuilder AddCustomFormatter(
                    this ILoggingBuilder builder, Action<CustomOptions> configure)
    {
        return builder.AddConsole(options =>
                options.FormatterName = "customName")
                .AddConsoleFormatter<CustomFormatter, CustomOptions>(configure);
    }
}
```

如程式 12-15 所示，透過呼叫 AddCustomFormatter 擴充方法註冊自訂格式化程式，透過 CustomOptions 設定選項設定日誌的首碼和尾碼。

▼ 程式 12-15

```
using ILoggerFactory loggerFactory =
    LoggerFactory.Create(builder =>
        builder.AddCustomFormatter(options =>
        {
            options.CustomPrefix = "<|";
            options.CustomSuffix = "|>";
        }));

ILogger<Program> logger = loggerFactory.CreateLogger<Program>();

logger.LogInformation("Hello World!");
```

圖 12-10 所示為自訂輸出，在自訂的日誌格式設定好之後，將結果輸出到主控台中。

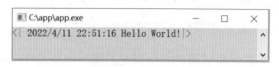

▲ 圖 12-10 自訂輸出

12.1.8 日誌的設計與實作

日誌模型中提供了 3 個核心物件，分別為 ILogger 物件、ILoggerProvider 物件和 ILoggerFactory 物件。

圖 12-11 所示為 3 個核心物件的關係圖，開發人員可以將 ILoggerFactory 物件和 ILoggerProvider 物件作為 ILogger 物件的輔助方法。

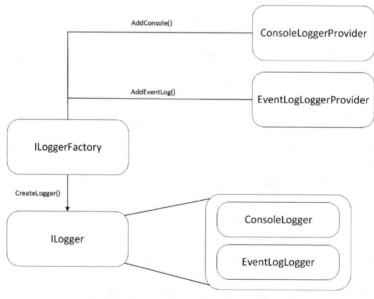

▲ 圖 12-11 3 個核心物件的關係圖

如程式 12-16 所示，ILogger 物件包含的方法有 BeginScope、IsEnabled 和 Log<TState>。使用 IsEnabled 方法可以判斷當前 Logger 是否支援指定的日誌等級，如果不支援則忽略這筆日誌，導致該日誌不會被輸出。使用 BeginScope 方法不僅可以追蹤日誌，還可以對一個範圍內的日誌進行標識。使用 Log<TState> 方法可以對日誌進行記錄。

▼ 程式 12-16

```
public interface ILogger
{
void Log<TState>(LogLevel logLevel,
                    EventId eventId, TState state, Exception?
                    exception,Func<TState, Exception?, string> formatter);
    bool IsEnabled(LogLevel logLevel);
    IDisposable BeginScope<TState>(TState state);
}
public interface ILogger<out TCategoryName> : ILogger
{
}
```

可以利用 ILoggerProvider 物件建立一個 ILogger 實例物件，如程式 12-17 所示，ILoggerProvider 物件可以利用日誌的類型（categoryName）呼叫 Create Logger 方法獲取 ILogger 物件。

▼ 程式 12-17

```
public interface ILoggerProvider : IDisposable
{
    ILogger CreateLogger(string categoryName);
}
```

如程式 12-18 所示，ILoggerFactory 物件包含 CreateLogger 方法和 AddProvider 方法，這兩個方法分別用於建立 ILogger 物件和註冊 ILogger Provider 物件。

▼ 程式 12-18

```
public interface ILoggerFactory : IDisposable
{
    ILogger CreateLogger(string categoryName);
    void AddProvider(ILoggerProvider provider);
}
```

如程式 12-19 所示，透過簡化 LoggerFactory 類別中的程式，可以幫助讀者理解日誌模型中的 3 個核心物件。LoggerFactory 類別會利用一個 Dictionary<string,Logger> 字典物件儲存 Logger 物件並將其快取起來，此處說是快取是因為 ILoggerFactory 物件的生命週期為 Singleton 模式，LoggerFactory 類別會利用一個 List<ProviderRegistration> 集合來儲存 ProviderRegistration 物件（該物件主要為 ILoggerProvider 類別提供一個定義）。

▼ 程式 12-19

```
public class LoggerFactory : ILoggerFactory
{
    private readonly Dictionary<string, Logger> _loggers =
                            new Dictionary<string, Logger>(StringComparer.Ordinal);
    private readonly List<ProviderRegistration> _providerRegistrations =
                                        new List<ProviderRegistration>();
    private readonly object _sync = new object();
    public LoggerFactory(IEnumerable<ILoggerProvider> providers,
        IOptionsMonitor<LoggerFilterOptions> filterOption, IOptions
                                        <LoggerFactoryOptions> options = null)
    {
        foreach(ILoggerProvider provider in providers)
        {
            AddProviderRegistration(provider, dispose: false);
        }
        ...
    }
    public ILogger CreateLogger(string categoryName)
    {
        lock(_sync)
        {
```

```
            if(!_loggers.TryGetValue(categoryName, out Logger logger))
            {
                logger = new Logger
                {
                    Loggers = CreateLoggers(categoryName),
                };
                _loggers[categoryName] = logger;
            }
            return logger;
        }
    }
    public void AddProvider(ILoggerProvider provider)
    {
        AddProviderRegistration(provider, dispose: true);
        ...
    }
    private void AddProviderRegistration(ILoggerProvider provider, bool dispose)
    {
        _providerRegistrations.Add(new ProviderRegistration
        {
            Provider = provider,
            ShouldDispose = dispose
        });
    }
    private LoggerInformation[] CreateLoggers(string categoryName)
    {
        var loggers = new LoggerInformation[_providerRegistrations. Count];
        for (int i = 0; i < _providerRegistrations.Count; i++)
        {
            loggers[i] = new LoggerInformation(
                                _providerRegistrations[i].Provider, categoryName);
        }
        return loggers;
    }
    private struct ProviderRegistration
    {
        public ILoggerProvider Provider;
        public bool ShouldDispose;
```

```
    }
    ...
}
```

　　AddProvider 方法接收一個 ILoggerProvider 物件，並且在方法內部會呼叫 AddProviderRegistration 方法將該物件增加到 List<ProviderRegistration> 集合中。在 CreateLogger 方法中，利用 Dictionary<string,Logger> 字典，將 categoryName 參數作為字典的 Key 進行獲取。如果在字典中獲取到物件則直接傳回該物件；如果在字典中沒有獲取到物件則建立一個 Logger 物件實例，在建立實例時會呼叫 CreateLoggers 方法建立其儲存的物件。在 CreateLoggers 方法中，首先迴圈 List<ProviderRegistration> 集合為每個日誌提供者建立一個 LoggerInformation 物件並儲存到 LoggerInformation 陣列中，然後傳回該物件，將該物件儲存在 Logger 物件實例中，最後將實例物件儲存到 Dictionary<string,Logger> 字典中，並傳回 Logger 物件。

　　如程式 12-20 所示，日誌框架核心服務的註冊是透過 AddLogging 擴充方法進行的，在該方法中利用 IServiceCollection 物件註冊 ILoggerFactory 物件和 ILogger<> 物件。另外，還可以看出，在 AddLogging 方法中可以呼叫 AddOptions 擴充方法註冊 Options 模式的核心服務，以及 IConfigurations <LoggerFilterOptions> 服務，該方法被註冊為 Singleton 模式。IConfigurations <LoggerFilterOptions> 服務具體的實例是一個 DefaultLoggerLevelConfigure Options 物件。

▼ 程式 12-20

```
public static class LoggingServiceCollectionExtensions
{
    public static IServiceCollection AddLogging(this IServiceCollection services)
    {
        return AddLogging(services, builder => { });
    }

    public static IServiceCollection AddLogging(
                this IServiceCollection services, Action<ILoggingBuilder> configure)
```

```
    {
        if (services == null)
        {
            throw new ArgumentNullException(nameof(services));
        }
        services.AddOptions();
        services.TryAdd(
                    ServiceDescriptor.Singleton<ILoggerFactory, LoggerFactory>());
        services.TryAdd(
                ServiceDescriptor.Singleton(typeof(ILogger<>), typeof(Logger<>)));
        services.TryAddEnumerable(
    ServiceDescriptor.Singleton<IConfigureOptions<LoggerFilterOptions>>(
            new DefaultLoggerLevelConfigureOptions(LogLevel. Information)));
        configure(new LoggingBuilder(services));
        return services;
    }
}
```

12.1.9 主控台日誌的設計與實作

對於主控台日誌來說，ILogger 物件的實作是 ConsoleLogger 類型，對應的 ILoggerProvider 物件的實作是 ConsoleLoggerProvider 物件。程式 12-21 展示了 ConsoleLogger 類型的定義，該類型將 ConsoleLoggerProcessor 物件作為主控台日誌輸出的處理者。

▼ 程式 12-21

```
internal sealed class ConsoleLogger : ILogger
{
    internal ConsoleLogger(string name, ConsoleLoggerProcessor loggerProcessor);

    public void Log<TState>(LogLevel logLevel, EventId eventId,
                    TState state, Exception exception,
Func<TState, Exception, string> formatter);

    public bool IsEnabled(LogLevel logLevel)
        => logLevel != LogLevel.None;
```

```
public IDisposable BeginScope<TState>(TState state) =>
                            ScopeProvider?. Push(state) ?? NullScope.Instance;
}
```

如程式 12-22 所示，在 ConsoleLoggerProcessor 物件中利用 Blocking
Collection <LogMessageEntry> 集合物件儲存日誌記錄資訊，可以發現它的容
量被初始化為 1024 筆。另外，在 ConsoleLoggerProcessor 物件中建立並透過
一個背景執行緒日誌記錄，先迴圈 BlockingCollection<LogMessageEntry> 集
合，再利用 IConsole 介面將日誌記錄輸出到主控台中。

▼ 程式 12-22

```
internal class ConsoleLoggerProcessor : IDisposable
{
    private const int _maxQueuedMessages = 1024;
    private readonly BlockingCollection<LogMessageEntry> _messageQueue =
                        new BlockingCollection<LogMessageEntry>(_maxQueuedMessages);
    private readonly Thread _outputThread;
    public IConsole Console;
    public IConsole ErrorConsole;
    public ConsoleLoggerProcessor()
    {
        _outputThread = new Thread(ProcessLogQueue)
        {
            IsBackground = true,
            Name = "Console logger queue processing thread"
        };
        _outputThread.Start();
    }
    public virtual void EnqueueMessage(LogMessageEntry message)
    {
        if(!_messageQueue.IsAddingCompleted)
        {
            _messageQueue.Add(message);
            return;
        }
```

```
        WriteMessage(message);
    }
    internal virtual void WriteMessage(LogMessageEntry entry)
    {
        IConsole console = entry.LogAsError ? ErrorConsole : Console;
        console.Write(entry.Message);
    }
    private void ProcessLogQueue()
    {
        try
        {
            foreach(LogMessageEntry message in
                                _messageQueue.GetConsumingEnumerable())
            {
                WriteMessage(message);
            }
        }
        catch
        {
            _messageQueue.CompleteAdding();
        }
    }
    public void Dispose()
    {
        _messageQueue.CompleteAdding();
        try
        {
            _outputThread.Join(1500);
        }
        catch (ThreadStateException) { }
    }
}
```

如程式 12-23 所示，在 IConsole 介面中定義一個 Write 方法，當呼叫
Write 方法時會輸出指定的字串。

▼ 程式 12-23

```
internal interface IConsole
{
    void Write(string message);
}
```

如程式 12-24 所示，在 ConsoleLoggerOptions 類別中，定義了 Formatter
Name 屬性和 LogToStandardErrorThreshold 屬性，分別表示格式化處理常式
的名稱和日誌輸出的最低等級。

▼ 程式 12-24

```
public class ConsoleLoggerOptions
{
    public string FormatterName { get; set; }
    public LogLevel LogToStandardErrorThreshold { get; set; } = LogLevel. None;
}
```

程式 12-25 展示了 ConsoleLoggerProvider 類別的定義，該類別標註了
ProviderAlias 特性，利用該特性可以將別名設定為 Console。

▼ 程式 12-25

```
[ProviderAlias("Console")]
public class ConsoleLoggerProvider : ILoggerProvider, ISupportExternalScope
{
    public ConsoleLoggerProvider(
            IOptionsMonitor<ConsoleLoggerOptions> options)
                    : this(options, Array.Empty<ConsoleFormatter>());

    public ConsoleLoggerProvider(
            IOptionsMonitor<ConsoleLoggerOptions> options,
                    IEnumerable<ConsoleFormatter> formatters);

    public ILogger CreateLogger(string name);
    public void Dispose();
    public void SetScopeProvider(IExternalScopeProvider scopeProvider);
}
```

　　程式 12-26 展示了註冊主控台日誌的擴充方法。主控台日誌的核心服務會透過 AddConsole 擴充方法進行註冊，設定選項會透過 Action<Console LoggerOptions> 委託物件定義。

▼ 程式 12-26

```
public static class ConsoleLoggerExtensions
{
    public static ILoggingBuilder AddConsole(this ILoggingBuilder builder)
    {
        builder.AddConfiguration();
        builder.AddConsoleFormatter<JsonConsoleFormatter,
                                            JsonConsoleFormatterOptions>();
        builder.AddConsoleFormatter<SystemdConsoleFormatter,
                                            ConsoleFormatterOptions>();
        builder.AddConsoleFormatter<SimpleConsoleFormatter,
                                            SimpleConsoleFormatterOptions>();
        builder.Services.TryAddEnumerable(ServiceDescriptor.Singleton
                                    <ILoggerProvider, ConsoleLoggerProvider>());
        LoggerProviderOptions.RegisterProviderOptions <ConsoleLoggerOptions,
                                    ConsoleLoggerProvider>(builder.Services);
        return builder;
    }
    public static ILoggingBuilder AddConsole(this ILoggingBuilder builder,
                                    Action<ConsoleLoggerOptions> configure)
    {
        builder.AddConsole();
        builder.Services.Configure(configure);
        return builder;
    }
    public static ILoggingBuilder AddConsoleFormatter<
            TFormatter, TOptions> (this ILoggingBuilder builder)
                where TOptions : ConsoleFormatterOptions where
                TFormatter : ConsoleFormatter
    {
        builder.AddConfiguration();
        builder.Services.TryAddEnumerable(
                    ServiceDescriptor.Singleton<ConsoleFormatter, TFormatter>());
        builder.Services.TryAddEnumerable(
```

```
                    ServiceDescriptor.Singleton<IConfigureOptions <TOptions>,
            ConsoleLoggerFormatterConfigureOptions<TFormatter, TOptions>>());
    builder.Services.TryAddEnumerable(
                ServiceDescriptor.Singleton<IOptionsChange TokenSource<TOptions>,
        ConsoleLoggerFormatterOptionsChangeTokenSource<TFormatter, TOptions>>());
    return builder;
    }
}
```

12.1.10 格式化的設計與實作

主控台日誌是可以格式化的，預設提供了 3 種預先定義格式，分別為 Simple、Json 和 Systemd，如程式 12-27 所示。

▼ 程式 12-27

```
public static class ConsoleFormatterNames
{
public const string Simple = "simple";
public const string Json = "json";
public const string Systemd = "systemd";
}
```

程式 12-28 展示了 ConsoleFormatter 類別的定義，應用程式最終會透過 Write 方法格式化並輸出日誌。

▼ 程式 12-28

```
public abstract class ConsoleFormatter
{
    protected ConsoleFormatter(string name)
    {
        Name = name ?? throw new ArgumentNullException(nameof(name));
    }
    public string Name { get; }

    public abstract void Write<TState>(in LogEntry<TState> logEntry ,
                    IExternalScopeProvider scopeProvider, TextWriter textWriter);
}
```

如程式 12-29 所示，ConsoleFormatterOptions 類別作為主控台日誌格式化的定義，如果需要自訂一個格式化程式則可以繼承該類別。

▼ 程式 12-29

```
public class ConsoleFormatterOptions
{
    public ConsoleFormatterOptions() { }
    public bool IncludeScopes { get; set; }
    public string TimestampFormat { get; set; }
    public bool UseUtcTimestamp { get; set; }
}
```

程式 12-30 所示，在 ConsoleLoggerExtensions 類別中，還包括 AddSimpleConsole 擴充方法和 AddJsonConsole 擴充方法，最終核心物件都會透過該類別進行註冊。

▼ 程式 12-30

```
public static class ConsoleLoggerExtensions
{
    public static ILoggingBuilder AddConsole(this ILoggingBuilder builder)
    {
        ...
    }
    public static ILoggingBuilder AddConsole(this ILoggingBuilder builder,
                                 Action<ConsoleLoggerOptions> configure)
    {
        ...
    }
    public static ILoggingBuilder AddSimpleConsole(
        this ILoggingBuilder builder,
            Action<SimpleConsoleFormatterOptions> configure) =>
            builder.AddConsoleWithFormatter<SimpleConsoleFormatterOptions>
                                    (ConsoleFormatterNames.Simple, configure);
    public static ILoggingBuilder AddJsonConsole(
            this ILoggingBuilder builder,
                Action<JsonConsoleFormatterOptions> configure) =>
```

```
            builder.AddConsoleWithFormatter<JsonConsoleFormatterOptions>
                                        (ConsoleFormatterNames.Json,configure);
    public static ILoggingBuilder AddSystemdConsole(
            this ILoggingBuilder builder,
            Action<ConsoleFormatterOptions> configure) =>
             builder.AddConsoleWithFormatter<ConsoleFormatterOptions>
                                        (ConsoleFormatterNames.Systemd,configure);
    public static ILoggingBuilder AddSystemdConsole(
        this ILoggingBuilder builder) =>
                builder.AddFormatterWithName(ConsoleFormatterNames.Systemd);
    internal static ILoggingBuilder AddConsoleWithFormatter<TOptions>(
                this ILoggingBuilder builder, string name, Action<TOptions> configure)
                            where TOptions : ConsoleFormatterOptions
    {
        builder.AddFormatterWithName(name);
        builder.Services.Configure(configure);
        return builder;
    }
    private static ILoggingBuilder AddFormatterWithName(
            this ILoggingBuilder builder, string name) =>
                builder.AddConsole((ConsoleLoggerOptions options) =>
                                            options. FormatterName = name);
    public static ILoggingBuilder AddConsoleFormatter
        <TFormatter, TOptions> (this ILoggingBuilder builder)
                where TOptions : ConsoleFormatterOptions
                        where TFormatter : ConsoleFormatter
    {
        ...
    }
}
```

12.1.11 Source Generator

在「Microsoft.Extensions.Logging」NuGet 套件下定義一個 Logger
MessageAttribute 特性，該特性可以用於在編譯時生成「高性能日誌 API」方
法。使用 LoggerMessageAttribute 特性可以對方法進行標記，透過 Source
Generator 在編譯時生成對應的日誌呼叫邏輯程式，同時由 Source Generator
生成程式可以減少程式量。

如程式 12-31 所示，在使用 LoggerMessageAttribute 特性時，方法和類別需要增加 partial 關鍵字，這樣才會觸發編譯時程式生成。

▼ 程式 12-31

```
public static partial class Log
{
    [LoggerMessageAttribute(EventId = 0,Level = LogLevel.Information,
                                            Message = "Hello {Name}")]
    public static partial void SayHello(this ILogger logger, string name);
}
```

例如，筆者透過主控台專案，先利用上面的 SayHello 日誌輸出方法進行呼叫並輸出，透過 LoggerFactory 類別呼叫 Create 方法，再利用 Action<ILoggingBuilder> 物件呼叫 AddConsole 擴充方法註冊 ConsoleLoggerProvider 物件，如程式 12-32 所示。

▼ 程式 12-32

```
var loggerFactory = LoggerFactory.Create(
    builder => builder.AddConsole());
var logger = loggerFactory.CreateLogger<Program>();

logger.SayHello("HueiFeng");
```

透過 LoggerFactory 實例物件，先呼叫 CreateLogger<T> 擴充方法建立一個 ILogger 物件，再呼叫 SayHello 擴充方法。主控台日誌的輸出結果如圖 12-12 所示。

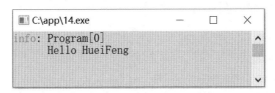

▲ 圖 12-12 主控台日誌的輸出結果

12.2 | 偵錯日誌

在 .NET 日誌系統中,還提供了偵錯器 Debug 輸出的方式。採用這種方式有利於開發人員將日誌輸出到偵錯視窗中,但這種方式僅在 Debug 模式下生效。

12.2.1 偵錯日誌的輸出

下面以主控台專案為例詳細説明。如程式 12-33 所示,建立 ServiceCollection 物件,首先呼叫 AddLogging 擴充方法註冊日誌服務,然後利用 Action<ILoggingBuilder> 物件呼叫 AddConsole 擴充方法註冊 ConsoleLoggerProvider 物件(非必需呼叫,該呼叫的主要目的是開啟主控台日誌輸出),並呼叫 AddDebug 擴充方法註冊 DebugLoggerProvider 物件,最後呼叫 SetMinimumLevel 擴充方法將最低日誌等級設定為 LogLevel. Trace。首先呼叫 BuildServiceProvider 擴充方法傳回 ServiceProvider 物件,然後呼叫 GetRequiredService<T> 擴充方法獲取對應的服務實例,最後呼叫 CreateLogger<T> 擴充方法建立 ILogger 物件。

▼ 程式 12-33

```
var logger = new ServiceCollection()
    .AddLogging(builder =>
        builder.AddConsole()
            .AddDebug()
            .SetMinimumLevel(LogLevel.Trace))
    .BuildServiceProvider()
    .GetRequiredService<ILoggerFactory>()
    .CreateLogger<Program>();

logger.LogTrace("Trace...");
logger.LogDebug("Debug...");
logger.LogInformation("Information...");
logger.LogWarning("Warning...");
logger.LogError("Error...");
logger.LogCritical("Critical...");
```

執行主控台專案，偵錯日誌的輸出結果如圖 12-13 所示，將內容輸出到偵錯視窗中。

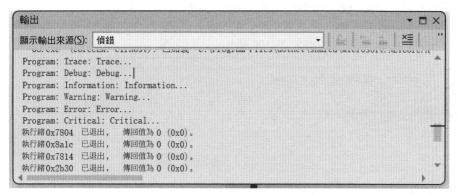

▲ 圖 12-13 偵錯日誌的輸出結果

12.2.2 偵錯日誌的設計與實作

如程式 12-34 所示，將日誌記錄輸出到偵錯視窗中（偵錯日誌的輸出結果如圖 12-14 所示）。

▼ 程式 12-34

```
System.Diagnostics.Debug.WriteLine("Hello,World!");
```

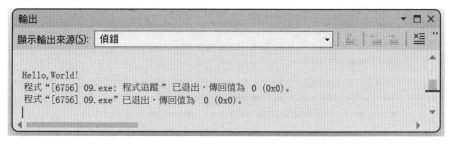

▲ 圖 12-14 偵錯日誌的輸出結果

程式 12-35 展 示 了 DebugLoggerProvider 類 別 的 定 義，該 類 別 標 註了 ProviderAlias 特 性，並 且 利 用 該 特 性 將 別 名 設 定 為 Debug，同 時 在CreateLogger 方法中建立一個 DebugLogger 實例物件。

▼ 程式 12-35

```
[ProviderAlias("Debug")]
public class DebugLoggerProvider : ILoggerProvider
{
    public ILogger CreateLogger(string name)
    {
        return new DebugLogger(name);
    }
    public void Dispose()
    {
    }
}
```

　　DebugLogger 實例物件繼承 ILogger 介面，對應偵錯視窗日誌的實作。程式 12-36 展示了 DebugLogger 類別的定義，在日誌字串被包裝後，可以透過呼叫 DebugWriteLine 方法記錄輸出日誌。

▼ 程式 12-36

```
internal sealed partial class DebugLogger : ILogger
{
    private readonly string _name;
    public DebugLogger(string name)
    {
        _name = name;
    }
    public IDisposable BeginScope<TState>(TState state)
        => NullScope.Instance;

    public bool IsEnabled(LogLevel logLevel)
        => Debugger.IsAttached && logLevel != LogLevel.None;

    public void Log<TState>(LogLevel logLevel, EventId eventId, TState state,
                    Exception exception, Func<TState, Exception, string> formatter)
    {
        if(!IsEnabled(logLevel))
        {
            return;
```

```
        }
        if(formatter == null)
        {
            throw new ArgumentNullException(nameof(formatter));
        }
        string message = formatter(state, exception);
        if(string.IsNullOrEmpty(message))
        {
            return;
        }
        message = $"{ logLevel }: {message}";
        if(exception != null)
        {
            message += Environment.NewLine + Environment.NewLine + exception;
        }
        DebugWriteLine(message, _name);
    }
}
```

如程式 12-37 所示，在 DebugWriteLine 方法中呼叫了 System.Diagnostics. Debug.WriteLine 方法，用於將日誌記錄輸出到偵錯視窗中。對 DebugWriteLine 方法而言，可以選擇複製到專案中，查看其輸出情況，日誌框架的「偵錯日誌模組」背後是 System.Diagnostics.Debug. WriteLine 方法輸出的。

▼ 程式 12-37

```
internal sealed partial class DebugLogger
{
    private void DebugWriteLine(string message, string name)
    {
        System.Diagnostics.Debug.WriteLine(message, category: name);
    }
}
```

AddDebug 是偵錯日誌核心服務註冊的方法，如程式 12-38 所示，在該方法中註冊了 ILoggerProvider 服務，對應的實作類別是 DebugLogger Provider。

▼ 程式 12-38

```
public static class DebugLoggerFactoryExtensions
{
    public static ILoggingBuilder AddDebug(this ILoggingBuilder builder)
    {
        builder.Services.TryAddEnumerable(ServiceDescriptor.Singleton
                                          <ILoggerProvider, DebugLoggerProvider>());
        return builder;
    }
}
```

12.3 │ 事件日誌

在日誌模組中，還提供了 Windows 事件日誌的記錄，並且被定義在「Microsoft.Extensions.Logging.EventLog」NuGet 套件中。

12.3.1 事件日誌的輸出

以主控台專案為例，先引入「Microsoft.Extensions.Logging.EventLog」NuGet 套件，如程式 12-39 所示，建立 ServiceCollection 物件，先呼叫 AddLogging 擴充方法註冊日誌服務，再利用 Action<ILoggingBuilder> 物件呼叫 AddEventLog 擴充方法註冊 EventLogLoggerProvider 物件。先呼叫 BuildServiceProvider 擴充方法傳回 ServiceProvider 物件，再呼叫 GetRequiredService <T> 擴充方法獲取對應的服務實例，最後呼叫 CreateLogger<T> 擴充方法建立一個 ILogger 物件。

▼ 程式 12-39

```
var logger = new ServiceCollection()
    .AddLogging(builder =>
        builder
            .AddEventLog())
    .BuildServiceProvider()
    .GetRequiredService<ILoggerFactory>()
```

```
    .CreateLogger<Program>();

logger.LogInformation("Information...");
logger.LogWarning("Warning...");
logger.LogError("Error...");
```

如圖 12-15 所示，執行主控台專案，開啟「事件檢視器」視窗，查看事件日誌的輸出結果。

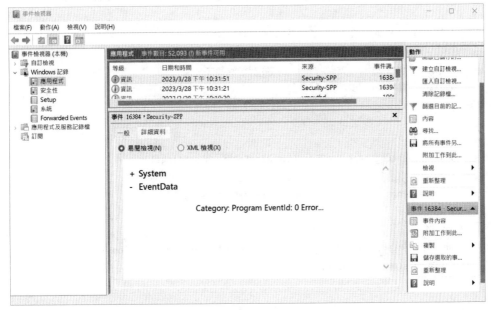

▲ 圖 12-15　事件日誌的輸出結果

12.3.2　事件日誌的設計與實作

程式 12-40 展示了事件日誌內部的實作，最終透過 EventLog 物件將日誌輸出到「事件檢視器」視窗中。

▼ 程式 12-40

```
var eventLog = new EventLog();
eventLog.Source = "MySource";
eventLog.WriteEntry("Test EventLog");
```

程式 12-41 展示了 EventLogLoggerProvider 類別的定義，該類別標註了 ProviderAlias 特性，並且利用該特性將別名設定為 EventLog。另外，在 CreateLogger 方法中建立一個 EventLogLogger 實例物件，用於事件日誌的記錄。

▼ 程式 12-41

```
[ProviderAlias("EventLog")]
public class EventLogLoggerProvider : ILoggerProvider, ISupportExternalScope
{
    internal readonly EventLogSettings _settings;

    private IExternalScopeProvider _scopeProvider;
    public EventLogLoggerProvider()
                            : this(settings: null)
    {
    }
    public EventLogLoggerProvider(EventLogSettings settings)
    {
        _settings = settings ?? new EventLogSettings();
    }

    public EventLogLoggerProvider(IOptions<EventLogSettings> options)
        : this(options.Value)
    {
    }

    public ILogger CreateLogger(string name)
    =>  new EventLogLogger(name, _settings, _scopeProvider);

    public void Dispose()
    {
        if(_settings.EventLog is WindowsEventLog windowsEventLog)
        {
#if NETSTANDARD
            Debug.Assert(RuntimeInformation.IsOSPlatform(OSPlatform. Windows));
#endif
            windowsEventLog.DiagnosticsEventLog.Dispose();
        }
```

```
    }

    public void SetScopeProvider(IExternalScopeProvider scopeProvider)
    {
        _scopeProvider = scopeProvider;
    }
}
```

如 程 式 12-42 所 示，EventLogLogger 類 別 繼 承 ILogger 介 面，在 該
實作類別中，筆者簡化了類別的實作，保留了一些關鍵性資訊。首先呼叫
Log<TState> 方法，在方法內部對日誌字串進行包裝，然後呼叫 WriteMessage
方法進行日誌的輸出。

▼ 程式 12-42

```
internal sealed class EventLogLogger : ILogger
{
    private readonly string _name;
    private readonly EventLogSettings _settings;
    private readonly IExternalScopeProvider _externalScopeProvider;
    private const string ContinuationString = "...";
    private readonly int _beginOrEndMessageSegmentSize;
    private readonly int _intermediateMessageSegmentSize;

    public EventLogLogger(string name,
                          EventLogSettings settings,
                          IExternalScopeProvider externalScopeProvider);

    public IEventLog EventLog { get; }
    public IDisposable BeginScope<TState>(TState state)
                                => _externalScopeProvider?.Push(state);

    public bool IsEnabled(LogLevel logLevel)
        => logLevel != LogLevel.None &&
                    (_settings.Filter == null || _settings.Filter(_name, logLevel));

    public void Log<TState>(LogLevel logLevel, EventId eventId, TState state,
        Exception exception, Func<TState, Exception, string> formatter)
```

12 日誌

```
    {
        if (!IsEnabled(logLevel)) return;
        string message = formatter(state, exception);
        if (string.IsNullOrEmpty(message)) return;
        StringBuilder builder =
            new StringBuilder().Append("Category: ").AppendLine(_name)
                .Append("EventId: ").Append(eventId.Id).AppendLine();
        ...
        builder.AppendLine().AppendLine(message);
        WriteMessage(builder.ToString(),
                    GetEventLogEntryType(logLevel),
                        EventLog.DefaultEventId ?? eventId.Id);
    }
    private void WriteMessage(string message,
                                EventLogEntryType eventLogEntryType, int eventId)
    {
        int startIndex = 0;
        string messageSegment = null;
        while(true)
        {
            ...
            EventLog.WriteEntry(messageSegment,
                                    eventLogEntryType, eventId, category: 0);
        }
    }
    private EventLogEntryType GetEventLogEntryType(LogLevel level)
    {
        //...
    }
}
```

　　如程式 12-43 所示，EventLogLogger 抽象了 IEventLog 介面，在 IEventLog 介面中定義的 WriteEntry 方法用於日誌的寫入，定義的 DefaultEventId 屬性和 MaxMessageSize 屬性分別表示預設的事件 ID（eventID）和日誌訊息文字長度的最大限制。

12-40

▼ 程式 12-43

```
internal interface IEventLog
{
    int? DefaultEventId { get; }
    int MaxMessageSize { get; }
    void WriteEntry(string message,
                            EventLogEntryType type, int eventID, short category);
}
```

如程式 12-44 所示，在 WindowsEventLog 類別中實作了 IEventLog 介面，在該類別的建構函式中透過指定的參數 logName、machineName 和 sourceName 來建立 EventLog 實例物件，在 WriteEntry 方法中呼叫了 EventLog 實例物件的 WriteEvent 方法，透過呼叫該方法可以將日誌記錄到 Windows 事件中。需要注意的是，WindowsEventLog 物件實作了 IEventLog 介面的 MaxMessageSize 屬性，並且定義了一個 int 類型的常數，預設值為 31839，也就是説，日誌訊息文字不能超過該長度。

▼ 程式 12-44

```
[SupportedOSPlatform("windows")]
internal sealed class WindowsEventLog : IEventLog
{
    private const int MaximumMessageSize = 31839;
    private bool _enabled = true;
    public WindowsEventLog(string logName, string machineName, string sourceName)
    {
        DiagnosticsEventLog = new System.Diagnostics.EventLog(
                                            logName, machineName, sourceName);
    }
    public System.Diagnostics.EventLog DiagnosticsEventLog { get; }
    public int MaxMessageSize => MaximumMessageSize;
    public int? DefaultEventId { get; set; }
    public void WriteEntry(string message, EventLogEntryType type,
                                            int eventID, short category)
    {
        try
```

```
        {
            if(_enabled)
            {
                DiagnosticsEventLog.WriteEvent(
                            new EventInstance(eventID, category, type), message);
            }
        }
        catch(SecurityException sx)
        {
            _enabled = false;
            try
            {
                using(var backupLog = new System.Diagnostics.EventLog(
                                    "Application", ".", "Application"))
                {
                    backupLog.WriteEvent(new EventInstance(
                            instanceId: 0, categoryId: 0, EventLogEntryType.Error),
                        $"Unable to log .NET application events. {sx. Message}");
                }
            }
            catch(Exception)
            {
            }
        }
    }
}
```

如程式 12-45 所示，在 EventLoggerFactoryExtensions 類別中定義的 3 個擴充方法用於註冊事件日誌核心物件。

▼ 程式 12-45

```
public static class EventLoggerFactoryExtensions
{
    public static ILoggingBuilder AddEventLog(this ILoggingBuilder builder)
    {
        builder.Services.TryAddEnumerable(ServiceDescriptor.Singleton
                                    <ILoggerProvider, EventLogLoggerProvider>());
        return builder;
```

```
    }

    public static ILoggingBuilder AddEventLog(this ILoggingBuilder builder,
                                               EventLogSettings settings)
    {
        builder.Services.TryAddEnumerable(ServiceDescriptor.Singleton
                        <ILoggerProvider>(new EventLogLoggerProvider(settings)));
        return builder;
    }

    public static ILoggingBuilder AddEventLog(this ILoggingBuilder builder,
                                               Action<EventLogSettings> configure)
    {
        builder.AddEventLog();
        builder.Services.Configure(configure);
        return builder;
    }
}
```

12.4 | EventSource 日誌

EventSource 採用訂閱發佈的設計模式，事件日誌開發人員可以透過 EventListener 物件來訂閱感興趣的日誌事件，EventSource 日誌模組被定義在「Microsoft.Extensions.Logging.EventSource」NuGet 套件中。

12.4.1 EventSource 日誌的輸出

筆者以主控台專案為例詳細說明。先引入「Microsoft.Extensions.Logging. EventSource」NuGet 套件，如程式 12-46 所示，建立 ServiceCollection 物件，首先呼叫 AddLogging 擴充方法註冊日誌服務，然後利用 Action<ILogging Builder> 物件呼叫 AddEventSourceLogger 擴充方法註冊 EventSourceLogger Provider 物件。首先呼叫 BuildServiceProvider 擴充方法傳回 ServiceProvider 物件，然後呼叫 GetRequiredService<T> 擴充方法獲取對應的服務實例，最後呼叫 CreateLogger<T> 擴充方法建立一個 ILogger 物件。

▼ 程式 12-46

```
var logger = new ServiceCollection()
    .AddLogging(builder =>
        builder
            .AddEventSourceLogger())
    .BuildServiceProvider()
    .GetRequiredService<ILoggerFactory>()
    .CreateLogger<Program>();

logger.LogInformation("Information...");
logger.LogWarning("Warning...");
logger.LogError("Error...");
```

　　接下來利用 PerfView 查看寫入的事件（開啟 PerfView，選擇 Collect →
Run 命令，開啟如圖 12-16 所示的視窗）。透過 PerfView 啟動應用程式，並收
集執行時期的性能資料。

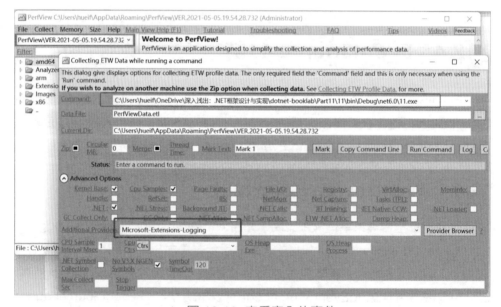

▲ 圖 12-16　查看寫入的事件

在 Command 文字標籤中輸入的是 .exe 應用程式的位址，在 Additional Providers 文 字 標 籤 中 輸 入 Microsoft-Extensions-Logging。 點 擊 Run Command 按鈕，啟動應用程式，產生的 ETW 相關的性能資料將被 PerfView 收集起來，收集的資料最終會被生成一個 .etl.zip 檔案，檔案路徑顯示在 Data File 文字標籤中。EventSource 日誌的輸出結果如圖 12-17 所示。

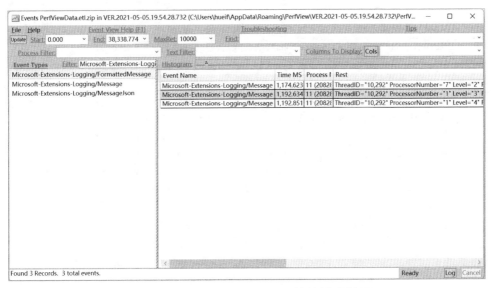

▲ 圖 12-17 EventSource 日誌的輸出結果

12.4.2 EventSource 日誌的設計與實作

如程式 12-47 所示，LoggingEventSource 類別實作了 EventSource 類別，透過 EventSource 特性標註 EventSource 日誌的名稱為 Microsoft-Extensions-Logging。

▼ 程式 12-47

```
[EventSource(Name = "Microsoft-Extensions-Logging")]
public sealed class LoggingEventSource : EventSource
{
    public static class Keywords
    {
```

```
        public const EventKeywords Meta = (EventKeywords)1;
        public const EventKeywords Message = (EventKeywords)2;
        public const EventKeywords FormattedMessage = (EventKeywords)4;
        public const EventKeywords JsonMessage = (EventKeywords)8;
    }
    Private LoggingEventSource() : base(
                             EventSourceSettings.EtwSelfDescribingEventFormat);


    [Event(1, Keywords = Keywords.FormattedMessage, Level = EventLevel. LogAlways)]
    internal unsafe void FormattedMessage(LogLevel Level, int FactoryID,
          string LoggerName, int EventId, string EventName, string FormattedMessage);


    [Event(2, Keywords = Keywords.Message, Level = EventLevel.LogAlways)]
    [DynamicDependency(DynamicallyAccessedMemberTypes.PublicProperties,
                             typeof(KeyValuePair<string, string>))]
    internal void Message(LogLevel Level, int FactoryID, string LoggerName,
                        int EventId, string EventName, ExceptionInfo Exception,
                        IEnumerable <KeyValuePair<string, string>> Arguments);
    [Event(5, Keywords = Keywords.JsonMessage, Level = EventLevel. LogAlways)]
    internal unsafe void MessageJson(LogLevel Level, int FactoryID,
            string LoggerName, int EventId, string EventName, string ExceptionJson,
                        string ArgumentsJson, string FormattedMessage);
}
```

如程式 12-48 所示，EventSourceLogger 類別實作了 ILogger 介面，並且利用 Log<TState> 方法輸出日誌。另外，在 Log<TState> 方法中會呼叫 LoggingEventSource 物件的方法（LoggingEventSource 物件主要提供 3 個日誌事件方法）。

▼ 程式 12-48

```
internal sealed class EventSourceLogger : ILogger
{
    public void Log<TState>(LogLevel logLevel, EventId eventId, TState state,
                    Exception exception, Func<TState, Exception, string> formatter)
    {
        if(!IsEnabled(logLevel))
        {
```

```
        return;
    }
    string message = null;
    if(_eventSource.IsEnabled(EventLevel.Critical,
                                LoggingEventSource.Keywords.FormattedMessage))
    {
        message = formatter(state, exception);
        _eventSource.FormattedMessage(logLevel, _factoryID,
                            CategoryName, eventId.Id, eventId.Name, message);
    }
    if(_eventSource.IsEnabled(EventLevel.Critical,
                                    LoggingEventSource.Keywords.Message))
    {
        ExceptionInfo exceptionInfo = GetExceptionInfo(exception);
        IReadOnlyList<KeyValuePair<string, string>> arguments =
                                                    GetProperties(state);
        _eventSource.Message(logLevel,_factoryID,CategoryName, eventId.Id,
                                eventId.Name, exceptionInfo, arguments);
    }
    if(_eventSource.IsEnabled(EventLevel.Critical,
                                    LoggingEventSource.Keywords.JsonMessage))
    {
        string exceptionJson = "{}";
        if(exception != null)
        {
            ExceptionInfo exceptionInfo = GetExceptionInfo(exception);
            KeyValuePair<string, string>[] exceptionInfoData = new[]
            {
                new KeyValuePair<string, string>(
                    "TypeName", exceptionInfo.TypeName),
                new KeyValuePair<string, string>(
                    "Message", exceptionInfo.Message),
                new KeyValuePair<string, string>(
                    "HResult", exceptionInfo.HResult.ToString()),
                new KeyValuePair<string, string>(
                    "VerboseMessage", exceptionInfo.VerboseMessage),
                };
            exceptionJson = ToJson(exceptionInfoData);
        }
```

```
        IReadOnlyList<KeyValuePair<string, string>> arguments =
            GetProperties(state);
        message ??= formatter(state, exception);
        _eventSource.MessageJson(logLevel, _factoryID, CategoryName, eventId.
                    Id,eventId.Name, exceptionJson, ToJson(arguments), message);
    }
  }
}
```

EventSourceLoggerProvider 類別實作了 ILoggerProvider 介面，如程式 12-49 所示，在實作的 CreateLogger 方法中會建立一個 EventSourceLogger 物件，之後利用 CreateLogger 擴充方法建立一個 ILogger 物件。

▼ 程式 12-49

```
[ProviderAlias("EventSource")]
public class EventSourceLoggerProvider : ILoggerProvider
{
    private static int _globalFactoryID;
    private readonly int _factoryID;

    private EventSourceLogger _loggers;
    private readonly LoggingEventSource _eventSource;

    public EventSourceLoggerProvider(LoggingEventSource eventSource)
    {
        _eventSource = eventSource;
        _factoryID = Interlocked.Increment(ref _globalFactoryID);
    }

    public ILogger CreateLogger(string categoryName)
    {
        return _loggers = new EventSourceLogger(
                                categoryName, _factoryID, _eventSource, _loggers);
    }

    public void Dispose()
    {
        for (EventSourceLogger logger = _loggers; logger != null; logger = logger.Next)
```

```
    {
        logger.Level = LogLevel.None;
    }
  }
}
```

如程式 12-50 所示，EventSourceLoggerProvider 物件的註冊被定義在 AddEventSourceLogger 擴充方法中，EventSource 日誌的核心物件都是透過該擴充方法註冊的。

▼ 程式 12-50

```
public static class EventSourceLoggerFactoryExtensions
{
    public static ILoggingBuilder AddEventSourceLogger(this ILoggingBuilder builder)
    {
        builder.Services.TryAddSingleton(LoggingEventSource.Instance);
        builder.Services.TryAddEnumerable(ServiceDescriptor.Singleton
                                  <ILoggerProvider, EventSourceLoggerProvider>());
        builder.Services.TryAddEnumerable(ServiceDescriptor
                .Singleton<IConfigureOptions<LoggerFilterOptions>,
                                        EventLogFiltersConfigureOptions>());
        builder.Services.TryAddEnumerable(ServiceDescriptor.Singleton
                                  <IOptionsChangeTokenSource<LoggerFilterOptions>,
                                  EventLogFiltersConfigureOptionsChangeSource>());
        return builder;
    }
}
```

12.5 | TraceSource 日誌

TraceSource 顧名思義是追蹤日誌，在預設情況下追蹤輸出會利用 DefaultTraceListener 物件，本節的程式直接採用 ConsoleTraceListener 物件輸出追蹤結果。在追蹤日誌的模組中定義了 TraceSourceLoggerProvider 物件，該物件實作了 ILoggerProvider 介面，追蹤日誌模組的程式被定義在「Microsoft. Extensions.Logging.TraceSource」NuGet 套件中。

12.5.1 TraceSource 日誌的輸出

建立一個主控台專案，並引入「Microsoft.Extensions.Logging.TraceSource」 NuGet 套件。如程式 12-51 所示，建立一個 ServiceCollection 物件，先呼叫 AddLogging 擴充方法註冊日誌服務，再利用 Action<ILoggingBuilder> 物件呼 叫 AddTraceSource 擴充方法註冊 TraceSourceLoggerProvider 物件，並且傳 入 SourceSwitch 物件和 ConsoleTraceListener 物件，SourceSwitch 物件用於 控制日誌輸出的等級，ConsoleTraceListener 物件用於將追蹤日誌輸出到主控台 中。接下來呼叫 BuildServiceProvider 擴充方法傳回 ServiceProvider 物件，呼叫 GetRequiredService<T> 擴充方法獲取對應的服務實例，呼叫 CreateLogger<T> 擴充方法建立一個 ILogger<T> 物件。

▼ 程式 12-51

```
var firstSwitch = new SourceSwitch("FirstSwitch")
{
    Level = SourceLevels.All
};
var logger = new ServiceCollection()
    .AddLogging(builder =>
        builder
            .AddTraceSource(firstSwitch, new ConsoleTraceListener()))
    .BuildServiceProvider()
    .GetRequiredService<ILoggerFactory>()
    .CreateLogger<Program>();
logger.LogInformation("Information...");
logger.LogWarning("Warning...");
logger.LogError("Error...");
```

利用 ILogger<T> 物件輸出日誌，如圖 12-18 所示，將結果輸出到主控台中。

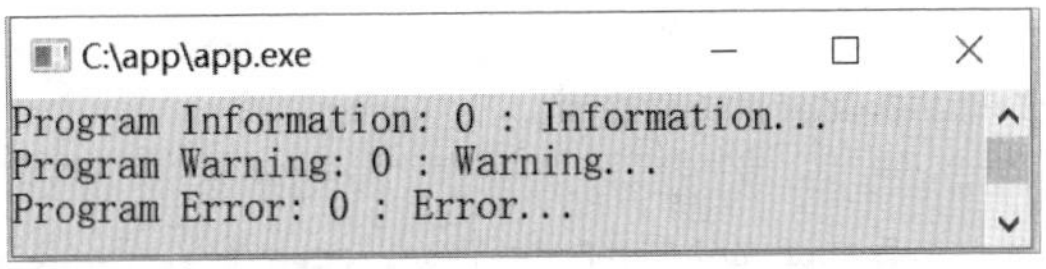

▲ 圖 12-18 將結果輸出到主控台中

12.5.2 TraceSource 日誌的設計與實作

　　TraceSourceLogger 類別實作了 ILogger 介面，並利用 Log<TState> 方法輸出日誌。在 Log<TState> 方法中會呼叫 TraceSource 物件的 TraceEvent 方法寫入日誌訊息，如程式 12-52 所示。

▼ 程式 12-52

```
internal sealed class TraceSourceLogger : ILogger
{
    private readonly DiagnosticsTraceSource _traceSource;
    public TraceSourceLogger(DiagnosticsTraceSource traceSource);

    public void Log<TState>(LogLevel logLevel, EventId eventId, TState state,
                    Exception exception, Func<TState, Exception, string> formatter)
    {
        if(!IsEnabled(logLevel))
            return;
        string message = string.Empty;
        if(formatter != null)
        {
            message = formatter(state, exception);
        }
        else if(state != null)
        {
            message += state;
        }
        if(exception != null)
        {
            string exceptionDelimiter = string.IsNullOrEmpty(message)
                                                        ? string.Empty : " ";
            message += exceptionDelimiter + exception;
```

```
        }
        if(!string.IsNullOrEmpty(message))
        {
            _traceSource.TraceEvent(GetEventType(logLevel), eventId.Id, message);
        }
    }

    public bool IsEnabled(LogLevel logLevel)
    {
        if(logLevel == LogLevel.None)
            return false;
        TraceEventType traceEventType = GetEventType(logLevel);
        return _traceSource.Switch.ShouldTrace(traceEventType);
    }

    private static TraceEventType GetEventType(LogLevel logLevel);
    public IDisposable BeginScope<TState>(TState state)
    {
        return new TraceSourceScope(state);
    }
}
```

TraceSourceLoggerProvider 類別實作了 ILoggerProvider 介面，如程式 12-53 所示，在實作的 CreateLogger 方法中建立一個 TraceSourceLogger 物件，不難看出它會根據指定的名稱將建立的 TraceSource 物件快取起來，所以，當呼叫時會根據一個指定的名稱到快取中查詢是否存在，如果存在則直接傳回快取中的 TraceSource 物件，如果不存在則根據指定的名稱建立一個 TraceSourceLogger 物件。

▼ 程式 12-53

```
[ProviderAlias("TraceSource")]
public class TraceSourceLoggerProvider : ILoggerProvider
{
    private readonly SourceSwitch _rootSourceSwitch;
    private readonly TraceListener _rootTraceListener;
```

```csharp
private readonly ConcurrentDictionary<string, DiagnosticsTraceSource>
    _sources = new ConcurrentDictionary<string, DiagnosticsTraceSource> (
                                        StringComparer. OrdinalIgnoreCase);


public TraceSourceLoggerProvider(SourceSwitch rootSourceSwitch)
                                    : this(rootSourceSwitch, null);


public TraceSourceLoggerProvider(SourceSwitch rootSourceSwitch, TraceListener
                                                    rootTraceListener);


public ILogger CreateLogger(string name)
  => new TraceSourceLogger(GetOrAddTraceSource(name));


private DiagnosticsTraceSource GetOrAddTraceSource(string name)
    => _sources.GetOrAdd(name, InitializeTraceSource);


private DiagnosticsTraceSource InitializeTraceSource(string traceSourceName)
{
    var traceSource = new DiagnosticsTraceSource(traceSourceName);
    string parentSourceName = ParentSourceName(traceSourceName);
    if(string.IsNullOrEmpty(parentSourceName))
    {
        if(HasDefaultSwitch(traceSource))
        {
            traceSource.Switch = _rootSourceSwitch;
        }

        if(_rootTraceListener != null)
        {
            traceSource.Listeners.Add(_rootTraceListener);
        }
    }
    else
    {
        if(HasDefaultListeners(traceSource))
        {
            DiagnosticsTraceSource parentTraceSource =
                                        GetOrAddTraceSource (parentSourceName);
```

```
            traceSource.Listeners.Clear();
            traceSource.Listeners.AddRange(parentTraceSource.Listeners);
        }
        if(HasDefaultSwitch(traceSource))
        {
            DiagnosticsTraceSource parentTraceSource =
                                GetOrAddTraceSource (parentSourceName);
            traceSource.Switch = parentTraceSource.Switch;
        }
    }
    return traceSource;
}
}
```

如 程 式 12-54 所 示，TraceSourceFactoryExtensions 類 別 中 提 供 了 AddTraceSource 擴充方法，開發人員可以呼叫 AddTraceSource 方法註冊 TraceSource 的核心物件。

▼ 程式 12-54

```
public static class TraceSourceFactoryExtensions
{
    public static ILoggingBuilder AddTraceSource(
        this ILoggingBuilder builder, string switchName)
            => builder.AddTraceSource(new SourceSwitch(switchName));

    public static ILoggingBuilder AddTraceSource(
        this ILoggingBuilder builder, string switchName,
        TraceListener listener)
          => builder.AddTraceSource(new SourceSwitch(switchName), listener);

    public static ILoggingBuilder AddTraceSource(
        this ILoggingBuilder builder, SourceSwitch sourceSwitch)
    {
        builder.Services.AddSingleton<ILoggerProvider>(_
                                => new TraceSourceLoggerProvider(sourceSwitch));
        return builder;
    }
    public static ILoggingBuilder AddTraceSource(
```

```
        this ILoggingBuilder builder,
        SourceSwitch sourceSwitch, TraceListener listener)
    {
        builder.Services.AddSingleton<ILoggerProvider>(_
                        => new TraceSourceLoggerProvider(sourceSwitch, listener));
        return builder;
    }
}
```

12.6 | DiagnosticSource 日誌

DiagnosticSource 採用觀察者模式設計日誌模組，並且將日誌寫入 DiagnosticSource 中，會被訂閱者消費。DiagnosticSource 只是一個抽象類別，定義了事件所需的方法，主要核心物件是 DiagnosticListener，而每個 DiagnosticListener 物件都具備一個獨立的名稱標識。DiagnosticListener 物件充當發行者角色，透過 Write 方法向 DiagnosticSource 發佈日誌，同時使用 Subscribe 方法設定訂閱者來消費 DiagnosticSource 中的日誌。

12.6.1 DiagnosticSource 日誌的輸出

筆者以主控台專案為例，利用 DiagnosticListener 物件的 AllListeners 屬性儲存當前處理程序建立的所有 IObservable<DiagnosticListener> 訂閱者物件，如程式 12-55 所示，透過呼叫 Subscribe 方法將 IObservable<DiagnosticListener> 物件以訂閱者的形式註冊到 AllListeners 屬性上。先建立一個 DiagnosticListener 物件，並將其命名為 App，再透過 DiagnosticSource 物件的 IsEnabled 方法判斷指定的訂閱者是否存在，如果存在，那麼呼叫該物件的 Write 方法發送一個名為 App.Log 的日誌事件。

▼ 程式 12-55

```
DiagnosticListener.AllListeners.Subscribe(new MyObserver());
var diagnosticSource = new DiagnosticListener("App.Log");
var name = "App.Log";
```

```
if (diagnosticSource.IsEnabled(name))
{
    diagnosticSource.Write(name, new { Name = "Mr.A", Age = "18" });
}
```

如程式 12-56 所示，訂閱訊息需要實作 IObserver 介面，定義一個名為 MyObserver 的物件，作為訂閱者的實作類別。在 OnNext 方法中透過 DiagnosticListener 物件的 Subscribe 方法訂閱指定的訂閱者進行消費，在該物件中會訂閱 OnNext (KeyValuePair<string,object?>value) 方法進行消費。

▼ 程式 12-56

```
public class MyObserver : IObserver<DiagnosticListener>,
IObserver<KeyValuePair<string, object?>>
{
    public void OnCompleted()
    {
    }

    public void OnError(Exception error)
    {
    }

    public void OnNext(KeyValuePair<string, object?> value)
    {
        Console.WriteLine($"{value.Key}:{value.Value}");
    }

    public void OnNext(DiagnosticListener value)
    {
        if (value.Name == "App.Log")
        {
            value.Subscribe(this);
        }
    }
}
```

如圖 12-19 所示,執行該專案,將結果輸出到主控台中。

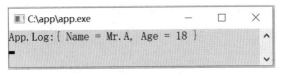

▲ 圖 12-19 輸出結果

如圖 12-19 所示,獲取到該資料後也需要對資料進行轉換,所以,是否有方法可以將資料直接定義為強類型呢?答案是有的,可以使用 DiagnosticName 特性設定訂閱者的名稱。如程式 12-57 所示,建立一個方法定義參數,用於接收參數的內容。

▼ 程式 12-57

```
public class MyDiagnosticListener
{
    [DiagnosticName("App.Log")]
    public void Log(string name, string age)
    {
        System.Console.WriteLine($"DiagnosticName:App.Log");
        System.Console.WriteLine($"Name:{name},Age:{age}");
    }
}
```

如程式 12-58 所示,修改 MyObserver 類別只需要定義一個簡單的格式即可。

▼ 程式 12-58

```
public class MyObserver : IObserver<DiagnosticListener>
{
    public void OnCompleted()
    {
    }

    public void OnError(Exception error)
    {
```

```
    }

    public void OnNext(DiagnosticListener value)
    {
    }
}
```

下面修改 Program 類別，如程式 12-59 所示，利用 SubscribeWithAdapter
擴充方法註冊訂閱者物件即可。

▼ 程式 12-59

```
var diagnosticListener = new DiagnosticListener("App");
DiagnosticSource diagnosticSource = diagnosticListener;
diagnosticListener.SubscribeWithAdapter(new MyDiagnosticListener());
var name = "App.Log";
if (diagnosticSource.IsEnabled(name))
{
    diagnosticSource.Write(name, new { Name = "Mr.A", Age = "18" });
}
```

12.6.2 DiagnosticSource 日誌的設計與實作

DiagnosticSource 日誌透過標準化的資訊向應用程式傳達內部的「訊息」，
並且採用事件的訂閱發佈模式。

如程式 12-60 所示，定義了兩個介面，分別表示該模式中的訂閱者和發行
者。在 IObservable<T> 介面中定義了一個名為 Subscribe 的方法，用於註冊
訂閱者；在 IObserver<T> 介面中定義了 3 個方法，OnNext 表示事件回呼方法，
在觀察者接收到通知後進行相關操作，OnCompleted 表示事件結束後呼叫的方
法，OnError 表示事件例外呼叫的方法。

▼ 程式 12-60

```
public interface IObserver<in T>
{
    void OnNext(T value);
```

```
    void OnError(Exception error);
    void OnCompleted();
}

public interface IObservable<out T>
{
    IDisposable Subscribe(IObserver<T> observer);
}
```

DiagnosticSource 是 DiagnosticListener 的基礎類別,如程式 12-61 所示,DiagnosticSource 為日誌事件的抽象類別,用於定義事件日誌的基本操作,此處定義了 IsEnabled 方法和 Write 方法。

▼ 程式 12-61

```
public abstract partial class DiagnosticSource
{
    public abstract void Write(string name, object? value);

    public abstract bool IsEnabled(string name);

    public virtual bool IsEnabled(string name, object? arg1, object? arg2 = null)
    {
        return IsEnabled(name);
    }
}
```

如程式 12-62 所示,DiagnosticListener 類別定義的 Write 方法用來發送日誌事件,同時定義 3 個 Subscribe 方法用於註冊訂閱者,定義 IsEnabled 方法用於判斷指定名稱的訂閱者是否存在。

▼ 程式 12-62

```
public partial class DiagnosticListener : DiagnosticSource,
    IObservable<KeyValuePair<string, object?>>, IDisposable
{
    public static IObservable<DiagnosticListener> AllListeners;
```

```
public virtual IDisposable Subscribe(
    IObserver<KeyValuePair<string, object?>> observer,
                                        Predicate<string>? isEnabled);
public virtual IDisposable Subscribe(
    IObserver<KeyValuePair<string, object?>> observer,
                            Func<string, object?, object?, bool>? isEnabled);
public virtual IDisposable Subscribe(
                            IObserver<KeyValuePair<string, object?>> observer)
    => SubscribeInternal(observer, null, null, null, null);

public bool IsEnabled();
public override bool IsEnabled(string name);
public override bool IsEnabled(string name, object? arg1, object? arg2 = null);

public override void Write(string name, object? value);
public virtual void Dispose();

public string Name { get; private set; }
public override string ToString()
{
    return Name ?? string.Empty;
}
}
```

使用 DiagnosticNameAttribute 特性有助於開發人員完成一個強類型的訂閱者，該特性的定義如程式 12-63 所示。

▼ 程式 12-63

```
public class DiagnosticNameAttribute : Attribute
{
    public DiagnosticNameAttribute(string name);
    public string Name { get; }
}
```

如程式 12-64 所示，DiagnosticListenerExtensions 類別定義了 Subscribe
WithAdapter 方法，該方法用於註冊帶有 DiagnosticNameAttribute 特性的類
別，可以註冊一個或多個訂閱事件。

▼ 程式 12-64

```
public static class DiagnosticListenerExtensions
{
    public static IDisposable (this DiagnosticListener diagnostic, object target)
    {
        var adapter = new DiagnosticSourceAdapter(target);
        return diagnostic.Subscribe(adapter, (Predicate<string>)adapter. IsEnabled);
    }

    public static IDisposable SubscribeWithAdapter(
        this DiagnosticListener diagnostic, object target,
        Func<string, bool> isEnabled)
    {
        var adapter = new DiagnosticSourceAdapter(target, isEnabled);
        return diagnostic.Subscribe(adapter, (Predicate<string>)adapter. IsEnabled);
    }

    public static IDisposable SubscribeWithAdapter(
        this DiagnosticListener diagnostic,object target,
        Func<string, object, object, bool> isEnabled)
    {
        var adapter = new DiagnosticSourceAdapter(target, isEnabled);
        return diagnostic.Subscribe(adapter,
                          (Func<string, object, object,bool>)adapter.IsEnabled);
    }
}
```

12.7 │ 小結

日誌不僅方便開發人員排除和定位問題，還是記錄一些關鍵資訊的一種手段。本章詳細介紹了日誌相關的基礎知識，可以透過 .NET 提供的多種日誌實作更豐富的應用功能。

第**13**章

多執行緒與工作平行

　　對當今的 .NET 技術而言，非同步已經成為 .NET 技術系統中多執行緒的代名詞，但由於多執行緒的概念非常重要，因此本章將對該話題進行深入探討。目前，執行緒是最基礎的技術點，而多執行緒機制是 .NET 框架最核心的功能之一。充分利用多執行緒機制，可以極大地提高程式輸送量，帶來更高的應用性能。本章先說明多執行緒的多個細節，包括執行緒的概念、執行緒的使用方式，以及執行緒管理等，再介紹基於工作的非同步程式設計，讓讀者深刻理解非同步工作。

13.1 | 執行緒簡介

13.1.1 執行緒的概念

在作業系統中,處理程序(Process)是資源分配的基本單位,而執行緒(Thread)是運算排程的基本單位。當作業系統建立處理程序後,便會插入執行緒用於執行處理程序中的程式。建立處理程序後由作業系統啟動第一個執行緒(即處理程序的主執行緒),而應用程式亦可自行建立多個執行緒,主執行緒的生命週期與應用程式的生命週期一致。如果主執行緒結束,則處理程序會退出,被作業系統銷毀。作業系統在建立處理程序時,會為處理程序分配虛擬記憶體等資源,處理程序中的多個執行緒共用處理程序所擁有的資源、環境。

如果使用 C 語言開發應用程式,在 UNIX 作業系統下則可以使用 Posix 中的 pthread.h 來建立執行緒,而在 Windows 作業系統下則可以使用 processthreadsapi.h。透過這種系統的介面建立的執行緒一般稱為系統執行緒或原生執行緒。如圖 13-1 所示,在 Windows 工作管理員中可以查看系統的執行緒數量。

使用率　　速度
2%　　3.67 GHz

處理程序　　執行緒　　控制代碼
230　　4060　　154043

運作時間
4:02:02:18

▲ 圖 13-1 Windows 工作管理員

在 .NET 中,可以使用 Thread 類別建立一個執行緒物件,建立執行緒物件後,CLR 會做一些初始工作,如設定預設狀態、優先順序等。當呼叫 Start 方法時,CLR 才會真正建立一個系統執行緒,因此,.NET 中的執行緒與系統執行緒是一一對應的。透過 .NET 建立的執行緒和使用其他方式建立但會進入 .NET 託管環境的執行緒稱為託管執行緒。當使用託管執行緒時,開發人員不必關注如何管理系統執行緒，.NET 透過一系列介面，隱藏了 UNIX 作業系統和 Windows 作業系統的介面的差異，開發人員也不需要關注執行緒堆疊記憶體的分配和回收。

通常來說，開發人員學習一門新語言，會從 Hello World 應用程式開始。Hello World 應用程式是順序型的，也就是說，在這個過程中它具備一個開始和一個結束。

圖 13-2 所示為單執行緒執行圖，執行緒類似於描述的順序程式，單執行緒有一個開始、一個結束和一個執行點。執行緒本身不是程式，不能獨立執行，需要在程式內執行。處理程序相當於執行緒的容器。

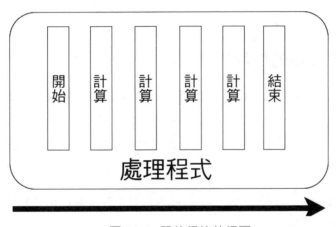

▲ 圖 13-2　單執行緒執行圖

上面介紹的是單執行緒的相關內容。但單執行緒不是最主要的，真正吸引我們的是使用多個執行緒同時執行，並在單一程式中執行不同的工作。圖 13-3 所示為多執行緒執行圖。

多執行緒的功能很多，如可以對 UI 進行繪製，利用工作執行緒可以對一些工作進行計算，進而分開執行這些工作。

處理程序是作業系統分配資源的基本單位，而執行緒具有和處理程序類似的各種狀態，因此，在一些地方執行緒被稱為輕量級處理程序。執行緒與處理程序相似，兩者都有一個連續的控制流。在一些地方執行緒被認為是輕量級的，因為它執行在應用程式的上下文中，並利用為該程式和程式環境分配的資源。

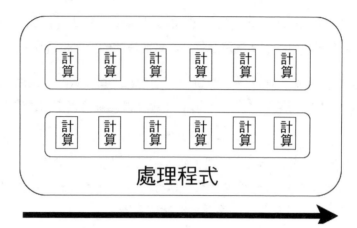

▲ 圖 13-3 多執行緒執行圖

13.1.2 執行緒的使用方式

作業系統中提供的執行緒的各種非託管 API 用來建立和管理執行緒,而在 .NET 中封裝了這些非託管執行緒。在 System.Threading 命名空間中定義了一個名為 Thread 的類別,表示託管執行緒,可以透過對這個類別的引用輕鬆地進行執行緒的建立與管理工作。

如程式 13-1 所示,Thread 類別的建構函式有 4 個,可以透過這 4 個函式建立一個新的執行緒。

▼ 程式 13-1

```
public Thread(ParameterizedThreadStart start)
public Thread(ParameterizedThreadStart start, int maxStackSize)
public Thread(ThreadStart start)
public Thread(ThreadStart start, int maxStackSize)
```

如程式 13-2 所示,在主控台實例中,利用多執行緒可以平行地從網路中下載網頁檔案。

▼ 程式 13-2

```csharp
Console.WriteLine(" 輸入一行位址，按 Enter 鍵進行下載 ");
while (true)
{
    var url = Console.ReadLine();
    Uri uri = new Uri(url);
    new Thread(() =>
    {
        Request(uri);
    }).Start();
}

static void Request(Uri uri)
{
    using HttpClient client = new HttpClient();
    HttpResponseMessage response;
    try
    {
        response = client.GetAsync(uri).Result;
        var content = response.Content.ReadAsByteArrayAsync().Result;
        if(content != null)
        {
            using var fileStream = File.Create(
                            $"./{DateTime.Now.ToString("yyyyMMdd-HHmmssff")}.html");
            fileStream.Write(content);
            fileStream.Flush();
        }
        Console.WriteLine($"{uri} 下載工作成功 ");
    }
    catch(Exception ex)
    {
        Console.WriteLine($"{uri} 下載工作失敗，錯誤：{ex}");
    }
}
```

程式啟動後，輸入多行位址，輸出結果如下。

```
輸入一行位址，按 Enter 鍵進行下載
https://www.******.com
https://www.******.com
https://www.******.com
https://www.******.com/ 下載工作成功
https://www.******.com/ 下載工作成功
https://www.******.com/ 下載工作成功
```

由此可知，使用多執行緒可以平行地執行多個工作，而多個執行緒之間不會相互干擾。透過多執行緒同時執行工作，程式能夠更快地完成工作。

為了使程式可以在不同的上下文中執行，需要實例化一個 Thread 物件。Thread 類別接收一個參數需要設定為 ThreadStart 類型或 ParameterizedThreadStart 類型的委託標識要執行的程式，Thread 類別被定義在 System.Threading 命名空間中。實例化後可以呼叫 thread.Start 方法來啟動該執行緒。Thread 類別提供了 Join 方法，可以透過 Join 方法讓子執行緒開始執行，主執行緒暫停執行，等待子執行緒執行完後，主執行緒再往下執行。呼叫 Join 方法使一個執行緒等待另一個執行緒，當子執行緒執行完畢，主執行緒才獲取到執行權，開始執行。

程式 13-3 所示，透過 lambda 運算式來簡寫。

▼ 程式 13-3

```
static void Main()
{
    Thread t = new Thread(() => Console.WriteLine("Hello!"));
    t.Start();
}
```

13.1.3 執行緒管理

- IsAlive：判斷當前執行緒是否處於活動狀態。活動狀態是指執行緒已經啟動且尚未終止。如果執行緒處於正在執行或準備開始執行的狀態，則認為執行緒是「存活」的。

- IsBackground：應用程式的主執行緒及透過 Thread 物件建立的執行緒預設為前臺執行緒。在處理程序中只要前臺執行緒不退出，處理程序就不會終止，因為主執行緒是前臺執行緒，所以無論背景執行緒是否退出，都不會影響處理程序。但是如果前臺執行緒退出，處理程序就會自動終止。開發人員可以透過 Thread 物件將 IsBackground 屬性設定為 true，進而將執行緒標記為背景執行緒。背景執行緒不會阻止處理程序的終止操作，但是處理程序的前臺執行緒終止後，該處理程序也會終止。

- Priority：獲取或設定執行緒排程的優先順序。Priority 屬性為 ThreadPriority 列舉類型（見表 13-1），優先順序的預設值為 Normal，優先順序較高的執行緒優先執行，當執行完畢，才會執行優先順序較低的執行緒。如果執行緒的優先順序相同，則採取循序執行的方式。

- ThreadState：獲取當前執行緒的狀態，初值為 Unstarted。ThreadState 是一個列舉類型。ThreadState 屬性比 IsAlive 屬性更具體一些。

- Sleep：暫停當前執行緒的執行，使當前執行緒進入休眠狀態，直到被重新喚醒。暫停時間透過 Sleep 方法的參數進行設定，單位為毫秒。其實，Sleep 方法還有一些其他用處，就是將執行緒剩下的時間切片送給其他執行緒，直到休眠結束，休眠的執行緒將繼續執行。

▼ 表 13-1 ThreadPriority 類別的屬性

屬性	值	說明
AboveNormal	3	在 Highest 優先順序之後，在 Normal 優先順序之前
BelowNormal	1	在 Normal 優先順序之後，在 Lowest 優先順序之前
Highest	4	最高優先順序，在任何優先順序之前
Lowest	0	最低優先順序，在任何優先順序之後
Normal	2	預設優先順序，在 AboveNormal 優先順序之後，在 BelowNormal 優先順序之前

13.1.4　執行緒池

　　執行緒池（Thread Pool）是一種執行緒使用的模式。雖然執行緒是一種比較缺乏的資源，但執行緒過多也會帶來一定的銷耗，包括建立銷毀執行緒的銷耗、排程執行緒的銷耗等。為了解決資源分配問題，執行緒池採用了池化（Pooling）思想，基礎類別庫中提供了執行緒池，透過統一地進行管理和排程，可以合理地分配內部資源，解決資源不足的問題，根據作業系統當前的情況調整執行緒的數量。如程式 13-4 所示，以主控台專案為例，建立一個 for 迴圈，同時將一個名為 DoWork 的方法放在執行緒池中排隊，透過該方法列印並輸出執行緒資訊。

▼ 程式 13-4

```
for(int i = 0; i < 20; i++)
{
    ThreadPool.QueueUserWorkItem(state => DoWork());
}

static void DoWork()
{
    Console.WriteLine(
        $"ThreadId: {Thread.CurrentThread.ManagedThreadId},
        ThreadPoolThread: {Thread.CurrentThread.IsThreadPoolThread},
        Background: {Thread.CurrentThread.IsBackground}");
}
```

注意：託管執行緒池中的執行緒是背景執行緒，也就是說，它的 IsBackground 屬性為 true，這意味著，在所有前臺執行緒退出後，ThreadPool 執行緒也會因此退出。

　　圖 13-4 所示為執行緒資訊的輸出結果。

　　呼叫 ThreadPool 物件的 QueueUserWorkItem 方法，該方法將一個 WaitCallback 類型的委託作為回呼方法，在 WaitCallback 中有一個 object 類型的委託。透過 QueueUserWorkItem 方法將工作加到佇列中，並在 DoWork

方法中列印執行緒 ID、是否是背景執行緒，以及該執行緒是否來自執行緒池中。透過 ThreadPool.QueueUserWorkItem 方法呼叫永遠都是執行緒池中的執行緒，而執行緒池中的工作執行緒與 I/O 執行緒的最大執行緒數也是可以設定的，如程式 13-5 所示。

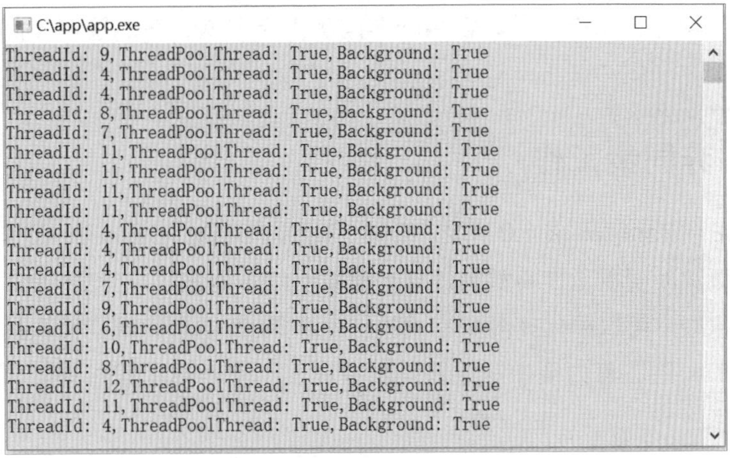

```
■ C:\app\app.exe                                              —    □    ×
ThreadId:  9, ThreadPoolThread:  True, Background:  True
ThreadId:  4, ThreadPoolThread:  True, Background:  True
ThreadId:  4, ThreadPoolThread:  True, Background:  True
ThreadId:  8, ThreadPoolThread:  True, Background:  True
ThreadId:  7, ThreadPoolThread:  True, Background:  True
ThreadId: 11, ThreadPoolThread:  True, Background:  True
ThreadId: 11, ThreadPoolThread:  True, Background:  True
ThreadId: 11, ThreadPoolThread:  True, Background:  True
ThreadId: 11, ThreadPoolThread:  True, Background:  True
ThreadId:  4, ThreadPoolThread:  True, Background:  True
ThreadId:  4, ThreadPoolThread:  True, Background:  True
ThreadId:  4, ThreadPoolThread:  True, Background:  True
ThreadId:  7, ThreadPoolThread:  True, Background:  True
ThreadId:  9, ThreadPoolThread:  True, Background:  True
ThreadId:  6, ThreadPoolThread:  True, Background:  True
ThreadId: 10, ThreadPoolThread:  True, Background:  True
ThreadId:  8, ThreadPoolThread:  True, Background:  True
ThreadId: 12, ThreadPoolThread:  True, Background:  True
ThreadId: 11, ThreadPoolThread:  True, Background:  True
ThreadId:  4, ThreadPoolThread:  True, Background:  True
```

▲ 圖 13-4 執行緒資訊的輸出結果

▼ 程式 13-5

```
ThreadPool.GetMaxThreads(out int workerThreads, out int completionPortThreads);
ThreadPool.SetMaxThreads(int workerThreads, int completionPortThreads);
```

表 13-2 所示為 ThreadPool 物件的方法。

▼ 表 13-2 ThreadPool 物件的方法

方法	說明
GetAvailableThread	獲取由 ThreadPool.GetMaxThreads(out int,out int) 方法傳回執行緒數和當前活動執行緒數之間的差值
GetMaxThreads	獲取執行緒池中最大的執行緒數和非同步 I/O 執行緒數
GetMinThreads	獲取執行緒池中最小的執行緒數和非同步 I/O 執行緒數
QueueUserWorkItem	啟動執行緒池中的一個執行緒（以佇列的方式，如果執行緒池中暫時沒有空閒執行緒，則進入佇列排隊）
SetMaxThreads	設定執行緒池中最大的執行緒數
SetMinThreads	設定執行緒池最少需要保留的執行緒數

13.2 | 基於工作的非同步程式設計

透過學習 13.1 節，讀者可以基本了解執行緒和執行緒池。建立執行緒有額外的銷耗，會佔用大量的虛擬記憶體。使用執行緒池則可以在需要時進行執行緒分配，執行結束後，再為後續的非同步工作做執行緒的重用，而非即用即銷毀。

13.2.1 非同步工作

從 .NET Framework 4.0 開始，TPL（Task Parallel Library，工作平行函式庫）不是每次非同步工作時都會建立一個執行緒，而是建立一個 Task。Task 是 TPL 的抽象級，可以簡化非同步程式設計。在 Task 中可以讓開發人員忽略一些實作的細節，將注意力集中在業務邏輯撰寫上，使非同步程式的撰寫變得更加容易。

Thread 是系統等級的執行緒，而 ThreadPool 和 Task 是透過工作排程器（TaskScheduler）執行的。工作排程器可以採取多種策略，但預設從執行緒池中請求一個工作執行緒。執行緒池會對其進行伸縮判斷，也就是說，執行緒池會選擇最優的方式，判斷是建立新執行緒還是採用之前已經結束工作的現有執行緒。

如程式 13-6 所示，對主執行緒而言，依然面向過程執行，透過 Task.Run 方法建立 Task 物件後選擇繼續執行程式。

▼ 程式 13-6

```
Task task = Task.Run(() =>
{
    Console.WriteLine(" 工作 ");
});
Console.WriteLine(" 主執行緒執行 ");
task.Wait();
```

呼叫 Task.Run 方法在新執行緒上執行，該方法接收一個委託類型，該委託以 Lambda 運算式的形式將結果輸出到主控台中（見圖 13-5）。

在呼叫 Task.Run 方法後，委託方法便開始執行，在呼叫 Wait 方法後就意味著強制主執行緒等待工作的完成。

如果 Task 有傳回值，那麼開發人員可以使用 Task<T> 類型執行一個有傳回值的工作。如程式 13-7 所示，透過一個主控台實例進行示範。

▼ 程式 13-7

```
Task<int> task = Task.Run(() =>
{
    return new Random().Next();
});
Console.WriteLine(task.Result);
```

Task<int> 是該工作傳回的物件，如圖 13-6 所示，獲取傳回值，透過 Task<int> 物件的 Result 屬性獲取類型為 int 的傳回值。在呼叫 Result 屬性後主執行緒會進行等待，此時執行緒等待會造成當前執行緒的堵塞，一直到結果變為可用。

▲ 圖 13-5 非同步工作的輸出結果

▲ 圖 13-6 獲取傳回值

13.2.2 Task 生命週期

無論是什麼技術，掌握其生命週期有助於對該技術的理解，同時能更好地應對錯誤的排除。

在 Task 物件中有一個 TaskStatus 列舉類型的屬性，TaskStatus 表示當前 Task 的狀態。TaskStatus 列舉值列表如表 13-3 所示。

▼ 表 13-3 TaskStatus 列舉值列表

列舉值	說明
Canceled	表示工作已取消，Task 物件的 IsFaulted 屬性被設定為 true
Created	已初始化，但尚未被計畫
Faulted	表示因為未處理的例外而完成的工作
RunToCompletion	已成功完成執行的工作
Running	正在執行，但尚未完成
WaitingForActivation	正在等待相依性的工作完成對其進行排程
WaitingForChildrenToComplete	已完成執行，正在隱式等待附加的子工作完成
WaitingToRun	已被計畫執行，但尚未開始執行

工作可以透過 Task.Run 方法或 Task.Factory.StartNew 方法建立。如果狀態為 WaitingToRun，則意味著工作已經與工作排程程式進行了連結，後續等待輪流執行。

Task 物件的 Status 屬性主要用於追蹤其生命週期。圖 13-7 所示為工作的生命週期。

工作初始化之後的狀態為 Created，在工作啟動後，TaskStatus 的狀態變為 WaitingToRun，隨後，工作排程器 TaskScheduler 實例開始在它指定的執行緒上執行工作。此時工作的狀態為 Running，在工作開始後會產生 3 種可能的結果。如果在執行時正常退出，則工作的狀態為 RunToCompletion；如果引發了未處理的例外，則工作的狀態為 Faulted；工作也可以以 Canceled 結束，為此，必須將 CancellationToken（取消權杖）物件作為方法參數，在 Task 物件建立工作時傳遞，取消工作的相關內容請參考 13.2.3 節。如果該權杖在工作開始之前發出了取消請求的訊號，則阻止該工作執行。如果該權杖在工作執行後發出了取消請求的訊號，則工作的 Status 屬性將轉換為 Canceled，如果執行時引發了 OperationCanceledException 例外，則 OperationCanceledException 物件的 CancellationToken 屬性會傳回建立工作時傳遞的權杖，隨後工作進入取消狀態。

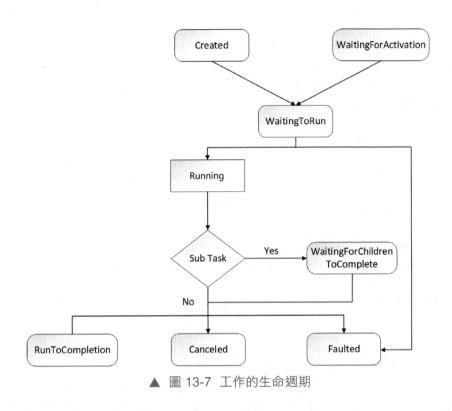

▲ 圖 13-7　工作的生命週期

13.2.3　取消工作

　　CancellationToken 比較重要，因為合理應用 CancellationToken 可以提升應用程式的性能。當應用程式啟動 Task 後，如果想關閉一項耗時的工作或一組連續的工作，則可以使用 CancellationToken 讓應用程式主動在這些場景中完成執行緒的取消操作。因此，充分利用 CancellationToken 可以完美地避免此處不必要的資源浪費。

　　下面透過一個主控台實例來示範權杖（Token）的使用方式。如程式 13-8 所示，首先建立一個 CancellationTokenSource 物件，Task 物件可以接收取消權杖參數，所以要將建立的 CancellationTokenSource 物件的 CancellationToken 屬性作為參數傳遞給 Task 物件。

▼ 程式 13-8

```
var cts = new CancellationTokenSource();
var task = new Task<int>(() => TaskMethod(10, cts.Token), cts.Token);
Console.WriteLine(task.Status);
cts.Cancel();
Console.WriteLine(task.Status);

static int TaskMethod(int count, CancellationToken token)
{
    for (int i = 0; i < count; i++)
    {
        Thread.Sleep(1000);
        if (token.IsCancellationRequested) return -1;
    }
    return count;
}
```

建立一個名為 TaskMethod 的方法，也可以以委託的形式將方法傳遞給 Task 建構函式，因為在 Task 類別中存在 Action 委託參數的建構函式。將建立的 CancellationTokenSource 物件的 Token 屬性以參數的形式傳遞給 Task 建構函式，並將 Task 物件的 Status 屬性先後列印輸出到主控台中。圖 13-8 所示為輸出的 Task 工作的狀態，在輸出的敘述中呼叫 CancellationTokenSource 物件的 Cancel 方法，將工作關閉，以最後一筆輸出敘述為例輸出 Task 物件的狀態。

▲ 圖 13-8 輸出的 Task 工作的狀態

如圖 13-8 所示，先後輸出 Created 和 Canceled，第一個輸出結果為 Created，第二個輸出結果為 Canceled。因為呼叫了 Cancel 方法，所以該工作被關閉，輸出結果也是符合預期的。

　　Cancel 方法不會強制關閉執行時期的 Task 工作，所以透過 Cancellation Token 參數物件的 IsCancellationRequested 屬性進行判斷，IsCancellation Requested 屬性會傳回一個 Boolean 值，該值表示是否呼叫了 Cancellation TokenSource 物件的 Cancel 方法，如程式 13-9 所示。

▼ 程式 13-9

```
var cts = new CancellationTokenSource();
var task = new Task<int>(() => TaskMethod(10, cts.Token), cts.Token);
Console.WriteLine(task.Status);
task.Start();
for (int i = 0; i < 10; i++)
{
    Thread.Sleep(100);
    Console.WriteLine(task.Status);
}
cts.Cancel();
for (int i = 0; i < 10; i++)
{
    Thread.Sleep(100);
    Console.WriteLine(task.Status);
}
Console.WriteLine(task.Result);

static int TaskMethod(int count, CancellationToken token)
{
    for (int i = 0; i < count; i++)
    {
        Thread.Sleep(1000);
        if (token.IsCancellationRequested) return -1;
    }
    return count;
}
```

　　呼叫 Task 物件的 Start 方法，啟動 Task 工作，並以迴圈的形式列印輸出到主控台中，同時在每次列印時等待 100 毫秒，迴圈結束後呼叫 CancellationToken Source 物件的 Cancel 方法，在 TaskMethod 方法中透過 IsCancellationRequested

屬性判斷是否呼叫了 Cancel 方法，如果呼叫了 Cancel 方法，則結束該方法並傳回 -1。呼叫 Task 物件的 Result 屬性，並列印輸出傳回值。圖 13-9 所示為啟動 Task 工作的輸出結果。

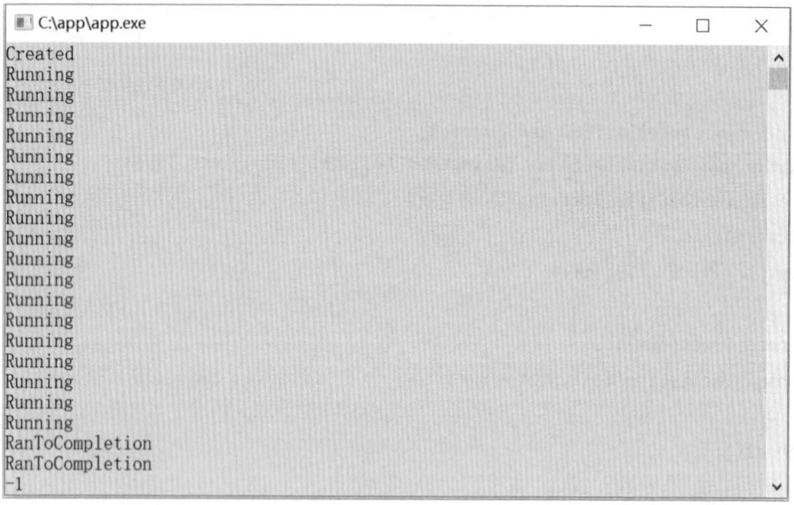

▲ 圖 13-9 啟動 Task 工作的輸出結果

13.2.4 使用關鍵字 await 和 async 獲取非同步工作的結果

上面介紹了 TPL 非同步作業實例的 Task 類別和 Task<T> 類別，前者無傳回值，後者傳回一個 T 類型的傳回值。對於非同步模式來說，開發人員還需要掌握 await 關鍵字和 async 關鍵字。這兩個可以用於非同步工作處理的關鍵字，大大簡化了 TPL 的使用，使非同步程式設計更簡單、便捷。本節主要介紹 await 關鍵字和 async 關鍵字的工作方式。

下面透過主控台實例來示範。如程式 13-10 所示，呼叫 HttpClient. GetByteArrayAsync 方法傳回 Task<byte[]> 物件，該實例先呼叫 DownloadDocsMainPageAsync 方法，再等待下載完成，獲取傳回內容的大小。

▼ 程式 13-10

```
Task<int> downloading = DownloadDocsMainPageAsync();
Console.WriteLine($"{nameof(Program)}: Launched downloading.");
```

```
int bytesLoaded = await downloading;
Console.WriteLine($"{nameof(Program)}: Downloaded {bytesLoaded} bytes.");

static async Task<int> DownloadDocsMainPageAsync()
{
    Console.WriteLine(
                $"{nameof(DownloadDocsMainPageAsync)}: About to start downloading.");

    var client = new HttpClient();
    byte[] content = await client.GetByteArrayAsync(
                                        "https://docs. ******. com/en-us/");
    Console.WriteLine($"{nameof(DownloadDocsMainPageAsync)}: Finished downloading.");
    return content.Length;
}
```

非同步工作的輸出結果如圖 13-10 所示。

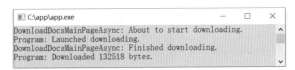

▲ 圖 13-10 非同步工作的輸出結果

由此可以看出,主執行緒呼叫非同步 DownloadDocsMainPageAsync 方法後執行了內部的輸出,輸出 About to start downloading 資訊,輸出完成後主執行緒並沒有等待該非同步方法完成,而是執行並輸出 Main 函式內的 Launched downloading 資訊,之後透過 await 關鍵字等待 downloading 實例,應用程式不會導致執行緒堵塞,當 Task 工作完成之後繼續執行 await 關鍵字後面的程式,最終列印輸出該檔案的長度。

13.2.5 處理非同步作業中的例外

相信讀者對例外處理並不陌生。但是非同步和同步中的例外有一定的差異,例外通常會傳播到處理的 try/catch 敘述中,如果工作是附加的子工作的父級,則會引發多個例外。

下面透過主控台實例來示範。如程式 13-11 所示，透過 TaskMethod 方法拋出例外（This exception is expected!），將該方法以委託參數的形式建立一個 Task 物件。

▼ 程式 13-11

```
class Program
{
    static void Main(string[] args)
    {
        try
        {
            var task = Task.Run(() => TaskMethod());
            task.Wait();
        }
        catch (AggregateException ae)
        {
            foreach (var e in ae.InnerExceptions)
            {
                Console.WriteLine(e.Message);
            }
        }
    }
    static Task TaskMethod()
    {
        throw new Exception("This exception is expected!");
    }
}
```

上述程式使用 try/catch 敘述處理例外。為了使所有的例外都正常地傳回呼用的執行緒，筆者透過 AggregateException 物件來捕捉。Aggregate Exception 物件透過 InnerExceptions 屬性來確定例外來源，InnerExceptions 為集合類型，所以以迴圈的形式輸出捕捉的例外資訊。另外，對於不同的例外類型，可以透過判斷例外類型檢查該例外的原始例外，並選擇不同的處理方式，這是可行的。圖 13-11 所示為非同步作業的例外捕捉，並輸出到主控台中。

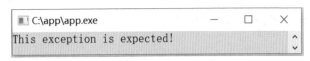

▲ 圖 13-11 非同步作業的例外捕捉

13.2.6 上下文延續

在非同步程式設計中，使用 ContinueWith 方法可以使當前 Task 物件在執行完成後，再執行 ContinueWith 方法內部的程式，並且 ContinueWith 方法內部的程式還可以呼叫當前 Task 物件的結果。

如程式 13-12 所示，建立一個 Task 物件，該物件傳回當前時間，獲取到當前時間之後，執行 ContinueWith 方法中的委託程式。

▼ 程式 13-12

```
class Program
{
    public static async Task Main()
    {
        Task<DateTime> taskA = Task.Run(() => DateTime.Now);
        await taskA.ContinueWith(antecedent
                    => Console.WriteLine(
                    $"Today is {antecedent.Result. DayOfWeek}."));
    }
}
```

在一個工作結束執行後，透過呼叫 Task.ContinueWith 方法執行委託程式，這樣可以做到工作的延續，透過呼叫 Task 物件的 Result 屬性傳回一個 DateTime 類型的結果，呼叫 DateTime 物件的 DayOfWeek 屬性指示當天為星期幾，輸出列印字串內容，輸出結果如圖 13-12 所示。

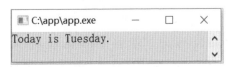

▲ 圖 13-12 輸出結果

13.2.7 TaskScheduler

TaskScheduler 是 TPL 的一部分，負責 Task 工作的排程和管理。不僅如此，平行、資料流程的程式等都使用 TaskScheduler.Default。

理解 TaskScheduler 最好的方法是實作一個自訂的 TaskScheduler，並且透過自訂的 TaskScheduler 執行，下面透過實例來示範。

首先需要重寫 TaskScheduler，建立一個名為 CustomTaskScheduler 的類別，如程式 13-13 所示，要重寫 TaskScheduler 就需要對下面這些方法進行重寫。

▼ 程式 13-13

```
public class CustomTaskScheduler : TaskScheduler, IDisposable
{
    protected override IEnumerable<Task>? GetScheduledTasks()
    {
        throw new NotImplementedException();
    }
    protected override void QueueTask(Task task)
    {
        throw new NotImplementedException();
    }
    protected override bool TryExecuteTaskInline(
                                    Task task, bool taskWasPreviouslyQueued)
    {
        throw new NotImplementedException();
    }
    public void Dispose()
    {
        throw new NotImplementedException();
    }
}
```

QueueTask 方 法 傳 回 void，並 將 Task 類 型 物 件 作 為 參 數，在 呼 叫 TaskScheduler 時呼叫此方法，GetScheduledTasks 方法傳回已排程的所有工作的列表，TryExecuteTaskInline 方法用於以內聯方式（即在當前執行緒上）執行的工作，在這種情況下，無須排隊就可以執行工作。如程式 13-14 所示，使用自訂的 TaskScheduler 物件。

▼ 程式 13-14

```csharp
var scheduler = new CustomTaskScheduler();
List<Task> tasks = new List<Task>();
Task task1 = new Task(() =>
{
    Write("Running 1 seconds");
    Thread.Sleep(1000);
});
tasks.Add(task1);
Task task2 = new Task(() =>
{
    Write("Running 2 seconds");
    Thread.Sleep(2000);
});
tasks.Add(task2);
foreach (var t in tasks)
{
    t.Start(scheduler);
}
Write("Press any key to quit..");
Console.ReadKey();

static void Write(string msg)
{
Console.WriteLine($"{DateTime.Now:HH:mm:ss} on Thread
 { Thread.CurrentThread.ManagedThreadId} -- {msg}");
}
```

首先建立 CustomTaskScheduler 類別，然後建立一個 List<Task> 集合用於儲存工作集，最後將工作增加並儲存到集合中，以迴圈的形式呼叫每個 Task 物件的 Start 方法進行啟動。另外，Start 方法接收一個 TaskScheduler 參數，此時傳遞 CustomTaskScheduler 類別。自訂 TaskScheduler 的輸出結果如圖 13-13 所示。

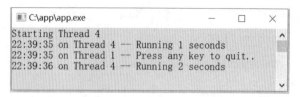

▲ 圖 13-13 自訂 TaskScheduler 的輸出結果

透過呼叫 Write 方法輸出資訊，分別列印當前時間、執行緒 ID 及資訊內容，Thread 1 為主執行緒，Thread 4 由自訂的 CustomTaskScheduler 類別建立的執行緒。程式 13-15 展示了 CustomTaskScheduler 類別的內部實作。

▼ 程式 13-15

```csharp
public class CustomTaskScheduler : TaskScheduler, IDisposable
{
    private BlockingCollection<Task> _tasks = new BlockingCollection <Task>();
    private readonly Thread _mainThread;
    public CustomTaskScheduler()
    {
        _mainThread = new Thread(this.Execute);
    }
    private void Execute()
    {
        Console.WriteLine($"Starting Thread {Thread.CurrentThread. ManagedThreadId}");
        foreach (var t in _tasks.GetConsumingEnumerable())
        {
            TryExecuteTask(t);
        }
    }
    protected override IEnumerable<Task>? GetScheduledTasks()
    {
        return _tasks.ToArray<Task>();
    }
    protected override void QueueTask(Task task)
    {
        _tasks.Add(task);
        if (!_mainThread.IsAlive)
```

```
    {
        _mainThread.Start();
    }
}
protected override bool TryExecuteTaskInline(
                                Task task, bool taskWasPreviouslyQueued)
{
    return false;
}
public void Dispose()
{
    _tasks.CompleteAdding();
}
}
```

如上所示，QueueTask 方法將 Task 物件作為參數，並將其增加到 BlockingCollection 集合中。BlockingCollection 為執行緒安全集合，擁有阻塞功能。透過 CustomTaskScheduler 建構函式，建立一個執行緒並執行 Execute 方法，在 Execute 方法中首先對當前執行緒的 ID 進行列印輸出，然後迴圈 BlockingCollection 集合，並呼叫 TryExecuteTask 方法，該方法將始終處於堵塞狀態，會透過排程程式執行工作，並在工作完成後傳回。

13.3 | 執行緒平行

現代電腦的 CPU 通常都是多核心的，而多執行緒可以充分利用 CPU 資源。其實，單核心 CPU 並不能真正並存執行程式，只是同一個時間內處理器切換得比較快，為每個執行緒提供的 CPU 時間切片非常短。為了發揮多核心 CPU 的優勢，可以利用並存執行。本節主要介紹平行開發程式設計。

當工作平行時會將應用程式分割成一組工作，使用不同的執行緒來執行這些工作。透過 Parallel 函式庫，開發人員無須建立執行緒，無須主動鎖定，也無須主動分割工作的細節。

下面透過主控台實例來示範平行的使用方式。建立 Parallel.ForEach 方法，執行迴圈操作，如程式 13-16 所示。

▼ 程式 13-16

```
var cts = new CancellationTokenSource();
Parallel.ForEach(Enumerable.Range(1, 10), new ParallelOptions
{
    CancellationToken = cts.Token,
    MaxDegreeOfParallelism = Environment.ProcessorCount,
    TaskScheduler = TaskScheduler.Default
}, (i, state) =>
{
    Process(i);
});
Console.WriteLine("Done");

static void Process(int i)
{
    Console.WriteLine($"Id：{i}, ThreadId: {Thread.CurrentThread. ManagedThreadId}");
}
```

ForEach 方法的第一個參數接收一個集合，透過 Enumerable.Range 方法進行模擬，ParallelOptions 物件允許開發人員對平行迴圈進行一些設定，使用 CancellationToken 屬性可以取消迴圈，使用 MaxDegreeOfParallelism 屬性可以限制最大平行數，使用 TaskScheduler 屬性允許透過自訂 TaskScheduler 類別來排程工作，Action 可以接收一個附加的 ParallelLoopState 參數，可以用於迴圈中跳出或檢查當前迴圈的狀態。

ParallelLoopState 參數有兩種方法可以停止平行迴圈，分別為 Break 方法和 Stop 方法。Stop 方法會通知迴圈停止處理任何工作，並設定 IsStopped 屬性為 true；Break 方法用於阻止之後的迭代，但是並不影響已經開始的迭代。平行迴圈的輸出結果如圖 13-14 所示。

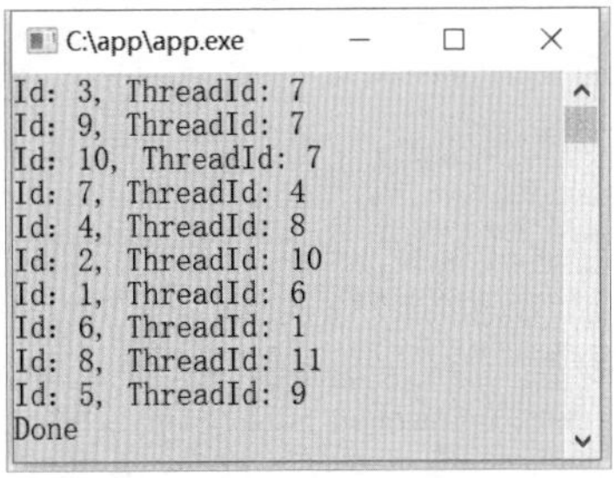

▲ 圖 13-14　平行迴圈的輸出結果

13.4 │ 小結

　　本章主要介紹執行緒、非同步、平行的相關內容。掌握這些基礎知識，有助於讀者合理地利用資源。為了讓讀者更好地了解 TaskScheduler，筆者建立了一個自訂的 TaskScheduler，但是建議不要使用自訂的排程器，因為預設的排程器通常是最合適的。在一般情況下，執行緒並不是越多越好，要有一個適度、合理利用執行緒能讓應用程式的性能最大化。平行程式設計也會帶來對應的銷耗，所以需要對其進行合理應用。

第14章
執行緒同步機制和鎖定

在使用多執行緒進行工作處理的過程中，當多個執行緒同時操作同一份共用資源時，可能會發生衝突，出現資源爭搶的現象，這就會引發執行緒同步問題，在 .NET 中可以引入多種方式來解決這個問題，包括不可部分完成作業和各種鎖定（如自旋鎖、混合鎖、互斥鎖、旗號、讀寫鎖）等。這些機制相當於為執行緒同步制定了一系列用於維護「秩序」的規則，執行緒要遵守這個規則來對共用資源進行操作。

14.1 | 不可部分完成作業

不可部分完成作業（Atomic Operation）是指不能被分割的操作，不會因為工作的排程等原因被打斷（要嘛執行完，要嘛不執行，不會被其他執行緒打斷）而影響執行結果。在 .NET 中提供了 Interlocked 類別，它的不可部分完成作業基於 CPU 本身，並非堵塞行為。

14.1.1 無鎖定程式設計

如程式 14-1 所示，以主控台實例為例，先建立一個名為 value 的 int 類型的靜態變數，再透過 Parallel 類別執行平行作業，並建立 10000 次迴圈工作，每次迴圈操作透過 Parallel 類別的委託方法執行 value + 1 將靜態變數 value 進行累加。因為迴圈是平行作業，所以避免不了多個執行緒同時平行作業。而靜態變數在記憶體中只有一份，只佔用一個記憶體區域，也就是採用的共用記憶體，所以，多個執行緒同時共用一個記憶體區域，在不對記憶體進行保護的情況下操作，就需要注意記憶體安全。

▼ 程式 14-1

```
class Program
{
    static int value = 0;
    static void Main(string[] args)
    {
        Parallel.For(0, 10000,
            _ =>
            {
                value += 1;
            });
        Console.WriteLine(value);
    }
}
```

執行上面的程式，可以發現由於使用多執行緒平行作業，因此總會在共用記憶體操作時出現一些問題，導致定義的 value 值有誤，以至於在執行後會出現 value 值小於 10000 的情況。

如程式 14-2 所示，可以透過 Interlocked 類別對資料進行操作。

▼ 程式 14-2

```
class Program
{
    static int value = 0;
    static void Main(string[] args)
    {
        Parallel.For(0, 10000, _ =>
        {
            Interlocked.Add(ref value, 1);
        });
        Console.WriteLine(value);
    }
}
```

執行後可以發現，結果始終為預期的 10000，Interlocked 類別的每個方法都執行一個不可部分完成等級的讀取 / 寫入作業。

表 14-1 所示為 Interlocked 類別的方法。使用 .NET 提供的 Interlocked 類別有助於對資料進行不可部分完成作業，看起來似乎跟 lock 一樣，但它並不是 lock，它的不可部分完成作業是基於 CPU 本身的，非堵塞的，所以比 lock 的效率高。

▼ 表 14-1　Interlocked 類別的方法

方法	說明
Add	使計數器增加指定的值
CompareExchange	先把計數器與某個值進行比較，如果相等，則把計數器設定為指定的值
Decrement	使計數器減小 1

（續表）

方法	說明
Exchange	將計數器設定為指定的值
Increment	使計數器增加 1
Read	讀取計數器的值

14.1.2　無鎖定演算法

要實作一個不可部分完成的功能，可以透過無鎖定演算法（Lock Free Algorithm）來實作。CAS（Compare And Swap，比較並替換）就是一種無鎖定演算法。在 .NET 中可以透過 Interlocked 類別實作 CAS 演算法。

程式 14-3 展示了使用 Interlocked.CompareExchange 的無鎖定演算法。

▼ 程式 14-3

```
class Program
{
    static void Main()
    {
        var location = 1;
        var value = 3;
        var compared = 1;
        Interlocked.CompareExchange(ref location, value, compared);
        Console.WriteLine(location);
    }
}
```

執行後可以發現，當前主控台中輸出的是 3。需要特別說明的是，當原始值 location 與比較值 compared 相等時，當前的 value 值會被替換為原始值。

如程式 14-4 所示，可以看到使用了 Interlocked.Exchange 方法，從本質上來說 Exchange 方法是一個賦值作業，傳遞給它的參數為要更改的值。在 CompareExchange 方法中，如果該值等於第二個參數，則將其更改為第三個參數，long 類型的傳回值為第二個參數的值。

▼ 程式 14-4

```
class Program
{
    static long _value;
    static void Main()
    {
        Thread thread1 = new Thread(new ThreadStart(DoWork));
        thread1.Start();
        thread1.Join();
        Console.WriteLine(Interlocked.Read(ref _value));
    }

    static void DoWork()
    {
        Interlocked.Exchange(ref _value, 10);
        long result = Interlocked.CompareExchange(ref _value, 30, 10);
        Console.WriteLine(result);
    }
}
```

14.2 │ 自旋鎖

在多執行緒程式設計中，當自旋鎖（SpinLock）在一個執行緒中獲取到鎖定（也就是鎖定被佔用）時，在當前執行緒中就無法獲取鎖定，該執行緒會處於等候狀態。自旋鎖具備一定的間隔時間，繼續獲取鎖定。

14.2.1 SpinWait 實作自旋鎖

自旋等待（SpinWait）是一個輕量級的執行緒等待類型。如程式 14-5 所示，以主控台實例為例，定義一個名為 DoWork 的方法，在 Main 方法內建立一個 Thread 物件，用該執行緒執行 DoWork 方法，直到 50 毫秒之後主執行緒將靜態變數 _isCompleted 設定為 true，DoWork 迴圈被停止。透過 SpinWait 實例物件呼叫 SpinOnce 方法執行單一的自旋，同時輸出一筆主控台訊息，判斷spinWait.SpinOnce 方法的下一次呼叫是否觸發上下文切換和核心轉換主要使用NextSpinWillYield 屬性。

▼ 程式 14-5

```csharp
class Program
{
    static void Main(string[] args)
    {
        var thread = new Thread(DoWork);
        thread.Start();
        Thread.Sleep(50);
        isCompleted = true;
        Console.ReadKey();
    }

    private static volatile bool _isCompleted = false;

    static void DoWork()
    {
        SpinWait spinWait = new SpinWait();
        while (!_isCompleted)
        {
            spinWait.SpinOnce();
            Console.WriteLine($" 自旋次數：{spinWait.Count}，下一次呼叫觸發上下文切換和
                                核心轉換：{spinWait.NextSpinWillYield}");
        }
        Console.WriteLine("Waiting is complete");
    }
}
```

當使用 volatile 關鍵字來宣告靜態變數 _isCompleted 時，讀取這個變數的值的時候每次都是從記憶體中讀取而非從快取中讀取，這樣可以保證變數的資訊總是最新的，變數可以同時執行多個執行緒的修改。

使用 volatile 關鍵字來宣告，變數不會被編譯器和處理器最佳化，如圖 14-1 所示，將結果輸出到主控台中。

▲ 圖 14-1 輸出結果

程式 14-6 展示了 SpinWait 內部的實作，讀者需要知道的是 SpinWait 是一個結構（struct）類型。

▼ 程式 14-6

```
public struct SpinWait
{
    public int Count;
    private int _count;
    public bool NextSpinWillYield =>
                              this._count >= 10 || Environment. IsSingleProcessor;

    public void SpinOnce();
    public void SpinOnce(int sleep1Threshold);

    private void SpinOnceCore(int sleep1Threshold)
    {
        if (this._count >= 10 &&
            (this._count >= sleep1Threshold &&
                sleep1Threshold >= 0 || (this._count - 10) % 2 == 0) ||
                    Environment.IsSingleProcessor)
        {
```

```
        if (this._count >= sleep1Threshold && sleep1Threshold >= 0)
            Thread.Sleep(1);
        else if ((this._count >= 10
                        ? (this._count - 10) / 2 : this._count) % 5 ==4)
            Thread.Sleep(0);
        else
            Thread.Yield();
    }
    else
    {
        int iterations = Thread.OptimalMaxSpinWaitsPerSpinIteration;
        if (this._count <= 30 && 1 << this._count < iterations)
            iterations = 1 << this._count;
        Thread.SpinWait(iterations);
    }
    this._count = this._count == int.MaxValue ? 10 : this._count + 1;
}

public void Reset() => this._count = 0;

public static void SpinUntil(Func<bool> condition) =>
                                        SpinWait. SpinUntil(condition, -1);
public static bool SpinUntil(Func<bool> condition, TimeSpan timeout);
public static bool SpinUntil(Func<bool> condition, int millisecondsTimeout);
}
```

需要注意 SpinOnceCore 方法，SpinWait 方法的內部呼叫了 Thread.
SpinWait 方法，可以看到，當 NextSpinWillYield 屬性在 _count 私有屬性大於
或等於 10，或者執行在單核電腦上時，NextSpinWillYield 屬性會傳回 true，也
就是説，它總是進行上下文切換。

SpinUntil 方法提供了 Func<bool> 委託參數，也就是説，可以透過該參數
確定一個條件，滿足該條件後才會進入自旋鎖。

14.2.2 SpinLock 實作自旋鎖

自旋鎖（SpinLock）是一個輕量級的執行緒鎖定，基於不可部分完成作業實作。如程式 14-7 所示，以主控台實例來實作，先建立一個 SpinLock 實例物件，再透過 Parallel 類別呼叫 For 方法進行平行迴圈，因為平行迴圈會出現非預期值 10000000 的情況，所以透過 SpinLock 來實作。

▼ 程式 14-7

```csharp
class Program
{
    static void Main()
    {
        var spinLock = new SpinLock();
        var list = new List<int>();
        Parallel.For(0, 10000000, r =>
        {
            bool lockTaken = false;                 // 釋放成功
            try
            {
                spinLock.Enter(ref lockTaken);      // 進入鎖定
                list.Add(r);
            }
            finally
            {
                if (lockTaken) spinLock.Exit(false); // 釋放
            }
        });
        Console.WriteLine(list.Count);
        // 輸出 10000000
    }
}
```

程式 14-8 展示了 SpinLock 的實作。SpinLock 不可重入，在執行緒進入鎖定之後，必須先正確退出鎖定才能重新進入鎖定。透過任何的重新進入鎖定都會導致鎖死，如果在呼叫 Exit 前沒有呼叫 Enter，那麼 SpinLock 的狀態可能會被破壞。

▼ 程式 14-8

```
public struct SpinLock
{
    public void Enter(ref bool lockTaken);

    public void TryEnter(ref bool lockTaken);
    public void TryEnter(TimeSpan timeout, ref bool lockTaken);
    public void TryEnter(int millisecondsTimeout, ref bool lockTaken);

    public void Exit();
    public void Exit(bool useMemoryBarrier);

    public bool IsHeld;

    public bool IsHeldByCurrentThread;
    public bool IsThreadOwnerTrackingEnabled;
}
```

14.3 │ 混合鎖

在 .NET 中提供了一個混合鎖 Monitor，混合鎖的性能還是比較高的。使用 Monitor 鎖定物件（參考類型），可以保證共用資源的執行緒互斥執行。在 Monitor 類別中提供了 Enter 方法和 Exit 方法，分別用於獲取鎖定和釋放鎖定。Monitor 類別會利用 try{}finally{} 語法糖執行鎖定的釋放作業。

程式 14-9 展示了 Monitor 類別的使用。Monitor 作為一個物件的同步鎖定，可以獲取一個鎖定，並允許一個執行緒可以存取該程式碼片段的內容。Monitor 類別提供了一些有用的方法用於開發人員對鎖定的處理，還可以對引用物件執行鎖定作業，但不要對數值型別進行鎖定作業，因為這會不可避免地使數值型別裝箱，導致裝箱成新物件，無法做到執行緒同步。

▼ 程式 14-9

```csharp
class Program
{
    private static readonly object _object = new object();

    public static void Print()
    {
        bool _lock = false;
        Monitor.Enter(_object,ref _lock);
        try
        {
            for (int i = 0; i < 5; i++)
            {
                Thread.Sleep(100);
                Console.Write(i + ",");
            }
            Console.WriteLine();
        }
        finally
        {
            if (_lock)
            {
                Monitor.Exit(_object);
            }
        }
    }

    static void Main()
    {
        Thread[] threads = new Thread[3];
        for (int i = 0; i < 3; i++)
        {
            threads[i] = new Thread(Print);
        }
        foreach (var t in threads)
        {
            t.Start();
        }
```

```
        Console.ReadLine();
    }
}
```

通常來說，先透過 Monitor.Enter 獲取鎖定，再透過 Monitor.Exit 釋放鎖定。
為了避免這個過程中會出現例外，導致鎖定無法釋放，可以使用 try{}finally{} 敘
述區塊來釋放鎖定，如圖 14-2 所示，執行程式並將結果輸出到主控台中。

▲ 圖 14-2 輸出結果

另外，Monitor 類別還提供了其他方法：Wait 方法用於釋放物件鎖定並阻止
當前執行緒，直到它重新獲取鎖定；Pulse 方法用於通知等待佇列中的執行緒鎖
定物件狀態的更改；PulseAll 方法用於通知所有的等待中的執行緒物件狀態的更
改；IsEntered 方法用於確定當前執行緒是否保留指定的物件鎖定。

除此之外，還可以將 Print 方法中的 Monitor 鎖定物件替換為 lock 關鍵字，
如程式 14-10 所示。

▼ 程式 14-10

```
public static void Print()
{
    lock (_object)
    {
        for (int i = 0; i < 5; i++)
        {
            Thread.Sleep(100);
            Console.Write(i + ",");
        }

        Console.WriteLine();
    }
}
```

　　lock 關鍵字實際上是一個語法糖，對 Monitor 鎖定物件做了一個封裝。lock 語法糖背後的語法大概如程式 14-11 所示。

▼ 程式 14-11

```
try
{
    Monitor.Enter(obj);
}
finally
{
    Monitor.Exit(obj);
}
```

14.4 | 互斥鎖

　　在獲取共用資源時，獲取到一個執行緒後就會對資源鎖定，使用完成後會對其解鎖，在使用過程中，其他執行緒如果想存取該資源就會進入等候狀態。

　　Mutex 也像鎖定一樣工作。透過 Mutex 物件，當多個執行緒同時存取一個資源時保證一次只能有一個執行緒存取。另外，在平行存取時，使用 Mutex 物件可以獲取共用資源的排它鎖定。Mutex 物件是系統等級的，所以可以跨處理程序工作。

　　如程式 14-12 所示，筆者建立了一個主控台實例，透過建立多個執行緒來觀察 Mutex 物件，並在 Print 方法中透過 mutex.WaitOne 方法堵塞當前執行緒，等待資源被釋放，在 finally 中透過呼叫 ReleaseMutex 方法解決堵塞來釋放鎖定。

▼ 程式 14-12

```
class Program
{
    private static Mutex mutex = new Mutex(false);
    static void Main()
    {
```

```
        for(int i = 0; i < 5; i++)
        {
            Thread thread = new Thread(Print);
            thread.Name = "Thread:" + i;
            thread.Start();
        }
        Console.ReadKey();
    }

    static void Print()
    {
        Console.WriteLine($"{Thread.CurrentThread.Name} 即將開始進行等待處理 ");
        try
        {
            // 阻塞當前執行緒，直到 WaitOne 方法接收到訊號
            mutex.WaitOne();
            Console.WriteLine($" 開始：{Thread.CurrentThread.Name} 處理中 ...");
            Thread.Sleep(2000);
            Console.WriteLine($" 完成：{Thread.CurrentThread.Name}");
        }
        finally
        {
            mutex.ReleaseMutex();
        }
    }
}
```

執行程式，將結果輸出到主控台中，如圖 14-3 所示。

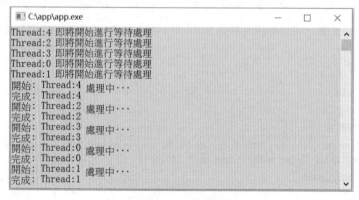

▲ 圖 14-3 輸出結果

14.5 | 旗號

旗號類似於互斥鎖，但是它允許多個執行緒同時存取一個資源。旗號具有一個計數器，利用計數器來控制是等待還是存取，如計數器的值為 5，如果一個執行緒呼叫了旗號則計數器減 1，直到這個計數器變為 0，這時不允許其他的執行緒再存取，使它們進入等候狀態。如果執行緒呼叫 Release 方法則釋放旗號資源，計數器加 1，此時可以進來一個執行緒進行存取。

14.5.1 Semaphore

旗號主要用於限制共用資源平行存取的執行緒數，可以透過 Semaphore 允許一個或多個執行緒進入臨界區，在執行緒安全的情況下平行執行工作。因此，可以在資源數量有限的情況下限制執行緒數量，如程式 14-13 所示。

▼ 程式 14-13

```
class Program
{
    private static Semaphore _semaphore = new Semaphore(1, 2);
    static void Main()
    {
        for (int i = 0; i < 3; i++)
        {
            Thread thread = new Thread(Print);
            thread.Name = "Thread:" + i;
            thread.Start();
        }
    }

    private static void Print()
    {
        Console.WriteLine($"{Thread.CurrentThread.Name} 即將開始進行等待處理 ");
        try
        {
            _semaphore.WaitOne();
            Console.WriteLine($" 開始：{Thread.CurrentThread.Name} 處理中 ...");
```

```
            Thread.Sleep(5000);
            Console.WriteLine($" 完成 : {Thread.CurrentThread.Name}");
        }
        finally
        {
            _semaphore.Release();
            Console.WriteLine("Semaphore Release");
        }
    }
}
```

如上所示，實例化一個 Semaphore 物件，並透過建構函式傳遞兩個參數值，這兩個值分別代表 InitialCount（初始請求數）和 MaximumCount（最大請求數）。

WaitOne 方法表示阻止當前執行緒，直到當前執行緒收到訊號；當執行緒退出臨界區時需要呼叫 Release 方法。

上述程式的執行結果如下。

```
Thread:1 即將開始進行等待處理
Thread:0 即將開始進行等待處理
Thread:2 即將開始進行等待處理
開始 : Thread:1 處理中 ...
完成 : Thread:1
Semaphore Release
開始 : Thread:0 處理中 ...
完成 : Thread:0
Semaphore Release
開始 : Thread:2 處理中 ...
完成 : Thread:2
Semaphore Release
```

如程式 14-14 所示，透過 Semaphore 物件指定系統旗號名稱，因此，可以透過旗號在多個處理程序間使用同步和互斥。

▼ 程式 14-14

```
class Program
{
    private static Semaphore _semaphore = new Semaphore(5, 5, "Semaphore");
    static void Main()
    {
        for (int i = 0; i < 3; i++)
        {
            Thread thread = new Thread(Print);
            thread.Name = "Thread:" + i;
            thread.Start();
        }
    }

    private static void Print()
    {
        Console.WriteLine($"{Thread.CurrentThread.Name} 即將開始進行等待處理 ");
        try
        {
            _semaphore.WaitOne();
            Console.WriteLine($" 開始：{Thread.CurrentThread.Name} 處理中 ...");
        }
        finally
        {
            Console.ReadLine();
            _semaphore.Release();
        }
    }
}
```

　　使用 Semaphore 物件可以做到處理程序間的共用。接下來啟動兩個應用程式處理程序，如圖 14-4 所示，為了驗證跨處理程序旗號，將結果輸出到主控台中，可以清晰地發現執行緒被執行了 5 次，同樣對應 MaximumCount（最大請求數）限制為 5。

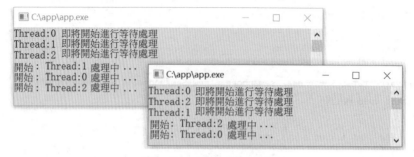

▲ 圖 14-4 跨處理程序旗號

14.5.2 SemaphoreSlim

　　.NET 中還提供了輕量級的旗號（SemaphoreSlim），該類別是受託管的。如程式 14-15 所示，SemaphoreSlim 的使用方式和 Semaphore 的使用方式基本類似，並且也可以限制同時存取一個資源的執行緒數。

▼ 程式 14-15

```csharp
class Program
{
    private static SemaphoreSlim _semaphore = new SemaphoreSlim(1, 2);
    static void Main()
    {
        for (int i = 0; i < 3; i++)
        {
            Thread thread = new Thread(Print);
            thread.Name = "Thread:" + i;
            thread.Start();
        }
    }

    private static void Print()
    {
        Console.WriteLine($"{Thread.CurrentThread.Name} 即將開始進行等待處理 ");
        try
        {
            _semaphore.Wait();
```

```
            Console.WriteLine($" 開始 : {Thread.CurrentThread.Name} 處理中 ...");
            Thread.Sleep(5000);
            Console.WriteLine(Thread.CurrentThread.Name + " 退出 .");
        }
        finally
        {
            _semaphore.Release();
            Console.WriteLine("Semaphore Release");
        }
    }
}
```

　　實例化一個 SemaphoreSlim 物件，並透過建構函式傳遞兩個參數值，限制最大的執行緒數為 3。

　　上述程式的執行結果如下。

```
Thread:0 即將開始進行等待處理
Thread:1 即將開始進行等待處理
Thread:2 即將開始進行等待處理
開始 : Thread:0 處理中 ...
Thread:0 退出 .
Semaphore Release
開始 : Thread:1 處理中 ...
Thread:1 退出 .
Semaphore Release
開始 : Thread:2 處理中 ...
Thread:2 退出 .
Semaphore Release
```

14.6 | 讀寫鎖

　　讀寫鎖（ReaderWriterLock）允許多個執行緒同時獲取鎖定，但同一時間只允許一個執行緒獲得寫入鎖定，因此也被稱為共用獨佔鎖定。

ReaderWriterLockSlim 作為一個讀寫鎖，代表一個管理資源存取的鎖定。簡單來說，它允許多個執行緒同時讀取鎖定，但只允許一個執行緒獨佔寫入鎖定。

如程式 14-16 所示，透過一個主控台實例來示範。首先建立 Reader 方法和 Writer 方法，一個用於透過鎖定讀取，一個用於透過鎖定寫入，執行等待模擬寫入或讀取作業，然後利用 try/finally 程式區塊來確保鎖定的釋放工作。

▼ 程式 14-16

```
private static ReaderWriterLockSlim readerWriterLock =
                                    new ReaderWriterLockSlim();
private static List<int> items = new List<int>();
private static void Reader()
{
    Console.WriteLine(" 讀取內容 ");
    while(true)
    {
        try
        {
            readerWriterLock.EnterReadLock();
        }
        finally
        {
            readerWriterLock.ExitReadLock();
        }
    }
}

private static void Writer()
{
    while(true)
    {
        try
        {
            int number = new Random().Next(20);
            readerWriterLock.EnterWriteLock();
            items.Add(number);
```

```
        Console.WriteLine(
                $"Thread: {Thread.CurrentThread.ManagedThreadId} added {number}");
        }
        finally
        {
            readerWriterLock.ExitWriteLock();
        }
    }
}
```

程式 14-17 展示了 Reader 方法和 Writer 方法的呼叫。

▼ 程式 14-17

```
static void Main(string[] args)
{
    Thread[] threads = new Thread[3];
    for(int i = 0; i < 3; i++)
    {
        threads[i] = new Thread(Reader);
    }
    foreach(var t in threads)
    {
        t.Start();
    }

    var wThread1 = new Thread(Writer);
    wThread1.Start();
    var wThread2 = new Thread(Writer);
    wThread2.Start();

    Console.ReadKey();
}
```

在 Main 方法中，建立了 3 個執行緒用於執行讀取和寫入作業，利用 ReaderWriterLockSlim 類別來實作執行緒的安全作業，在執行過程中，一旦得到寫入鎖定，就會阻止資料的讀取。也就是說，獲取到寫入鎖定之後執行緒就會進入堵塞狀態，為了更小化堵塞浪費的時間，可以利用 EnterReadLock

方法和 ExitReadLock 方法進入讀取模式獲取讀取鎖定和釋放讀取鎖定，利用 EnterWriteLock 方法和 ExitWriteLock 方法進入寫入模式鎖定和釋放鎖定狀態。

14.7 | 小結

本章介紹了 .NET 中多執行緒間的同步機制，如鎖定，在多執行緒程式設計中對共用資源的「保護」，可以根據具體的應用場景採取不同的鎖定策略。

第 15 章
記憶體管理

本章將從記憶體管理的兩個重要部分詳細說明,即記憶體分配和垃圾回收器,讀者可以由此了解與記憶體分配和垃圾回收相關的基本知識,以及 .NET 應用程式對記憶體的申請、分配和回收。15.4 節會對 GC(Garbage Collection,垃圾回收器)參數最佳化詳細說明,以方便讀者對記憶體管理有更深入的理解。

15.1 | 記憶體分配

通常來說,在應用程式中會將記憶體分成堆積區域和堆疊區域,應用程式執行期間可以主動從堆積區域申請記憶體空間。這些記憶體由記憶體分配器負責分配,由垃圾回收器負責回收。

在 C# 中，new 關鍵字用於分配物件，物件可以是數值型別或參考類型。數值型別和參考類型的內部分配機制是不同的。

15.1.1 堆疊空間和堆積空間

當宣告一個物件後，這個物件的位址會存放在堆疊上。堆疊記憶體是非託管的，不需要垃圾回收器回收，也不需要開發人員管理，當實例化後，會在堆積記憶體中為它分配空間。

圖 15-1 所示為 Stack 堆疊空間和 Heap 堆積空間。例如，透過 ClassA a = new ClassA() 建立一個物件後，這個物件在堆積中，而變數 a 則指向實例，也就是說代表的是指向堆積上的引用，所以變數 a 儲存在堆疊空間中。將變數 a 的引用賦值給其他的變數時，其他的變數會儲存引用位址，對變數 a 指向的實例進行任何修改，都會影響其他的變數指向的實例，因為它們都指向同一個實例，這就是共用堆積空間。

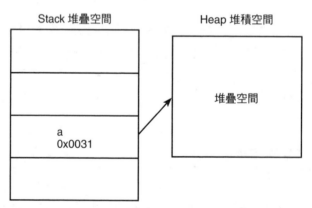

▲ 圖 15-1　Stack 堆疊空間和 Heap 堆積空間

正如上面提到的，執行 Main 方法，在堆疊記憶體中開闢一個新的空間用於存放變數 a，而 a 是區域變數，同時在堆積記憶體中開闢一個空間用於存放 new 的物件。例如，位址 0x0031，物件在堆積記憶體中的位址值會賦給變數 a，這樣變數 a 也有位址值，所以變數 a 就指向了這個物件。

15.1.2 數值型別和參考類型

如圖 15-2 所示，在 .NET 中，類型可以分為兩大類，分別是數值型別（Value Type）和參考類型（Reference Type），數值型別和參考類型都有各自的特點。數值型別和參考類型的相同點是最終都繼承自 System.Object 類別，簡單來說，繼承 System.ValueType 的是數值型別，但是 System.ValueType 繼承自 System.Object 類別，所以它們最終繼承自 System.Object 類別，如果沒有間接類型，則直接繼承自 System.Object 類別的為參考類型。

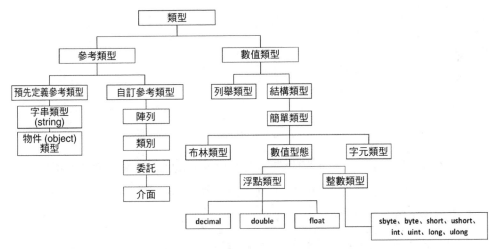

▲ 圖 15-2　數值型別和參考類型

數值型別和參考類型的記憶體分配方式有一個比較大的差異，數值型別儲存在堆疊上，參考類型則被分配在堆積上。

數值型別的變數直接儲存資料。另外，數值型別主要包括基本類型，如整數類型、浮點類型、布林類型和字元類型這四種。數值型別在堆疊中分配，因此，數值型別的效率很高；參考類型的變數儲存的是資料的引用，資料儲存在堆積中，C# 中預先定義了 object 和 string 等參考類型。如程式 15-1 所示，透過一個主控台實例來示範物件分配。

▼ 程式 15-1

```
class Program
{
    static void Main()
    {
        ClassA a = new ClassA();
        a.Name = "Test";
        a.Age = 18;
        ClassA a1 = a;
    }

    public class ClassA
    {
        public string Name { get; set; }  // 定義參考類型
        public int Age { get; set; }         // 定義數值型別
    }
}
```

在 ClassA 類別中，Age 欄位為數值型別，但是 class 是一個參考類型，所以 ClassA 作為參考類型實例的一部分，也被分配到託管堆積中。圖 15-3 所示為參考類型堆疊和堆積。

如程式 15-2 所示，每個變數都有其堆疊位址，並且不同變數的堆疊位址也不同，值儲存在堆疊中（見圖 15-4）。

▼ 程式 15-2

```
class Program
{
    static void Main()
    {
        int a = 5;
        int a1 = a;
    }
}
```

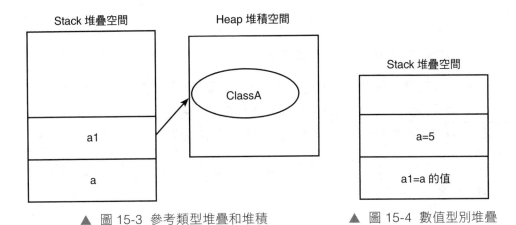

▲ 圖 15-3 參考類型堆疊和堆積　　　▲ 圖 15-4 數值型別堆疊

15.1.3 建立一個新物件

在 C# 中，new 關鍵字用於分配物件，而物件的類型可以是數值型別、參考類型，類型的分配的方式也是不同的。如程式 15-3 所示，建立一個參考類型物件和數值型別物件。

▼ 程式 15-3

```
var obj = new SomeClass();
var obj1=new SomeStruct();
```

最終編譯器生成 IL 程式，如程式 15-4 所示，而 new 關鍵字轉換為 newobj 指令。需要注意的是，newobj 指令用於分配和初始化類型，而 initobj 指令用於初始化數值型別。

▼ 程式 15-4

```
newobj instance void SomeClass::.ctor()
initobj SomeStruct
```

newobj 指令告知 CLR 執行如下操作。

- 計算該類型要分配的記憶體大小。

- 檢查託管堆積上是否有足夠的空間，如果有，則呼叫這個類型的建構方法（.ctor），建構方法會傳回一個指向記憶體的新物件的引用位址，這個位址也是下一個物件指標上一次所指向的位置。

將引用位址傳回給呼叫者之前，讓下一個物件指標指向託管堆積中下一個可用的位置。

圖 15-5 所示為物件壓堆疊。

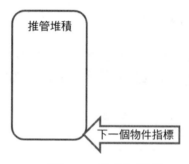

▲ 圖 15-5 物件壓堆疊

如果要繼續分配新的物件，則放在 NextObjPtr 指標的位置，並且 NextObjPtr 指標向後移動，準備繼續接受新物件的分配。

為了讓讀者對記憶體分配機制有一個更好的認識，筆者透過以下幾種分配器模式詳細説明。如圖 15-6 所示，線性分配器（Sequential Allocator）也被稱為撞針分配（Bump-the-Pointer），是一種簡單且高效的分配方法。在使用線性分配器時，只需要使用一個指標來記錄可用空間的起始位址即可，在向分配器申請記憶體時，分配器先檢查可用空間是否足夠分配本次的請求。如果足夠，則分配空間，並且將指標的值修改為新物件的位址，分配器會將指標按照對應的位元組進行移動；如果不夠，則進行垃圾回收。

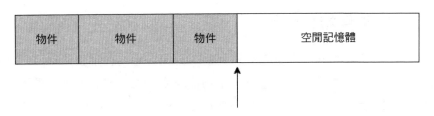

▲ 圖 15-6 線性分配器

圖 15-7 所示為線性分配器回收記憶體。線性分配器雖然高效,但是也存在問題,如無法在記憶體被釋放時重複使用記憶體。如果分配的記憶體已經被清除回收,則會導致記憶體碎片化。顯然地,這種方式會消耗很多記憶體,但是如果配合垃圾回收器演算法來使用,那麼這又是一種比較智慧的方式,垃圾回收器會定期整理這些空閒空間,這樣就能再次進行利用。

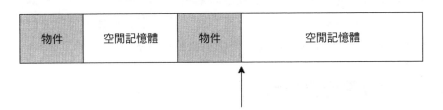

▲ 圖 15-7 線性分配器回收記憶體

如圖 15-8 所示,空閒鏈結串列分配器(Free-List Allocator)可以重複使用已經釋放的記憶體,可以維護一個類似於鏈結串列的資料結構,用於記錄那些被釋放的記憶體位址。在分配物件時優先從空閒列表中檢查是否有足夠的記憶體空間,如果有則分配記憶體空間,隨後修改鏈結串列。

▲ 圖 15-8 空閒鏈結串列分配器

15.1.4 小物件堆積分配

　　小物件（淺層大小小於 85000 位元組）分配在小物件堆積（Small Object Heap，SOH）上。為了高效率地管理小物件堆積，CLR 基於存活時間策略將小物件堆積分為 3 代，分別為第 0 代、第 1 代和第 2 代，物件根據它們的年齡向上移動這些代。新物件放在第 0 代中，當觸發 .NET 垃圾回收器後，如果物件倖存下來，就會被移至第 1 代中，如果在下一次觸發垃圾回收器後還能倖存下來，則它們將從第 1 代移至第 2 代中。

　　在第 2 代中，會發生完整 GC（Full GC）執行，清除不需要的第 2 代物件，將第 1 代物件移至第 2 代中，並將第 0 代物件移至第 1 代中，同時清除任何未引用的物件，每次垃圾回收器執行後，受影響的堆積都會被壓縮，這也就意味著當收集未使用的物件時，垃圾回收器將活動的物件移至間隙中以消除碎片並確保可用的記憶體是連續的。當然，壓縮會涉及一定的銷耗，但壓縮的好處大於銷耗的成本，所以壓縮是在小物件堆積上自動執行的。

15.1.5 大物件堆積分配

　　大物件（淺層大小大於或等於 85 000 位元組）分配在大物件堆積（Large Object Heap，LOH）上。大物件始終分配在第 2 代中，大物件屬於第 2 代，因為只有在第 2 代回收期間才能回收它們，並且回收它前面的所有代。例如，執行第 1 代垃圾回收器時，將同時回收第 0 代。當執行第 2 代垃圾回收器時，將回收整個堆積。因此，第 2 代垃圾回收器還被稱為完整 GC，用於清理整個堆積，包括年輕代空間和老年代空間。由於複製大塊記憶體涉及一定的銷耗，並且壓縮、移動的成本也是比較高的，因此它們沒有被壓縮。

　　在分配物件時，會檢查空閒列表中是否有足夠大的空間來容納該物件。如果存在一塊足夠大的空閒空間，那麼物件就在那裡分配；如果不存在，那麼物件就在下一個空閒空間中分配。

　　因為物件不太可能與空閒空間進行精準匹配，所以幾乎總是在物件之間留下小塊記憶體，導致記憶體碎片化。

此外，在分配大物件時傾向於將物件增加到尾端，而非執行的第 2 代垃圾回收器，這樣對性能有好處，但也是產生記憶體碎片的重要原因。

因此，盡量避免採用 LOH 分配，LOH 分配的銷耗遠遠大於 SOH 分配的銷耗。

如程式 15-5 所示，.NET Core 和 .NET Framework（自 .NET Framework 4.5.1 開始）提供了 GCSettings.LargeObjectHeapCompactionMode 屬性，可以隨選壓縮 LOH。使用 GCSettings. LargeObjectHeapCompactionMode 屬性可以讓使用者指定並且在下一次完整 GC 期間壓縮 LOH。

▼ 程式 15-5

```
GCSettings.LargeObjectHeapCompactionMode=GCLargeObjectHeapCompactionMode
.CompactOnce;
//FULL GC
GC.Collect();
```

透過設定 GCSettings.LargeObjectHeapCompactionMode 屬性的值，在下一次完整 GC 期間時壓縮 LOH，設定該屬性並執行只會造成一次的效果，如果將該設定變成持久化的開關則會造成不必要的壓縮，並且會對性能造成一些影響。GCSettings.LargeObjectHeapCompactionMode 屬性的值會重置為 GCLargeObjectHeapCompactionMode.Default。

如程式 15-6 所示，在 .NET Core 3.0 及更新版本中，LOH 會自動壓縮，可以在 runtimeconfig.json 檔案內指定 LOH 中的設定值大小（以位元組為單位），設定值必須大於預設值 85000 位元組。

▼ 程式 15-6

```
{
    "runtimeOptions":{
        "configProperties":{
            "System.GC.LOHThreshold":120000
        }
    }
}
```

15.1.6 固定物件堆積分配

從 .NET 5.0 開始，.NET 垃圾回收器增加了一個新的特性，即固定物件堆積（Pinned Object Heap，POH），而在此之前會利用 fixed 關鍵字來做到短時間的固定。這是一種將特定的區域變數標記為固定的方法，只要不進行垃圾回收，就不會帶來額外的銷耗。如果長時間固定物件，在這種情況下，垃圾回收器會將固定物件移至第 2 代中，由於第 2 代發生垃圾回收的頻率較低，因此固定物件的影響可以降到最低，在此之前會利用 GCHandle.Alloc(obj, GCHandleType. Pinned) 來做，但是需要更多的銷耗，因為開發人員還需要分配和解除配置 GCHandle。雖說這樣可以，但仍然無法避免堆積碎片的產生，這取決於固定物件的數量、時間，以及固定物件在記憶體中的位置等其他因素。

因此，POH 中包含 SOH/LOH 內的固定物件，這樣垃圾回收器在壓縮時就會忽略這個位置。從 .NET 5.0 開始，.NET 中提供了 POH 和一個配套的物件分配 API。如程式 15-7 所示，可以透過兩種方式來分配陣列。

▼ 程式 15-7

```
class GC
{
    static T[] AllocateUninitializedArray<T>(int length, bool pinned = false);
    static T[] AllocateArray<T>(int length, bool pinned = false);
}
```

如程式 15-7 所示，兩個記憶體分配的 API 利用它們指定想要建立的固定物件，在這裡則是直接在 POH 中分配物件，而非在 SOH/LOH 中分配物件。

POH 中的記憶體分配比正常的 SOH 中的記憶體分配慢一些，因為它並不是基於每個執行緒建立分配上下文，而是向 LOH 中的單一空閒鏈結串列分配，所以，當在 POH 中分配記憶體時，需要注意應具有足夠的空閒空間。

POH 中還有一個非常重要的限制，即只允許固定 Blittable 類型的物件，也就是說，還可以固定非託管類型的緩衝區，如 int 或 byte。另外，POH 具備一定的性能優勢，也就是說，垃圾回收器在標記可達物件時可以跳過 POH，但是無法固定住一個持有其他引用的物件。

如程式 15-8 所示，對應的檢查是在執行時期完成的，因此，POH 取決於判斷 pinned。

▼ 程式 15-8

```
public static T[] AllocateArray<T>(int length, bool pinned = false)
{
    GC_ALLOC_FLAGS flags = GC_ALLOC_FLAGS.GC_ALLOC_NO_FLAGS;

    if (pinned)
    {
        if (RuntimeHelpers.IsReferenceOrContainsReferences<T>())
            ThrowHelper.ThrowInvalidTypeWithPointersNotSupported(typeof(T));

        flags = GC_ALLOC_FLAGS.GC_ALLOC_PINNED_OBJECT_HEAP;
    }

    return Unsafe.As<T[]>(AllocateNewArray(
                                    typeof(T[]).TypeHandle.Value, length, flags));
}
}
```

如程式 15-9 所示，可以嘗試分配到 POH 中。

▼ 程式 15-9

```
var array = GC.AllocateArray<string>(10, pinned: true);
```

但是在執行過程中拋出了例外，如程式 15-10 所示。

▼ 程式 15-10

```
System.ArgumentException:"Cannot use type 'System.String'.
Only value types without pointers or references are supported."
```

15.2 | 垃圾回收器

在電腦科學中，垃圾回收是一種自動記憶體管理機制。通常來說，程式設計語言利用手動和自動兩種方式管理記憶體，現代的高階語言幾乎都具有垃圾回收機制，如 Java、Go 和 .NET 等語言採用的是自動記憶體管理系統，所謂的要回收的垃圾，其實就是應用程式中不再使用的物件，垃圾回收器會把應用程式中不再使用的記憶體視為「垃圾」，在「合適」的時間回收或重用不再被物件佔用的記憶體。在應用程式中如果不回收這些已分配但不使用的記憶體，就會一直佔用並消耗，因此有了垃圾回收機制。

.NET 垃圾回收器主要包含標記階段（Mark Phase）、計畫階段（Plan Phase）、重定位階段（Relocale Phase）、清掃階段（Sweep Phase）和壓縮階段（Compact Phase）。

15.2.1 分代

「代」是 .NET 垃圾回收器採用的一種機制，按照物件的存活時間進行劃分。代也被分為第 0 代、第 1 代和第 2 代，這 3 代中的每一代都儲存了一定「範圍內」的物件，利用分代機制可以提升程式的性能。

CLR 的垃圾回收器演算法是基於代的，需要注意以下幾點。

- 較新的物件存活時間較短，相反，先建立的物件存活時間較長。
- 壓縮託管堆積的部分記憶體比壓縮整個託管堆積速度快。

物件的存活時間是比較重要的一環，在物件存活時間中包括存活較短的物件和存活較長的物件。具有不同的存活時間的物件儲存在一個區域中，稱為代。堆積上有 3 代物件。第 0 代是最年輕的，包含生命週期較短的物件，如臨時變數。垃圾回收在這一代發生得比較頻繁。通常來說，大多數的物件會在第 0 代中被回收，不能回收的被移至下一代中，即第 1 代，這一代包含短壽命的物件，並作為短壽命物件與長期存在的物件之間的一個緩衝區。第 2 代包含長期存在的物件，如存活在處理程序中的靜態資料。

.NET 中的 SOH 分為如下 3 代。

- 第 0 代：包含新增立的物件，到目前為止還沒有對其執行任何回收操作。

- 第 1 代：儲存在單次垃圾回收中倖存下來的物件（由於仍在使用，因此在第 0 代中沒有被回收）。

- 第 2 代：保留在兩次或多次垃圾回收中倖存下來的物件。

倖存規則：如果在垃圾回收期間沒有被回收的，則說明它仍然被某些東西引用，所以這些就存活下來。

- 如果物件在第 0 代中存活下來，那麼物件被提升到第 1 代中。

- 如果物件在第 1 代中存活下來，那麼物件被提升到第 2 代中。

- 如果物件在第 2 代中存活下來，那麼物件依舊在第 2 代中。

代設定值：在代中所有物件的大小超過設定值就會被觸發回收。代設定值在不同垃圾回收模式及不同 LLC 快取等條件下也會有所不同（見表 15-1）。

▼ 表 15-1 以「記憶體佔用」模式為例，即二維陣列中的「第一維」
（假設為 12MB LLC 快取）

代	設定值下限	設定值上限	係數下限	係數上限
第 0 代	6MB	6MB	工作站模式：9	工作站模式：20
			伺服器模式：20	伺服器模式：40
第 1 代	160KB	6MB	2	7
第 2 代（小物件）	256KB	SSIZE_T_MAX	1.2	1.8
第 2 代（大物件）	3MB	SSIZE_T_MAX	1.25	4.5

儘管如此，這些只是定義的初值，在執行時期由垃圾回收器動態調整設定值，增加特定設定值的條件之一是一代中的存活率很高（來自特定代的更多物件要嘛被提升到下一代中，要嘛留在第 2 代中），使垃圾回收器執行的頻率降低（不會經常超過設定值條件）。

15.2.2 標記階段

標記階段通常是垃圾回收器的第一階段，主要目的是找到所有存活的物件。從垃圾回收器根物件（執行緒堆疊局部根，垃圾回收器控制碼表根，FinalizeQueue 根）開始，垃圾回收器沿著所有的物件引用進行遍歷，並將所見的物件都做上標記。分代的垃圾回收器的好處是，可以只遍歷回收記憶體堆積的部分物件，而不需要一次性遍歷所有物件，只要存取那些需要回收的部分即可。當回收年輕代時，垃圾回收器需要知道這些代中還存活著哪些物件。

下面透過一個簡單的實例來介紹標記階段，如程式 15-11 所示。

▼ 程式 15-11

```cpp
class Obj
{
    public:
        // 表示標記狀態
        bool mark;
        // 表示物件之間的引用關係
        std::list<Obj> children;
};

std::list<Obj>* roots = new std::list<Obj>();

void mark(Obj obj) {
    // 檢查物件是否已被標記
    if (obj.mark == false)
    {
        obj.mark = true;
        for (auto child : obj.children)
        {
            mark(child);
        }
    }
}

void mark_phase() {
    // 為活動的物件做標記
```

```
      for (auto r : *roots)
      {
             mark(r);
      }
}

int main()
{
      mark_phase();
}
```

圖 15-9 所示為垃圾回收器標記，在 main 方法中呼叫 mark_phase 方法，並利用 roots 集合定義物件，接著透過 mark_phase 方法迴圈 roots 集合，利用 mark 屬性進行標記。在 mark 方法中，children 屬性有值也需進行標記，children 屬性儲存了根物件具有引用關係的物件，這只是一個大概的標記流程，當然，在垃圾回收器中的標記邏輯實際上遠遠比這些多，但筆者相信，了解基本邏輯可以對專案造成重要作用。

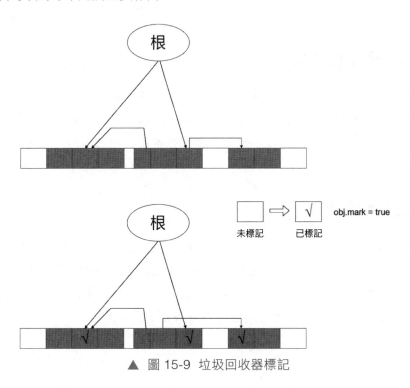

▲ 圖 15-9 垃圾回收器標記

15.2.3 計畫階段

在標記階段之後，所有的物件都已經被標記為可到達和不可到達。此時垃圾回收器會得到執行時期所需的資訊，接下來就是壓縮或清掃。程式 15-12 展示了 dotnet/runtime 倉庫中垃圾回收器計畫階段的一段程式。

▼ 程式 15-12

```
plan_phase()
{
    // 實際的計畫階段，判斷壓縮還是清掃
    if (compact)
    {
        relocate_phase();
        compact_phase();
    }
    else
        make_free_lists();
}
```

15.2.4 重定位階段

在計畫階段已經收集了對應的資料，垃圾回收器會在移動物件引用之前，對這些物件完成引用的重定位操作，也就是說，重定位階段會找到被回收物件的所有引用，而標記階段是找到那些影響物件生命週期的引用，不需要考慮弱引用。

15.2.5 清掃階段

如果計畫階段不執行壓縮，則直接進入清掃階段，並在該階段找出那些佔用的空間。清掃階段會在這些存活的物件所占的空間中建立自由物件（Free Object），並將其加入自由列表（Free List）中，這些相鄰的物件也會合併成一個自由物件。圖 15-10 所示為標記清除演算法。

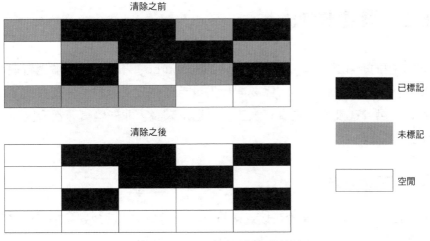

▲ 圖 15-10 標記清除演算法

在標記完可以存活的物件後，會清掃未標記的物件。在清掃後，記憶體也會變得不連續，這就會造成記憶體碎片化，在記憶體碎片越來越多以後，如果分配較大的物件，就無法找到足夠大的記憶體碎片，進而觸發垃圾回收器。

15.2.6 壓縮階段

在物件回收之後，記憶體空間會變得不連續，在計畫階段已經計算出物件需要移動的新位置，而壓縮階段只需要將它們複製到目標位址即可，這樣可以使記憶體變得連續起來。圖 15-11 所示為標記整理演算法。

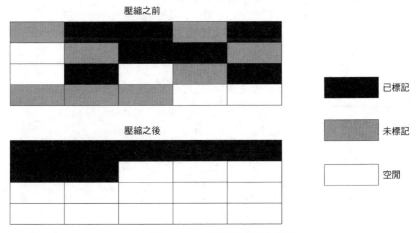

▲ 圖 15-11 標記整理演算法

15.3 | 資源釋放

　　.NET 中的非託管資源（Unmanaged Resource）不受垃圾回收器管理（如資料庫連接和網路連接等），需要開發人員手動釋放；但對於託管資源，垃圾回收器會主動管理及完成自動釋放工作。通常來説，非託管資源都會實作一個 IDisposable 介面。

15.3.1 Dispose

　　在 .NET 中，非託管資源可以透過 Dispose 方法撰寫釋放邏輯來清理資源，因此，需要實作 IDisposable 介面，如程式 15-13 所示。

▼ 程式 15-13

```
public class FileManager : IDisposable
{
    FileStream fileStream = new FileStream(@"Test.txt",
                                                         FileMode.Append);
    public async Task Write(string text)
    {
        byte[] buffer = Encoding.Unicode.GetBytes(text);
        int offset = 0;
        try
        {
            await fileStream.WriteAsync(buffer, offset,
                buffer.Length);
        }
        catch
        {
        }
    }
    public void Dispose()
    {
        if(fileStream != null)
        {
            Console.WriteLine("FileManager is dispose");
```

```
            fileStream.Dispose();
        }
    }
}
```

也可以顯示呼叫 Dispose 方法,或者透過 using 程式區塊來釋放資源。當然,這也是為了確保 Dispose 方法一直會被釋放,如程式 15-14 所示。

▼ 程式 15-14

```
class Program
{
    static async Task Main(string[] args)
    {
        using(FileManager fileManager = new FileManager())
        {
            await fileManager.Write("This is a text");
        }
    }
}
```

開發人員不需要記住呼叫的是哪個 Dispose 方法,因為 Dispose 方法在 .NET 中會以安全的方式透過 using 程式區塊自動執行。

在正常情況下,應該呼叫 Dispose 方法以確保釋放邏輯被執行到,如果開發人員不呼叫它會怎麼樣呢?讀者可以帶著疑問來了解 using 程式區塊背後的底層機制,最簡單的方式是查看 IL 程式,可以利用反編譯器開啟 .dll 檔案(筆者使用的是 JetBrains 的 dotPeek 工具)。IL 程式如程式 15-15 所示。

▼ 程式 15-15

```
.class private auto ansi beforefieldinit
  Program
    extends [System.Runtime]System.Object
{
  .method private hidebysig static void
    Main(
      string[] args
```

```
     ) cil managed
   {
     .entrypoint
     .custom instance void System.Runtime.CompilerServices. NullableContextAttribute::.
                                                    ctor([in] unsigned int8)
       = (01 00 01 00 00 ) //...
       //unsigned int8(1) //0x01
     .maxstack 1
     .locals init (
       [0] class FileManager fileManager
     )
     //[7 5 - 7 6]
     IL_0000: nop
     //[8 16 - 8 59]
     IL_0001: newobj        instance void FileManager::.ctor()
     IL_0006: stloc.0       //fileManager
     .try
     {
       //[9 9 - 9 10]
       IL_0007: nop
       //[10 9 - 10 10]
       IL_0008: nop
       IL_0009: leave.s      IL_0016
     } //end of .try
     finally
     {
       IL_000b: ldloc.0      //fileManager
       IL_000c: brfalse.s    IL_0015
       IL_000e: ldloc.0      //fileManager
       IL_000f: callvirt

                         instance void [System.Runtime]System. IDisposable::Dispose()
       IL_0014: nop
       IL_0015: endfinally
     } //end of finally

     //[11 5 - 11 6]
     IL_0016: ret

   } //end of method Program::Main
```

```
.method public hidebysig specialname rtspecialname instance void
  .ctor() cil managed
{
  .maxstack 8

  IL_0000: ldarg.0      //this
  IL_0001: call    instance void [System.Runtime]System. Object::.ctor()
  IL_0006: nop
  IL_0007: ret


}
}
```

也就是説，using 程式區塊是一個語法糖，在編譯器中編譯後會生成 try/finally 區塊，如程式 15-16 所示。可以透過 try/finally 區塊呼叫 Dispose 方法。

▼ 程式 15-16

```
FileManager fileManager = new FileManager();
try
{
    //TODO
}
finally
{
    if(fileManager != null)
    {
        fileManager.Dispose();
    }
}
```

IDisposable 介面的定義如程式 15-17 所示，此處只定義了一個 Dispose 方法。

▼ 程式 15-17

```
public interface IDisposable
{
    void Dispose();
}
```

15.3.2　DisposeAsync

　　從 C# 8.0 開始，在 .NET 中增加了一個新的介面，即 IAsyncDisposable，允許開發人員以非同步方式釋放資源。IAsyncDisposable 介面在非同步程式設計中具有重要作用。在此之前，對於資源的釋放只能透過同步的 IDisposable 介面來執行，隨著 .NET Core 的誕生，它從底層開始幾乎無處不在地非同步化，這中間大量使用非同步的 API。通常來說，在當下使用 .NET 框架更偏重於使用非同步介面，因為它們不會堵塞執行緒的執行，所以在「非同步化」的程式設計世界中，.NET 團隊決定引入 IAsyncDisposable 介面。

　　簡化 FileManager 的實作，並實作 IAsyncDisposable 介面，如程式 15-18 所示。

▼ 程式 15-18

```
public class FileManager : IAsyncDisposable
{
    ...
    public async ValueTask DisposeAsync()
    {
        if (fileStream != null)
        {
            await fileStream.DisposeAsync();
        }
    }
}
```

　　接下來介紹如何呼叫 IAsyncDisposable 介面，同樣利用 using 關鍵字，但是要在 using 前面增加 await 關鍵字，如程式 15-19 所示。

▼ 程式 15-19

```
class Program
{
    static async Task Main(string[] args)
    {
        await using (var fileManager = new FileManager())
```

```
        {
        }
    }
}
```

當然，可以同時繼承 IDisposable 介面，讓其支援兩種處理方式，如程式
15-20 所示。

▼ 程式 15-20

```
public class FileManager : IDisposable, IAsyncDisposable
{
    public async ValueTask DisposeAsync()
    {
        if (fileStream != null)
        {
            await fileStream.DisposeAsync();
        }
    }

    public void Dispose()
    {
        if (fileStream != null)
        {
            fileStream.Dispose();
        }
    }
}
```

IAsyncDisposable 介 面 的 定 義 如 程 式 15-21 所 示， 定 義 了 一 個
DisposeAsync 方法，並且該方法傳回一個 ValueTask 類型。

▼ 程式 15-21

```
public interface IAsyncDisposable
{
  ValueTask DisposeAsync();
}
```

15.4 | 垃圾回收器的設定

對性能最佳化而言，分為多個層次，通常來説架構最佳化優先，而垃圾回收器最佳化則隨選來定，畢竟大多數的 .NET 應用不需要使用垃圾回收器最佳化，因為預設的設定已經可以滿足大多數的應用場景，而這些調整的參數也值得開發人員關注，可以由此了解垃圾回收器對哪些內容產生了限制。使用垃圾回收器可以幫助開發人員更好地管理記憶體，在大多數情況下不需要關注垃圾回收器最佳化。但是有時候開發人員可能會對程式的一些機制產生疑惑，所以了解垃圾回收器最佳化還是有必要的，這樣就可以知道需要做哪些調整，以及存在哪些最佳化空間。

15.4.1 工作站模式與伺服器模式的垃圾回收

垃圾回收器有兩種不同的工作模式，分別為工作站模式（Workstation Mode）和伺服器模式（Server Mode）。通常來説，工作站模式適用於桌面應用程式，需要注意的是，該模式適用於記憶體占用量較小的程式，可以將伺服器模式應用於記憶體占用量較大的應用程式。

工作站模式的垃圾回收

- 垃圾處理會在觸發垃圾回收的同一個執行緒中，並且保留相同的優先順序，對於單核處理器的電腦來説，這是比較好的選擇。

- 執行垃圾處理的頻率比較高。

- 工作站模式的垃圾回收只能由一個執行緒一個託管堆積。

伺服器模式的垃圾回收

- 執行垃圾處理的頻率比較低。

- 伺服器模式的垃圾回收可以平行透過多個執行緒多個託管堆積，預設執行緒為邏輯核心數。

在預設情況下，Console（主控台）和 WPF 為 false，採用工作站模式。ASP.NET Core 應用程式預設為 true，採用伺服器模式。如程式 15-22 所示，可以修改模式。.NET Framework 透過 web.config/app.config 檔案或「程式名稱 .config」檔案設定模式。

▼ 程式 15-22

```xml
<configuration>
    <runtime>
        <gcServer enabled="true"/>
    </runtime>
</configuration>
```

如程式 15-23 所示，在 .NET Core 之後，可以透過 .csproj 檔案設定，將 ServerGarbageCollection 屬性設定為 true 表示採用伺服器模式，否則採用工作站模式。

▼ 程式 15-23

```xml
<Project Sdk="Microsoft.NET.Sdk">

  <PropertyGroup>
      <!-- 指示執行時期是否啟用伺服器模式的垃圾回收 -->
    <ServerGarbageCollection>true</ServerGarbageCollection>
  </PropertyGroup>

</Project>
```

如程式 15-24 所示，也可以在發佈檔案「程式名稱 .runtimeconfig.json」中設定。

▼ 程式 15-24

```json
{
  "runtimeOptions": {
    "tfm": "net6.0",
    "frameworks": [
```

```
    {
      "name": "Microsoft.NETCore.App",
      "version": "6.0.0"
    },
    {
      "name": "Microsoft.AspNetCore.App",
      "version": "6.0.0"
    }
  ],
  "configProperties": {
    "System.GC.Server": true
  }
 }
}
```

在執行應用程式時，可以透過 GCSettings.IsServerGC 屬性查看當前程式使用的是否是伺服器模式的垃圾回收，該屬性傳回一個 bool 類型，如程式 15-25 所示。

▼ 程式 15-25

```
var isServerGC = GCSettings.IsServerGC;
```

注意：在一台只有一個 CPU 邏輯核心的電腦上，無論 gcServer 設定成什麼，都將始終使用工作站模式的垃圾回收。

15.4.2 封鎖垃圾回收和背景垃圾回收

在 .NET 中有兩種垃圾回收的處理方式，分別為封鎖（Blocking）垃圾回收和背景（Background）垃圾回收。背景垃圾回收是平行垃圾回收的演進，所以類似於平行垃圾回收，但是在背景垃圾回收中，由單獨的垃圾回收器執行，並且在第 2 代回收期間不會暫停託管執行緒，但是在第 0 代和第 1 代回收期間，必須暫停託管執行緒和第 2 代垃圾回收，在第 0 代和第 1 代垃圾回收完成後，第 2 代才會繼續執行。

大多數垃圾回收都是 STW（Stop-The-World）的，它們會暫停所有應用執行緒，也就是垃圾回收停頓。實際上，背景垃圾回收也會暫停所有應用執行緒，但是都非常短暫。

在預設情況下會啟用背景垃圾回收。在 .NET Framework 程式中可以透過 gcConcurrent 設定，.NET Core 之後的版本可以使用 System.GC.Concurrent 來啟用或禁用背景垃圾回收，如程式 15-26 所示。

▼ 程式 15-26

```
<configuration>
      <runtime>
              <gcServer enabled="true"/>
              <gcConcurrent enabled="true"/>
      </runtime>
</configuration>
```

如程式 15-27 所示，在 .NET Core 之後可以透過 .csproj 檔案設定，即透過 ConcurrentGarbage Collection 屬性設定。

▼ 程式 15-27

```
<Project Sdk="Microsoft.NET.Sdk">

  <PropertyGroup>
    <ConcurrentGarbageCollection>false</ConcurrentGarbageCollection>
  </PropertyGroup>

</Project>
```

如程式 15-28 所示，也可以在發佈檔案「程式名稱 .runtimeconfig.json」中設定。

▼ 程式 15-28

```
{
   "runtimeOptions": {
     "configProperties": {
```

```
        "System.GC.Concurrent": false
    }
  }
}
```

15.4.3 設定延遲模式

垃圾回收有多種延遲模式可供開發人員選擇（見表 15-2），其中大部分是透過 GCSettings.LatencyMode 屬性存取的，通常來說不需要更改這些模式，但是在一些情況下，這些模式會造成一定的作用。

▼ 表 15-2 GCLatencyMode 類別屬性 / 值說明

屬性	值	說明
Batch	0	禁用背景垃圾回收，透過執行封鎖垃圾回收，所有非垃圾回收的執行緒會被暫停，直到垃圾回收結束
Interactive	1	啟用背景垃圾回收和封鎖垃圾回收，允許回收第 0 代和第 1 代，並且允許背景執行緒回收第 2 代
LowLatency	2	禁止回收第 2 代，該模式僅在工作站模式下可用，禁用了第 2 代垃圾回收
SustainedLowLatency	3	禁用非平行完全垃圾回收，工作站模式和伺服器模式都可使用
NoGCRegion	4	根據預分配對象的總大小決定何時啟用垃圾回收，該屬性不允許直接設定，而是借助 TryStartNoGCRegion 方法設定

如程式 15-29 所示，透過 GCSettings 的 LatencyMode 屬性可以改變延遲模式，但是建議在執行完指定操作後再切換回原模式。

▼ 程式 15-29

```
GCSettings.LatencyMode = GCLatencyMode.LowLatency;
```

如程式 15-30 所示,對於 NoGCRegion(無垃圾回收器區域模式)來說,可以透過如下敘述進行設定(對於該內容,為了安全操作,建議透過如下類似的程式進行設定)。要切記在執行完指定操作後,呼叫 GC.EndNoGCRegion 方法結束。

▼ 程式 15-30

```
if (GC.TryStartNoGCRegion(1024,true))
{
    try
    {
        //TODO
    }
    finally
    {
        try
        {
            GC.EndNoGCRegion();
        }
        catch (Exception e)
        {

        }
    }
}
```

15.4.4 垃圾回收器參數最佳化

關於垃圾回收器參數最佳化,可以透過如下方式進行處理,但是在修改時應該謹慎,這些設定推薦使用 DOTNET_ 環境變數。當然,也可以使用其他方式,如透過 runtimeconfig.json 檔案定義,但是這種方式不適用於一些選項,所以推薦使用環境變數,這樣就可以在執行程式之前輕鬆設定。

- **GCLatencyLevel**:設定垃圾回收器延遲等級,該屬性可以限制垃圾回收器代數的大小,使垃圾回收器觸發得更頻繁,預設的延遲等級為 1。

- **GCHeapHardlimitPercent**：指定處理程序可以使用的實體記憶體（記憶體百分比形式）。通常，可以對伺服器上的應用程式分配固定大小的記憶體，進而限制應用程式的記憶體使用量。

- **GCHighMemPercent**：設定記憶體總佔用的大小，使垃圾回收器觸發得更加頻繁，使作業系統釋放出更多的空閒記憶體。透過該屬性可以調整記憶體最大的佔用率（百分比），預設值為 90%，調整得過低和過高都不好，如果過低則會造成垃圾回收器觸發得頻繁，進而影響性能，如果過高則會影響伺服器的整體資源佔用，建議保持為 80% ～ 97%。

- **gcTrimCommitOnLowMemory**：啟用該屬性後，如果記憶體使用量超過一定的設定值（90%），就會進行調整並減少分配過多的記憶體，直到降低到 85% 以下。

- **gcServer**：設定屬性選擇工作站模式或伺服器模式，在多核心 CPU 電腦中，每個 CPU 核心都有一個專用的垃圾回收器執行緒，這樣可以提高應用程式執行大型工作時的性能。如果電腦有 3 個或更多個 CPU 核心，則建議採用伺服器模式；如果電腦只有 1 個 CPU 核心，則自動強制採用工作站模式；如果電腦有兩個核心，則兩者都可以考慮。

- **DOTNET_TieredPGO**：預設為禁用，用於設定在 .NET 6 及更新版本中啟用動態或分層按設定最佳化（PGO）。

- **DOTNET_ReadyToRun**：設定 .NET 執行時期是否要為具有可用 ReadyToRun 資料的映射使用預編譯程式，如果禁用此選項，則強制執行時期對框架程式進行 JIT 編譯。預設為啟用，如果禁用此選項啟用 DOTNET_TieredPGO，則可以將分層按設定最佳化應用到整個 .NET 平臺，而不僅僅是應用程式的程式。

- **DOTNET_TC_QuickJitForLoops**：設定 JIT 編譯器是否對包含迴圈的方法使用快速 JIT，設定快速 JIT 可以提高啟動的性能。

可以透過環境變數調整垃圾回收器的參數，在 Linux 作業系統中可以使用如程式 15-31 所示的程式。

▼ 程式 15-31

```
export DOTNET_GCHeapHardLimitPercent=0x3C
export DOTNET_GCHighMemPercent=0x32
export DOTNET_GCLatencyLevel=0
export DOTNET_gcTrimCommitOnLowMemory=1
export DOTNET_gcServer=1
export DOTNET_TieredPGO=1
export DOTNET_ReadyToRun=0
export DOTNET_TC_QuickJitForLoops=1
```

如程式 15-32 所示，在 Windows 作業系統中可以使用 Powershell。

▼ 程式 15-32

```
$Env: DOTNET_GCHeapHardLimitPercent=0x3C
$Env: DOTNET_GCHighMemPercent=0x32
$Env: DOTNET_GCLatencyLevel=0
$Env: DOTNET_gcTrimCommitOnLowMemory=1
$Env: DOTNET_gcServer=1
$Env: DOTNET_TieredPGO=1
$Env: DOTNET_ReadyToRun=0
$Env: DOTNET_TC_QuickJitForLoops=1
```

如果採用伺服器模式的垃圾回收的記憶體銷耗比較高，則可以考慮調整 GCLatencyLevel 屬性和 GCHeapHardLimitPercent 屬性，但是建議保持預設狀態，因為垃圾回收會在執行時期進行自我最佳化，並且在作業系統真正需要時使用更少的記憶體。

15.5 | 小結

建立一個物件即代表需要開闢一些資源，所以需要為這些資源分配記憶體，在 C# 中通常使用 new 關鍵字來完成。而在程式中呼叫 new 關鍵字建立物件時，如果沒有足夠的位址空間來分配該物件，CLR 就會執行垃圾回收。在託管應用中又分為本機堆積和託管堆積，CLR 在託管堆積上為物件分配記憶體。而堆積又分為兩種，即大物件堆積和小物件堆積，通常將小於 85000 位元組的物件分配到小物件堆積中，而大物件堆積則用來分配超過 85000 位元組的物件，它們直接由第 2 代來追蹤。

第 16 章
診斷和偵錯

對開發人員而言，性能診斷是日常工作中經常面對和解決的問題，具備偵錯技能可以非常方便地應對應用程式所帶來的問題。本章將探討診斷和偵錯，16.1 節介紹了性能診斷工具，16.2 節介紹了不同環境中的偵錯技巧，如在 WSL2 中偵錯、使用 Visual Studio（Code）遠端偵錯 Linux 部署的應用和使用容器工具偵錯。

16.1 性能診斷工具

在 .NET 中，有非常多的診斷工具可供選擇，如 Visual Studio、PerfView，也可以借助 ILSpy 查看 IL 程式，利用 WinDbg 分析傾印檔案，除此之外，還有基準測試工具 BenchmarkDotNet，以及 dotnet 一系列的 CLI 工具。

16.1.1 Visual Studio

Visual Studio 是一個 IDE。本節以 Visual Studio Professional（專業版）為例，對該 IDE 中性能分析工具的功能進行講解，相關工具可以用於解決實際開發中的問題，以及提高應用程式的性能。

啟動 Visual Studio，選擇「偵錯」→「性能分析工具」命令，開啟如圖 16-1 所示的「分析目標」介面。

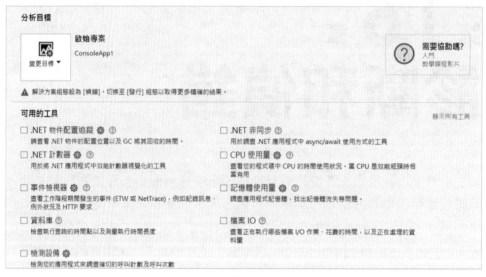

▲ 圖 16-1 「分析目標」介面

記憶體使用量

可以透過「記憶體使用量」工具分析應用程式的記憶體使用情況，在 Visual Studio 中可以利用該工具查看記憶體的即時使用情況，如圖 16-2 所示。另外，也可以對應用程式中記憶體狀態的詳細資訊拍攝快照，並對比不同時間段的記憶體使用情況。對記憶體進行分析的主要目的是透過收集記憶體使用情況方面的資料來分析記憶體是否健康，確定是否存在記憶體洩漏問題，進而對最佳化記憶體的使用提供引導。

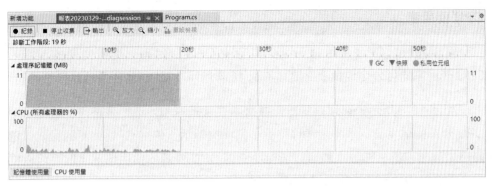

▲ 圖 16-2 記憶體的即時使用情況

　　根據如圖 16-2 所示的應用程式在執行時期的記憶體波動情況,可以對比記憶體使用的走勢。另外,對記憶體進行分析還可以利用記憶體快照的方式查看詳細資訊,如點擊快照的專案查看記憶體的使用情況,當然,也可以根據對應的位元組大小進行排序。圖 16-3 所示為記憶體快照的詳細資訊。

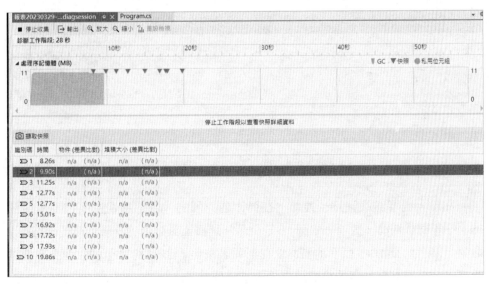

▲ 圖 16-3 記憶體快照的詳細資訊

CPU 使用率

可以透過「CPU 使用情況」工具查看 CPU 使用率。隨著時間的演進，CPU 使用率的百分比也會發生變化。圖 16-4 所示為 CPU 使用率的資料報告。

如圖 16-4 所示，可以透過「前幾大函式」區域和「最忙碌路徑」區域了解 CPU 資源的佔用情況，「最忙碌路徑」區域中顯示了佔用 CPU 資源的程式。透過這些報告資訊，開發人員可以清晰地看到 CPU 資源的佔用情況，進而可以針對某個區域中的程式進行最佳化。

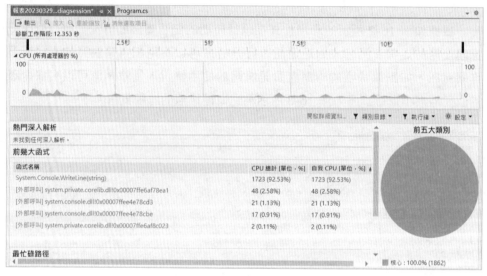

▲ 圖 16-4　CPU 使用率的資料報告

點擊「查看詳細資訊」連結，在彈出的介面的「目前檢視」下拉清單中選擇「呼叫樹狀結構」選項，如圖 16-5 所示。選擇工具列中的「顯示最忙碌路徑」命令，展示如圖 16-5 所示的資料，診斷報表按照「CPU 總計」的值從高到低進行排序，透過點擊列表的標題可以更改排序依據。

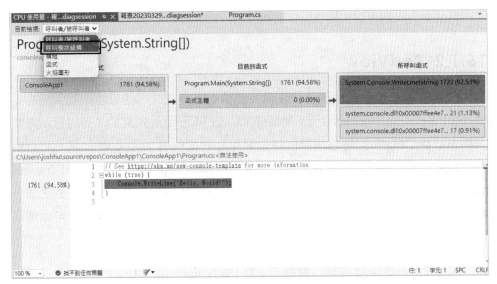

▲ 圖 16-5 選擇「呼叫樹狀結構」選項

如圖 16-5 所示，清單中展示了每個函式的路徑，也可以展開介面左上角的「目前檢視」下拉清單，選擇其他的視圖展示選項。

當然，還可以在 Visual Studio 性能分析器中使用其他的分析工具，如 .NET 物件分配追蹤、.NET 計數器、檢測、事件檢視器、資料庫等。

圖 16-6 所示為 Visual Studio 即時使用報告，透過該工具開發人員可以對記憶體使用率和 CPU 使用率進行分析，同時可以了解 Visual Studio 在偵錯程式期間的性能報告，以及垃圾回收器的觸發情況。

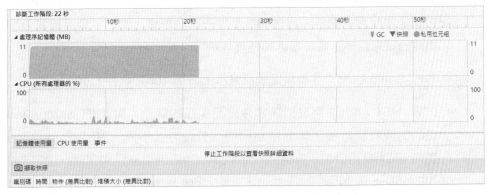

▲ 圖 16-6 Visual Studio 即時使用報告

除此之外,還可以拍攝快照,這樣就可以深入分析某個時間段的託管物件。

16.1.2 PerfView

PerfView 是免費的性能分析工具,體積小、免安裝,並且功能強大。它是由 .NET Runtime Performance 架構師 Vance Morrison 撰寫的,可以幫助開發人員分析與 CPU 和記憶體相關的性能問題。它是一個 Windows 工具,可以用於分析在 Linux 機器上收集的資料。利用 PerfView 可以對 ETW(Event Tracing for Windows)資料進行性能分析,並且它是一個集抓取和分析於一身的性能分析工具。PerfView 是一個可執行檔,所以只需要下載可執行檔即可。可以透過以下兩種方式下載 PerfView。

- 存取 Microsoft 官網,搜尋並下載 PerfView。

- 從 GitHub 官網的 microsoft/perfview 倉庫中下載 PerfView。

啟動程式後,可以看到一個包含大量幫助內容的視窗。選擇 Collect 選項後,將開啟如圖 16-7 所示的視窗。

如圖 16-7 所示,Advanced Options 區域中有許多選項,這些選項分別對應不同的 .NET 資訊。

- .NET:啟用來自 .NET Provider 的預設事件。

- .NET Stress:獲取與壓力測試相關的事件。

- .NET Alloc:在垃圾回收器堆積上分配物件時,記錄堆疊觸發的事件,它是非常昂貴的銷耗,對性能會產生一定的影響。當然,應用程式分配物件的頻率越高,觸發事件的速度越快。

- .NET SampAlloc:在垃圾回收器堆積上分配 10KB 物件的事件。

- ETW .NET Alloc:用於記錄物件分配採樣的事件,與 .NET SampAlloc 選項的資料從本質上來看是相同的,只是方式不同。.NET SampAlloc 選項可以利用 .NET Profiler Dll(ETWClrProvider)來工作,而 ETW .NET Alloc 選項則是基於 .NET 4.5.3 中增加的 GCSampledObject AllocationHigh 關鍵字工作。

- .NET Calls：啟用該選項，當每次呼叫方法時，都會記錄一個事件。

- GC Only：禁用所有的 Provider，啟用 MemInfo 事件和 VirtualAlloc 事件，可以用於分析記憶體問題。

- GC Collect Only：禁用所有的 Provider，僅啟用與垃圾回收器處理程序相連結的 .NET Provider 事件，這種模式記錄的資料比 GC Only 還要少。

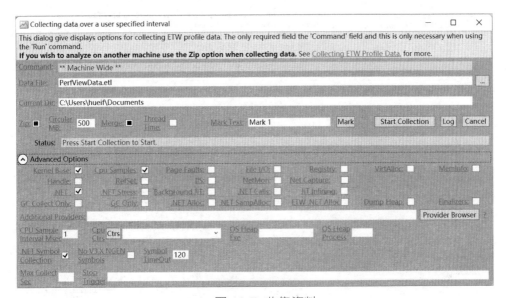

▲ 圖 16-7 收集資料

圖 16-7 中還包括以下幾項。

- ZIP：將檔案打包到一個存檔檔案中，通常這樣更方便將資料複製到另一台機器上，以便日後透過該檔案進行分析。

- Merge：當資料被收集在多個檔案中時，可以將其合併為一個檔案。

點擊如圖 16-7 所示的 Start Collection 按鈕，PerfView 開始工作，日誌輸出將顯示在右下角。在一定時間內，可以點擊 Cancel 按鈕關閉應用程式，此時 PerfView 已經建立了一個名為 PerfViewData.etl 的檔案，如圖 16-8 所示，可以開啟該檔案。

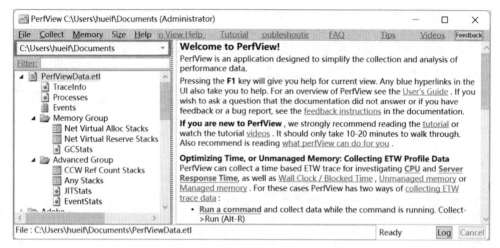

▲ 圖 16-8 在 PerfView 中開啟 ETL 檔案

如圖 16-9 所示，可以透過按兩下左面板中的節點查看詳情，詳情包含所有已經記錄的事件。另外，可以利用 Filter 功能，在輸入 GC 時，篩選有關垃圾回收器的 DotNetRuntime 事件。圖 16-9 所示為 PerfView Events GC 事件。

▲ 圖 16-9 PerfView Events GC 事件

- Start：指定需要篩選的起始時間（單位為毫秒）。

- End：指定需要篩選的終止時間（單位為毫秒）。

- MaxRet：查詢結果中每頁的筆數，預設為 10000 筆記錄。

- Find：需要查詢的文字。

- Process Filter：篩選要查看的應用程式。

- Text Filter：按文字過濾。

點擊 GCStats 節點查看垃圾回收器的統計資訊，該視窗中包括垃圾回收器的綜合資訊，如圖 16-10 所示。

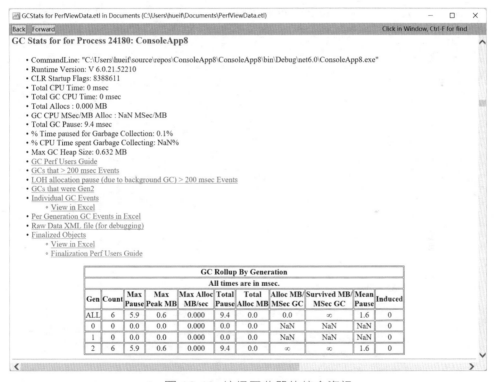

▲ 圖 16-10 垃圾回收器的綜合資訊

除此之外，還有一些其他的視圖。圖 16-11 所示為 Any Stacks 視圖。

- GroupPats：分組範本，多個範本之間以「;」分隔。

- Fold%：如果小於設定的值，那麼該呼叫堆疊將折疊顯示。

- FoldPats：折疊範本，多個範本之間以「;」分隔。

- IncPats：匹配函式名稱，通常來說匹配處理程序名稱，顯示在清單中。

- ExcPats：匹配函式名稱，在清單中排除。

如圖 16-12 所示，在 PerfView 應用程式的功能表列中展開 Memory 選單，
選擇 Take Heap Snapshot 命令，開啟 Collecting Memory Data 視窗。

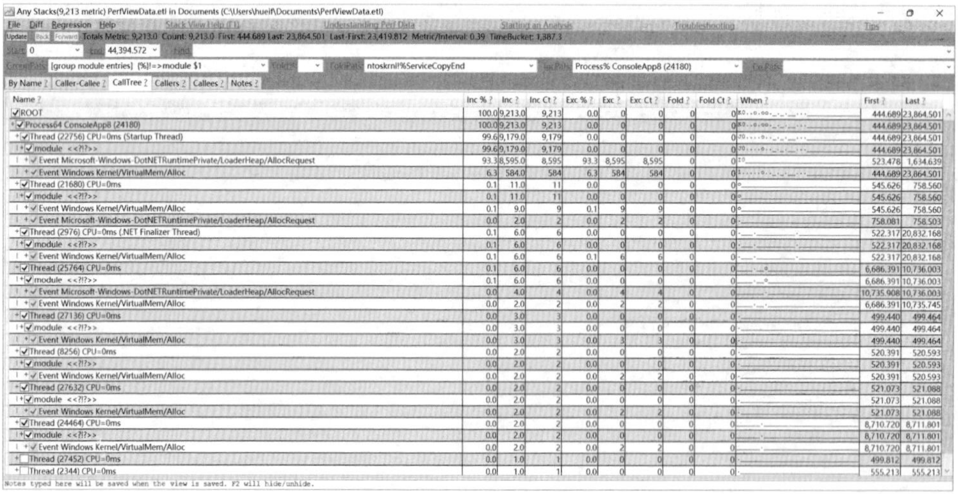

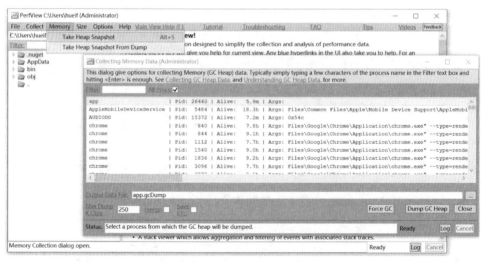

▲ 圖 16-11　Any Stacks 視圖

▲ 圖 16-12　Collecting Memory Data 視窗

在 Collecting Memory Data 視窗中,先點擊處理程序 app,再點擊 Dump GC Heap 按鈕,輸出一個名為 app.gcdump 的檔案,如圖 16-13 所示,透過 PerfView 的左面板,點擊 Heap Stacks 節點,開啟 Heap Stacks 視窗。

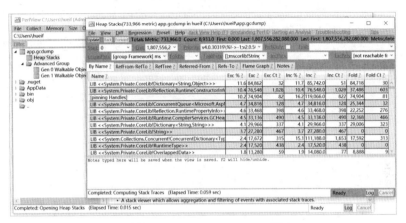

▲ 圖 16-13 Heap Stacks 視窗

如圖 16-14 所示,按滑鼠右鍵列表,在彈出的快顯功能表中選擇 Memory → View Objects 命令,開啟 ObjectViewer 視窗,如圖 16-15 所示。

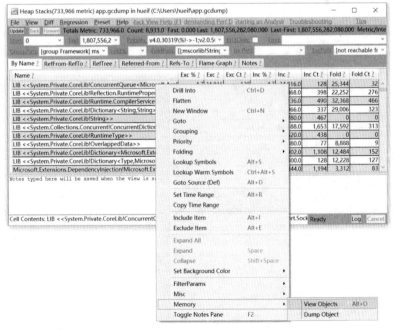

▲ 圖 16-14 選擇 Memory → View Objects 命令

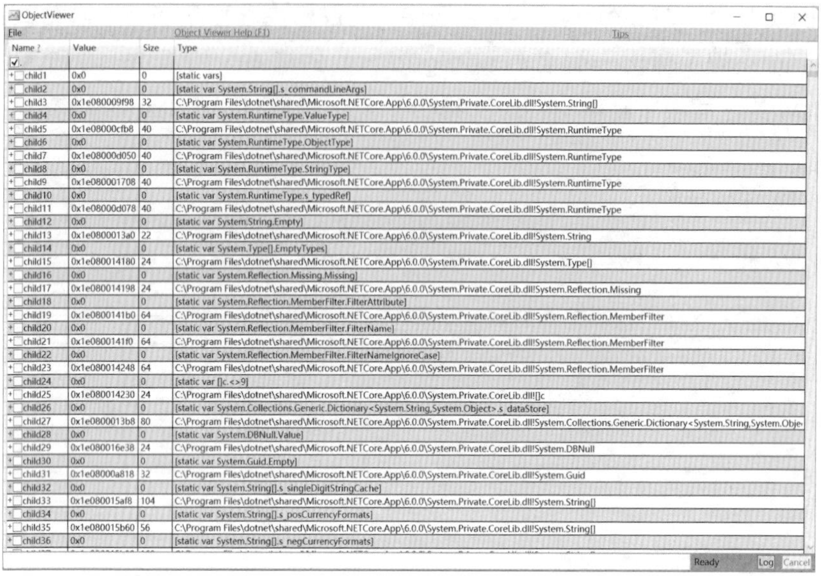

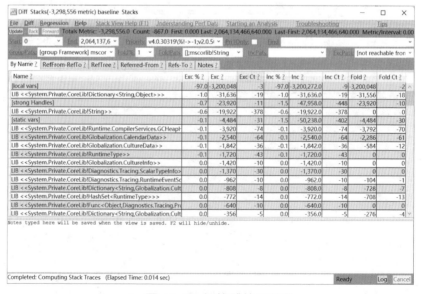

▲ 圖 16-15　ObjectViewer 視窗

記憶體快照也是 PerfView 的重要功能，透過記憶體快照可以比較兩個狀態的記憶體差異性。在功能表列中先選擇 Diff 選單，再選擇要進行對比的檔案，記憶體快照差異如圖 16-16 所示。

▲ 圖 16-16　記憶體快照差異

場景：記憶體使用率高

首先開啟 PerfView，然後選擇 Collect 選項收集診斷資訊。幾秒鐘後停止收集。首先了解當前應用程式的垃圾回收器，然後按兩下 GCStats 報告，彈出一個彈窗，如圖 16-17 所示，GCStats 介面中展示了處理程序清單，點擊 Process 17848: MemoryLeak 連結，查看垃圾回收器的整理資訊。

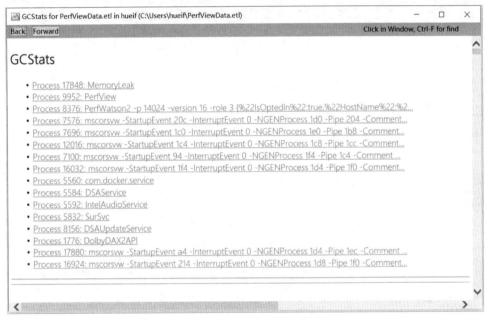

▲ 圖 16-17 GCStats 介面

圖 16-18 所示為垃圾回收器的整理資訊，這些都屬於第 2 代，是預期結果，因為這些物件都大於 85000 位元組，所以均被視為大物件。

				GC Rollup By Generation						
				All times are in msec.						
Gen	Count	Max Pause	Max Peak MB	Max Alloc MB/sec	Total Pause	Total Alloc MB	Alloc MB/ MSec GC	Survived MB/ MSec GC	Mean Pause	Induced
ALL	4	32.8	4,801.8	1,762.531	51.2	8,000.0	156.1	∞	12.8	0
0	0	0.0	0.0	0.000	0.0	0.0	0.0	NaN	NaN	0
1	0	0.0	0.0	0.000	0.0	0.0	0.0	NaN	NaN	0
2	4	32.8	4,801.8	1,762.531	51.2	8,000.0	0.0	∞	12.8	0

▲ 圖 16-18 垃圾回收器的整理資訊

圖 16-19 所示為垃圾回收器的觸發情況,所有的垃圾回收器都是第 2 代,並且都由 AllocLarge 觸發,也就是分配了大物件,所以觸發了該垃圾回收器。

GC Index	Pause Start	Trigger Reason	Gen	Suspend Msec	Pause MSec	% Pause Time	% GC	Gen0 Alloc MB	Gen0 Alloc Rate MB/sec	Peak MB	After MB	Ratio Peak/After	Promoted MB	Gen0 MB	Gen0 Survival Rate %	Gen0 Frag %	Gen1 MB
145	383.123	AllocLarge	2B	15.076	16.388	23.3	NaN	0.000	0.00	1,601.806	1,601.846	1.00	1,600.108	1.483	0	64.01	0.000
146	2,846.497	AllocLarge	2B	0.019	0.915	0.0	NaN	0.000	0.00	4,801.806	801.854	5.99	800.108	1.491	0	63.74	0.000
147	3,620.033	AllocLarge	2B	31.302	32.831	5.4	NaN	0.000	0.00	1,601.807	1,601.855	1.00	1,600.108	1.492	0	63.70	0.000
148	6,129.069	AllocLarge	2B	0.021	1.116	0.0	NaN	0.000	0.00	4,801.808	801.848	5.99	800.108	1.485	0	63.93	0.000

GC Events by Time — All times are in msec. Hover over columns for help.

▲ 圖 16-19 垃圾回收器的觸發情況

在 PerfView 視窗中, 按兩下 GC Heap Alloc Ignore Free(Coarse Sampling)Stacks 節點後,如圖 16-20 所示,在 Select Process Window 視窗中找到 MemoryLeak 處理程序。

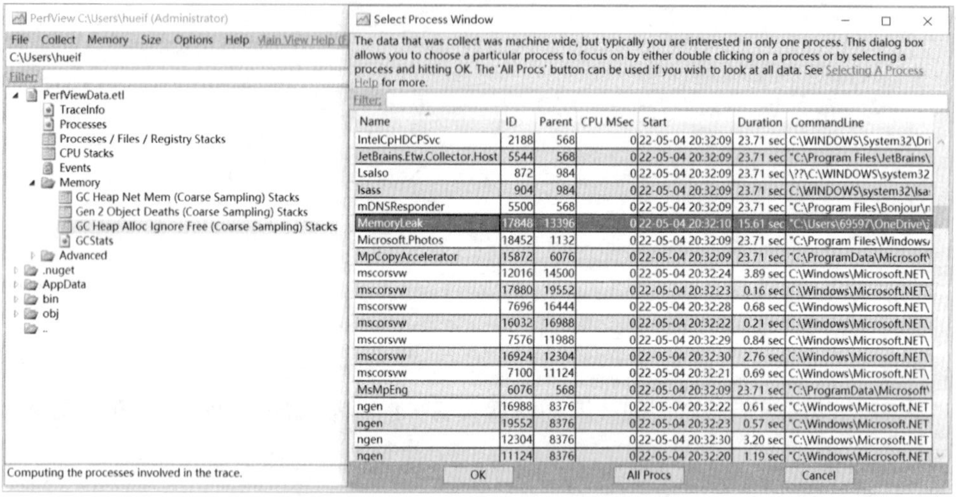

▲ 圖 16-20 Select Process Window 視窗

在列表中找到對應的處理程序,按兩下處理程序名稱 MemoryLeak,開啟如圖 16-21 所示的視窗,在該視窗中會顯示分配物件的清單,在物件列表中可以看到引發的大物件 Type System.Double[]。其中,Inc% 表示物件分配的位元組與總位元組數相比的百分比,Inc 是分配的位元組數,Inc Ct 是分配的物件數。

　　程式 16-1 展示了引發該問題的程式，由於不斷地建立陣列，因此出現記憶體洩漏。

▼ 程式 16-1

```csharp
class Program
{
    static void Main(string[] args)
    {
        Console.WriteLine("Press any key to exit...");
        while (!Console.KeyAvailable)
        {
            var array = new double[100000000];
            for (int i = 0; i < array.Length; i++)
            {
                array[i] = i;
            }
            System.Threading.Thread.Sleep(10);
        }
        Console.WriteLine("Done");
    }
}
```

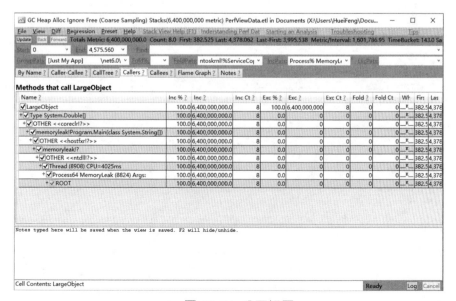

▲ 圖 16-21　分配視圖

16.1.3 ILSpy

ILSpy 是一個開放原始碼的工具，提供了 .NET 程式集瀏覽和反編譯功能。對 .NET 應用程式而言，開發人員可以利用 ILSpy 將編譯過的程式集反編譯成可讀的 IL 程式、C# 原始程式碼和 ReadyToRun 原始程式碼，如圖 16-22 所示。

除了可以查看 C# 原始程式碼，還可以查看 IL 程式，如圖 16-23 所示。

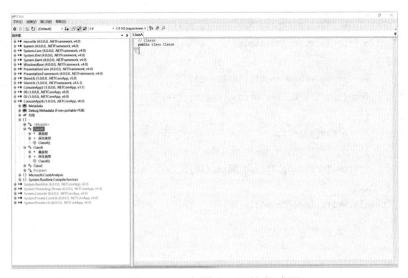

▲ 圖 16-22 查看 C# 原始程式碼

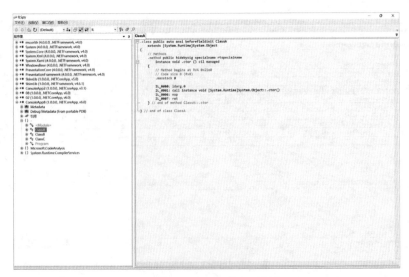

▲ 圖 16-23 查看 IL 程式

關於 ILSpy 的獲取，可以存取 GitHub 官網，在 icsharpcode/ILSpy 倉庫中下載。

16.1.4 dnSpy

dnSpy 是 .NET 應用程式的逆向工程工具（如圖 16-24 所示，可以使用 dnSpy 查看原始程式碼，顯示該工具的主介面）。dnSpy 不僅可以用於反編譯 .dll 檔案，還可以用於偵錯和編輯檔案。也就是說，可以利用 dnSpy 修改 .dll 檔案。

▲ 圖 16-24　使用 dnSpy 查看原始程式碼（編按：本圖例為簡體中文介面）

存取 GitHub 官網，在 dnSpy/dnSpy 倉庫中下載 dnSpy。

16.1.5 WinDbg

WinDbg 是 Windows 平臺下一個強大且輕量級的偵錯工具，開發人員可以透過它附加到託管處理程序中偵錯，除此之外，還可以分析生成的記憶體傾印，如偵錯記憶體洩漏、CPU 消耗、鎖死等問題。

安裝 **WinDbg** 的方式

- Windows 的偵錯工具套件含在 Windows 驅動程式工具套件（Windows Driver Kit，WDK）中。

- 使用 Windows 市集。

執行 WinDbg 後，將看到如圖 16-25 所示的 WinDbg 主視窗，該視窗中提供了多種選項。

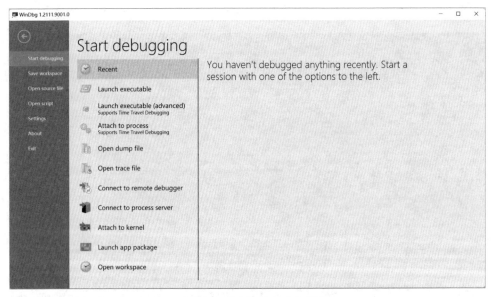

▲ 圖 16-25 WinDbg 主視窗

最簡單的方式是透過 WinDbg 附加處理程序，選擇 Attach to process 命令，展開正在執行的處理程序列表，選擇指定的處理程序即可。當然，也可以直接在 WinDbg 中開啟傾印檔案。

WinDbg 同樣支援外掛程式。例如，使用 .load <full to file> 命令可以載入外掛程式，如 .load d:/Sosex/64bit/sosex.dll，利用該命令可以根據指定的路徑載入外掛程式。除此之外，還可以利用 .loadby 命令，如使用 .loadby sos clr 命令可以自動定位路徑。

　　在處理程序中記憶體佔用一直居高不下，有很多原因會引發這種現象。下面筆者以物件釋放慢為例來介紹 WinDbg 的使用。如程式 16-2 所示，筆者以主控台實例為例詳細說明，在 Main 方法中，透過 while 敘述迴圈建立自訂的 MyClass 物件，隨後利用宣告的 Random 物件獲取隨機數，該隨機數透過 MyClass 物件的建構方法傳入該實例中，用於緩解釋放資源的時間。該應用程式會造成持續地建立物件實例，但記憶體得不到快速回收，導致記憶體一直增長。

▼ 程式 16-2

```
public class MyClass
{
    private readonly int _delay;

    public MyClass(int delay) => _delay = delay;
    ~MyClass() => Thread.Sleep(_delay);
}

class Program
{
    static void Main(string[] args)
    {
        Console.WriteLine("Press any key to exit"...);
        var random = new Random();
        while (!Console.KeyAvailable)
        {
            var _ = new MyClass(random.Next(100, 5000));
        }
        Console.WriteLi"e("D"ne");
    }
}
```

如圖 16-26 所示，在 Visual Studio 中利用診斷工具查看資源的表現情況。

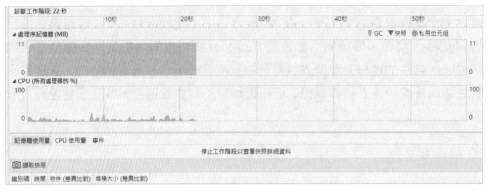

▲ 圖 16-26 資源的表現情況

接下來利用 WinDbg 進行排除。在儲存傾印檔案後，透過 WinDbg 開啟傾印檔案，利用 !address -summary 指令查看處理程序和目的電腦的記憶體資訊，如程式 16-3 所示。

▼ 程式 16-3

```
0:000> !address -summary
Mapping file section regions...
Mapping module regions...
Mapping PEB regions...
Mapping TEB and stack regions...
Mapping heap regions...
Mapping page heap regions...
Mapping other regions...
Mapping stack trace database regions...
Mapping activation context regions...

- Usage Summary ---- RgnCount ---- Total Size -----------%ofBusy  %ofTotal
Free                    71         7dfe`7e72b000 ( 125.994 TB)            98.43%
<unknown>              136         201`54cf3000 (   2.005 TB) 99.97%     1.57%
Heap                    22          0`295c1000 ( 661.754 MB)  0.03%     0.00%
Image                  206          0`02e5c000 (  46.359 MB)  0.00%     0.00%
Stack                   12          0`00600000 (   6.000 MB)  0.00%     0.00%
Other                    7          0`001ac000 (   1.672 MB)  0.00%     0.00%
```

```
TEB                            4       0`00008000 (  32.000 kB)   0.00%    0.00%
PEB                            1       0`00001000 (   4.000 kB)   0.00%    0.00%


-Type Summary (for busy) --- RgnCount --- Total Size -------- %ofBusy %ofTotal
MEM_MAPPED                    72     200`01a1b000 (   2.000 TB)  99.71%    1.56%
MEM_PRIVATE                  110       1`7d04e000 (   5.953 GB)   0.29%    0.00%
MEM_IMAGE                    206       0`02e5c000 (  46.359 MB)   0.00%    0.00%


-State Summary --- RgnCount --- Total Size ----- %ofBusy %ofTotal
MEM_FREE             71             7dfe`7e72b000 ( 125.994 TB)           98.43%
MEM_RESERVE          75           201`1a67b000 (   2.004 TB)  99.92%    1.57%
MEM_COMMIT          313             0`6724a000 (   1.612 GB)   0.08%    0.00%


-Protect Summary (for commi) - RgnCount --- Total Size --- %ofBusy %ofTotal
PAGE_READWRITE                91        0`61c73000 (   1.528 GB)   0.07%    0.00%
PAGE_NOACCESS                 19        0`02320000 (  35.125 MB)   0.00%    0.00%
PAGE_EXECUTE_READ             31        0`0219a000 (  33.602 MB)   0.00%    0.00%
PAGE_READONLY                144        0`010a3000 (  16.637 MB)   0.00%    0.00%
PAGE_WRITECOPY                14        0`00046000 ( 280.000 kB)   0.00%    0.00%
PAGE_EXECUTE_READWRITE        10        0`00026000 ( 152.000 kB)   0.00%    0.00%
PAGE_READWRITE | PAGE_GUARD    4        0`0000e000 (  56.000 kB)   0.00%    0.00%


-Largest Region by Usage ---- Base Address --- Region Size -------
Free                        1a0`a334c000     7c53`bd2c4000 ( 124.327 TB)
<unknown>                  7dfb`e3ef0000     1f9`57de9000 (   1.974 TB)
Heap                        1a0`44c55000        0`15601000 ( 342.004 MB)
Image                      7ffa`0d8e1000        0`009ba000 (   9.727 MB)
Stack                        10`39c80000        0`0017b000 (   1.480 MB)
Other                       1a0`5d140000        0`00181000 (   1.504 MB)
TEB                          10`39777000        0`00002000 (   8.000 kB)
PEB                          10`39776000        0`00001000 (   4.000 kB)
```

　　如程式 16-3 所示，處理程序指標 MEM_COMMIT 為 1.612GB，接下來透過 !dumpheap -stat 指令檢查當前託管類型的統計資訊，如程式 16-4 所示。

▼ 程式 16-4

```
0:000> !dumpheap -stat
Statistics:
```

```
           MT      Count    TotalSize Class Name
00007ff9c2d63898      2           564 System.Char[]
00007ff9c2d07f48     33          1352 System.SByte[]
00007ff9c2d08410      4          3596 System.Int32[]
00007ff9c2c5b578      6         17896 System.Object[]
00007ff9c2d0d698     76         39100 System.String
000001a05cd96920 108654       2614440          Free
00007ff9c2d439e8 38913485  933923640 MyClass
Total 39022331 objects
```

程式 16-4 所示為輸出的統計資訊，其中的類型 MyClass 有 900 多 MB，而 MyClass 的數量也非常驚人，當然，這也是符合預期的。

為什麼有這麼多的物件沒有被回收？是因為它們都有引用嗎？其實應歸根於應用程式在解構函式中透過隨機數設定的堵塞時長。所以，接下來筆者利用 !finalizequeue 指令查看終結者佇列（Finalization Queue），在終結者佇列中儲存了處於存活狀態的可終結物件，如程式 16-5 所示。

▼ 程式 16-5

```
0:000> !finalizequeue
SyncBlocks to be cleaned up: 0
Free-Threaded Interfaces to be released: 0
MTA Interfaces to be released: 0
STA Interfaces to be released: 0
-----------------------------------
generation 0 has 2 finalizable objects (000001A08F83B080-> 000001A08F83B090)
generation 1 has 8 finalizable objects (000001A08F83B040-> 000001A08F83B080)
generation 2 has 0 finalizable objects (000001A08F83B040->000001A08F83B040)
Ready for finalization 58973 objects (000001A08F83B090-> 000001A08F8AE378)
Statistics for all finalizable objects (including all objects ready for finalization):
          MT    Count    TotalSize Class Name
00007ff9c2d439e8  58975     1415400   MyClass
Total 58983 objects
```

終結是一種用於回收物件時執行的某些操作，通常用於釋放物件持有的資源。當然，在垃圾回收器中會維護終結者佇列，這個佇列持有對「預終結」物件的引用，目前還會有 58975 個 MyClass 實例。

其實，即使物件已經被標記為死亡，它們也不會立即被刪除，因為它們的終端子尚未執行，所以這些物件會被移到 fReachable（finalization reachable）queue 中，在指令後面增加 -allReady 參數可以篩選出 fReachable queue 的內容，如程式 16-6 所示。

▼ 程式 16-6

```
0:000> !finalizequeue -allReady
SyncBlocks to be cleaned up: 0
Free-Threaded Interfaces to be released: 0
MTA Interfaces to be released: 0
STA Interfaces to be released: 0
----------------------------------
generation 0 has 2 finalizable objects (000001A08F83B080-> 000001A08F83B090)
generation 1 has 8 finalizable objects (000001A08F83B040-> 000001A08F83B080)
generation 2 has 0 finalizable objects (000001A08F83B040-> 000001A08F83B040)
Finalizable but not rooted:  000001a0285472a8 000001a0289472c8
Ready for finalization 58973 objects (000001A08F83B090-> 000001A08F8AE378)
Statistics for all finalizable objects that are no longer rooted:
        MT     Count    TotalSize Class Name
00007ff9c2d439e8 58975     1415400    MyClass
Total 58975 objects
```

16.1.6 BenchmarkDotNet

BenchmarkDotNet 是一個用於 .NET 基準測試的類別庫，是一個簡單且易用開放原始碼的工具套件。

建立一個主控台專案，如程式 16-7 所示。

▼ 程式 16-7

```
D:\>dotnet new console
已成功建立範本 " 主控台應用 "。

正在處理建立後的操作 ...
在 D:\D.csproj 上執行 "dotnet restore"...
    正在確定要還原的專案…
    已還原 D:\D.csproj ( 用時 77 ms)。
已成功還原。
```

如程式 16-8 所示，安裝「BenchmarkDotNet」NuGet 套件。

▼ 程式 16-8

```
D:\>dotnet add package BenchmarkDotNet
```

安裝 NuGet 套件之後，如程式 16-9 所示，建立一個需要測試的實例，並對需要做性能測試的方法增加 Benchmark 特性。定義一個名為 Md5VsSha256 的類別，分別增加 Sha256 方法和 Md5 方法，用於性能測試。

▼ 程式 16-9

```
[SimpleJob(RuntimeMoniker.Net472)]
[SimpleJob(RuntimeMoniker.Net60)]
[SimpleJob(RuntimeMoniker.NetCoreApp31)]
public class Md5VsSha256
{
    private SHA256 sha256 = SHA256.Create();
    private MD5 md5 = MD5.Create();
    private byte[] data;

    [Params(1000, 10000)]
    public int N;

    [GlobalSetup]
    public void Setup()
    {
        data = new byte[N];
```

```
        new Random(42).NextBytes(data);
    }

    [Benchmark]
    public byte[] Sha256() => sha256.ComputeHash(data);

    [Benchmark]
    public byte[] Md5() => md5.ComputeHash(data);
}
```

透過 SimpleJob 特性指定測試執行的環境，如 .NET Framework 472、.NET 6 等。定義 GlobalSetup 特性用於標記為參數初始方法，並在基準測試方法呼叫之前執行，每個基準測試方法僅執行一次。Params 特性用於標記類別中的一個或多個欄位或屬性，在該特性中，可以指定一組值，每個值都必須是編譯時常數，因此，可以獲得每個參數值組合的結果。

如程式 16-10 所示，在 Program 類別的 Main 方法中呼叫 Benchmark Runner.Run<Md5VsSha256> 方法。

▼ 程式 16-10

```
public class Program
{
    public static void Main(string[] args)
    {
        BenchmarkRunner.Run<Md5VsSha256>();
        Console.ReadLine();
    }
}
```

執行應用程式，如圖 16-27 所示，執行並展示對應的測試結果。

```
BenchmarkDotNet=v0.13.1, OS=Windows 10.0.19044.1586 (21H2)
Intel Core i7-1065G7 CPU 1.30GHz, 1 CPU, 8 logical and 4 physical cores
.NET SDK=7.0.100-preview.2.22153.17
  [Host]             : .NET 6.0.3 (6.0.322.12309), X64 RyuJIT
  .NET 6.0           : .NET 6.0.3 (6.0.322.12309), X64 RyuJIT
  .NET Core 3.1      : .NET Core 3.1.23 (CoreCLR 4.700.22.11601, CoreFX 4.700.22.12208), X64 RyuJIT
  .NET Framework 4.7.2 : .NET Framework 4.8 (4.8.4470.0), X64 RyuJIT
```

Method	Job	Runtime	N	Mean	Error	StdDev	Median
Sha256	.NET 6.0	.NET 6.0	1000	1.313 μs	0.0202 μs	0.0188 μs	1.3168 μs
Md5	.NET 6.0	.NET 6.0	1000	2.707 μs	0.0473 μs	0.0507 μs	2.7118 μs
Sha256	.NET Core 3.1	.NET Core 3.1	1000	1.043 μs	0.0324 μs	0.0914 μs	0.9999 μs
Md5	.NET Core 3.1	.NET Core 3.1	1000	2.411 μs	0.0478 μs	0.0550 μs	2.4101 μs
Sha256	.NET Framework 4.7.2	.NET Framework 4.7.2	1000	10.267 μs	0.5199 μs	1.4406 μs	9.9530 μs
Md5	.NET Framework 4.7.2	.NET Framework 4.7.2	1000	3.661 μs	0.0437 μs	0.0409 μs	3.6603 μs
Sha256	.NET 6.0	.NET 6.0	10000	8.740 μs	0.1723 μs	0.1527 μs	8.7271 μs
Md5	.NET 6.0	.NET 6.0	10000	22.506 μs	0.3653 μs	0.3417 μs	22.6690 μs
Sha256	.NET Core 3.1	.NET Core 3.1	10000	8.630 μs	0.1710 μs	0.3717 μs	8.5698 μs
Md5	.NET Core 3.1	.NET Core 3.1	10000	22.940 μs	0.4493 μs	0.6994 μs	23.0216 μs
Sha256	.NET Framework 4.7.2	.NET Framework 4.7.2	10000	85.111 μs	1.6259 μs	1.6697 μs	85.1095 μs
Md5	.NET Framework 4.7.2	.NET Framework 4.7.2	10000	24.330 μs	0.4797 μs	0.5332 μs	24.2369 μs

▲ 圖 16-27 執行並展示對應的測試結果

16.1.7 LLDB

LLDB 是一個軟體偵錯器，支援 C/C++ 的偵錯和 Linux 平臺對核心傾印
（Core Dump）檔案的分析。LLDB 和 WinDbg 之間的主要區別在於，LLDB 是
命令列偵錯器，WinDbg 是基於 GUI 的偵錯器。

另外，LLDB 支援外掛程式，可以透過 SOS 外掛程式偵錯受控碼。利用
dotnet-sos 命令列工具可以安裝 SOS 外掛程式，該外掛程式提供了許多用於偵
錯受控碼的命令，下面詳細說明。

如程式 16-11 所示，安裝 LLDB 軟體套件。

▼ 程式 16-11

```
sudo apt-get update
sudo apt-get install lldb
```

> **注意**：SOS 外掛程式需要 LLDB 3.9 及更新版本。在預設情況下，某些發行版本只有舊版本可用，因此為這些平臺提供了建構 LLDB 3.9 的說明和指令稿，詳情請參考 GitHub 官網中的 diagnostics 專案。

如程式 16-12 所示，要安裝 SOS 外掛程式需要先安裝 dotnet-sos 命令列工具。

▼ 程式 16-12

```
$ dotnet tool install -g dotnet-sos
You can invoke the tool using the following command: dotnet-sos
Tool 'dotnet-sos' (version '6.0.257301') was successfully installed.
```

如程式 16-13 所示，透過 dotnet-sos 命令列工具安裝 SOS 外掛程式。

▼ 程式 16-13

```
$ dotnet-sos install
Installing SOS to /home/fh/.dotnet/sos
Installing over existing installation...
Creating installation directory...
Copying files from /home/fh/.dotnet/tools/.store/dotnet-sos/6.0.257301/ dotnet-
sos/6.0.257301/tools/netcoreapp3.1/any/linux-x64
Copying files from /home/fh/.dotnet/tools/.store/dotnet-sos/6.0.257301/ dotnet-
sos/6.0.257301/tools/netcoreapp3.1/any/lib
Updating existing /home/fh/.lldbinit file - LLDB will load SOS automatically at startup
Cleaning up...
SOS install succeeded
```

接下來就執行 LLDB。當輸入 lldb 命令之後會自動載入 SOS 外掛程式並啟用符號下載，如程式 16-14 所示，隨後輸入 soshelp 命令，傳回並展開可用的命令列表。

▼ 程式 16-14

```
$ lldb
Added Microsoft public symbol server
(lldb) soshelp
```

```
-----------------------------------------------------------------------------
SOS is a debugger extension DLL designed to aid in the debugging of managed
programs. Functions are listed by category, then roughly in order of
importance. Shortcut names for popular functions are listed in parenthesis.
Type "soshelp <functionname>" for detailed info on that function.


Object Inspection                    Examining code and stacks
----------------------------         -----------------------------
DumpObj (dumpobj)                    Threads (clrthreads)
DumpALC (dumpalc)                    ThreadState
DumpArray                            IP2MD (ip2md)
DumpAsync (dumpasync)                u (clru)
DumpDelegate (dumpdelegate)          DumpStack (dumpstack)
DumpStackObjects (dso)               EEStack (eestack)
DumpHeap (dumpheap)                  ClrStack (clrstack)
DumpVC                               GCInfo
FinalizeQueue (finalizequeue)        EHInfo
GCRoot (gcroot)                      bpmd (bpmd)
PrintException (pe)


Examining CLR data structures        Diagnostic Utilities
----------------------------         -----------------------------
DumpDomain (dumpdomain)              VerifyHeap
EEHeap (eeheap)                      FindAppDomain
Name2EE (name2ee)                    DumpLog (dumplog)
SyncBlk (syncblk)                    SuppressJitOptimization
DumpMT (dumpmt)                      ThreadPool (threadpool)
DumpClass (dumpclass)
DumpMD (dumpmd)
Token2EE
DumpModule (dumpmodule)
DumpAssembly (dumpassembly)
DumpRuntimeTypes
DumpIL (dumpil)
DumpSig
DumpSigElem


Examining the GC history             Other
----------------------------         -----------------------------
```

```
HistInit (histinit)                SetHostRuntime (sethostruntime)
HistRoot (histroot)                SetSymbolServer (setsymbolserver, loadsymbols)
HistObj  (histobj)                 SetClrPath (setclrpath)
HistObjFind (histobjfind)          SOSFlush (sosflush)
HistClear (histclear)              SOSStatus (sosstatus)
                                   FAQ
                                   Help (soshelp)


Usage:
  > [command]


Commands:
  logging     Enable/disable internal logging
(lldb)
```

如程式 16-15 所示,附加偵錯的處理程序。

▼ 程式 16-15

```
(lldb) process attach --pid 7738
```

使用 finalizequeue 命令可以查看終結者佇列的內容,如程式 16-16 所示。

▼ 程式 16-16

```
(lldb) finalizequeue
SyncBlocks to be cleaned up: 0
----------------------------------
generation 0 has 0 finalizable objects (00007F953C7E4070-> 00007F953C7E4070)
generation 1 has 12 finalizable objects (00007F953C7E4010-> 00007F953C7E4070)
generation 2 has 0 finalizable objects (00007F953C7E4010-> 00007F953C7E4010)
Ready for finalization 5 objects (00007F953C7E4070->00007F953C7E4098)
Statistics for all finalizable objects (including all objects ready for finalization):
          MT     Count    TotalSize Class Name
00007f963a626ea0    1          24 MyClass
00007f963a6229f8    2          48
    System.WeakReference`1 [[System. Diagnostics.Tracing.EventSource, System.Private.
CoreLib]]
00007f963a6251b0    1         184
```

```
   System.Diagnostics.Tracing. NativeRuntimeEventSource
00007f963a60b280    1        384
   System.Diagnostics.Tracing. RuntimeEventSource
00007f963a621f28    4        448
   System.Diagnostics.Tracing. EventSource+OverrideEventProvider
00007f963a62a6f8    8        512 Microsoft.Win32.SafeHandles. SafeFileHandle
Total 17 objects
```

如程式 16-17 所示，更新和刪除 LLDB 設定及移除 SOS 外掛程式可以使用如下命令。

▼ 程式 16-17

```
$ dotnet tool update -g dotnet-sos
$ dotnet-sos uninstall
Uninstalling SOS from /home/fh/.dotnet/sososhelp)
Reverting /home/fh/.lldbinit file - LLDB will no longer load SOS at startup
SOS uninstall succeeded
$ dotnet tool uninstall -g dotnet-sos
Tool 'dotnet-sos' (version '6.0.257301') was successfully uninstalled.
```

16.1.8　dotnet-dump

dotnet-dump 是一個集跨平臺傾印收集和分析受控碼於一身的命令列工具，並不涉及本機偵錯，但可以為 .NET 應用程式快速建立傾印，並且可以在不適合 LLDB 的平臺上使用。

dotnet-dump 只能在 .NET Core 3.1 及更新版本的 SDK 中才可以安裝，安裝 dotnet-dump 如程式 16-18 所示。

▼ 程式 16-18

```
$ dotnet tool install -g dotnet-dump
You can invoke the tool using the following command: dotnet-dump
Tool 'dotnet-dump' (version '6.0.257301') was successfully installed.
```

如程式 16-19 所示，建立傾印。

▼ 程式 16-19

```
$ dotnet-dump collect --process-id 630

Writing full to /root/core_20220103_230816
Complete
```

隨後可以利用以下命令進行傾印分析，如程式 16-20 所示。

▼ 程式 16-20

```
$ dotnet-dump analyze /root/core_20220103_230816
Loading core dump: /root/core_20220103_230816 ...
Ready to process analysis commands. Type 'help' to list available commands or 'help
[command]' to get detailed help on a command.
Type 'quit' or 'exit' to exit the session.
>
```

如程式 16-21 所示，可以利用 clrstack 命令查看呼叫堆疊。

▼ 程式 16-21

```
$ > clrstack
OS Thread Id: 0x276 (0)
        Child SP               IP Call Site
00007FFD16B21778 00007f34e597caed [HelperMethodFrame: 00007ffd16b21778]
00007FFD16B218A0 00007F346C5B3155 Program.Main(System.String[]) [/mnt/c/Users/hueif/
OneDrive/.NET/dotnet-booklab/Part15/02/Program.cs @ 17]
>
```

dotnet-dump 還支援更多的指令，可以透過 help 命令來查看，如程式
16-22 所示。

▼ 程式 16-22

```
> help
Usage:
  > [command]
```

```
Commands:
  d, readmemory <address>        Dump memory contents.
  db <address>                   Dump memory as bytes.
  dc <address>                   Dump memory as chars.
  da <address>                   Dump memory as zero-terminated byte strings.
  du <address>                   Dump memory as zero-terminated char strings.
  dw <address>                   Dump memory as words (ushort).
  dd <address>                   Dump memory as dwords (uint).
  dp <address>                   Dump memory as pointers.
  dq <address>                   Dump memory as qwords (ulong).
  //…
```

如程式 16-23 所示,移除 dotnet-dump。

▼ 程式 16-23

```
$ dotnet tool uninstall -g dotnet-dump
Tool 'dotnet-dump' (version '6.0.257301') was successfully uninstalled.
```

16.1.9 dotnet-gcdump

dotnet-gcdump 是一個跨平臺的命令列工具,透過它可以收集有關 .NET 處理程序的垃圾回收資訊。

如程式 16-24 所示,安裝 dotnet-gcdump。

▼ 程式 16-24

```
$ dotnet tool install --global dotnet-gcdump
You can invoke the tool using the following command: dotnet-gcdump
Tool 'dotnet-gcdump' (version '6.0.257301') was successfully installed.
```

如程式 16-25 所示,使用 dotnet gcdump ps 命令找出正在執行的 .NET 處理程序及處理程序 ID。

▼ 程式 16-25

```
$ dotnet gcdump ps
    1486 02          /mnt/c/Users/hueif/dotnet-booklab/Part15/02/bin/Debug/net6.0/02
     536 dotnet     /usr/share/dotnet/dotnet
     793 dotnet     /usr/share/dotnet/dotnet
     850 dotnet     /usr/share/dotnet/dotnet
     725 dotnet-dump /root/.dotnet/tools/dotnet-dump
     810 dotnet-gcdump /root/.dotnet/tools/dotnet-gcdump
```

如程式 16-26 所示，透過 dotnet gcdump collect 命令獲取 gcdump 檔案。

▼ 程式 16-26

```
$ dotnet gcdump collect -p 1486
Writing gcdump to '/root/20220103_232633_1486.gcdump'...
        Finished writing 192655912 bytes.
```

與 dotnet-dump 不同，使用 dotnet-gcdump 建立的傾印可以用於 PerfView 和 Visual Studio（見圖 16-28），這意味著無論處理程序是在 Linux 平臺、macOS 平臺還是 Windows 平臺上執行，當使用 dotnet-gcdump 傾印 gcdump 檔案時，必須透過安裝 Windows 機器來分析傾印。

移除 dotnet-gcdump 命令列工具，如程式 16-27 所示。

▼ 程式 16-27

```
$ dotnet tool uninstall -g dotnet-gcdump
Tool 'dotnet-gcdump' (version '6.0.257301') was successfully uninstalled.
```

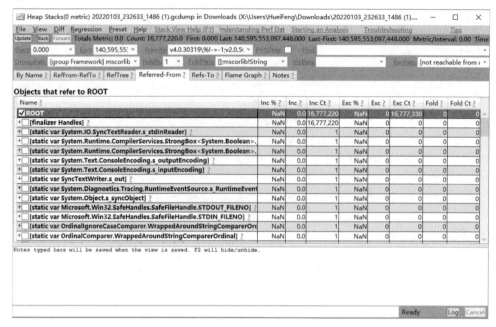

16.1.10　dotnet-trace

　　dotnet-trace 是一個跨平臺處理程序收集工具，並且是基於 EventPipe 建構的。使用 dotnet-trace 可以從正在執行的處理程序中收集診斷追蹤資訊。

　　如程式 16-28 所示，安裝 dotnet-trace。

▼ 程式 16-28

```
$ dotnet tool install --global dotnet-trace
You can invoke the tool using the following command: dotnet-trace
Tool 'dotnet-trace' (version '6.0.257301') was successfully installed.
```

　　如程式 16-29 所示，使用 dotnet trace ps 命令找出正在執行的 .NET 處理程序及處理程序 ID。

▼ 程式 16-29

```
$ dotnet trace ps
943 02          /mnt/x/users/hueifeng/Part15/02/bin/Debug/net6.0/02
692 dotnet     /usr/share/dotnet/dotnet
1705 dotnet     /usr/share/dotnet/dotnet
```

　　如程式 16-30 所示，建立追蹤。

▼ 程式 16-30

```
$ dotnet trace collect -p <pid> [--buffersize 256] [-o <outputpath>]
[--providers <providerlist>]
[--profile <profilename>] [--format NetTrace|Speedscope]
```

　　透過參數 p 指定要追蹤應用程式的 PID，也可以指定快取區大小（預設值為 256MB）。除此之外，可以利用參數 --providers 指定增加感興趣的事件，當然也可以透過參數 --profile 來指定。如程式 16-31 所示，使用 list-profiles 命令查看預先定義設定檔。

▼ 程式 16-31

```
$ dotnet trace list-profiles
cpu-sampling     - Useful for tracking CPU usage and general .NET runtime information.
This is the default option if no profile or providers are specified.
   gc-verbose     - Tracks GC collections and samples object allocations.
   gc-collect     - Tracks GC collections only at very low overhead.
   database       - Captures ADO.NET and Entity Framework database commands
```

　　如果未指定參數 --providers 和 --profile，則預設使用 cpu-sampling 設定檔。另外，可以利用「,」指定多個 --provider 分隔它們，在預設情況下，允許捕捉所有的關鍵字和等級事件。開發人員可以使用 [<keyword_hex_nr>]:<loglevel_nr> 在參數 --providers 後面指定。例如，要追蹤 Microsoft-System-Net-Http 事件的 EventLevel.Informational，也可以指定 --providers Microsoft-System-Net-Http::4，"*" 可以用於追蹤所有事件（--providers '*'）。

如程式 16-32 所示，使用 dotnet trace collect 命令開始收集。

▼ 程式 16-32

```
$ dotnet trace collect -p 943
No profile or providers specified, defaulting to trace profile 'cpu-sampling'

Provider Name                          Keywords             Level             Enabled By
Microsoft-DotNETCore-SampleProfiler    0x0000F00000000000   Informational(4)  --profile
Microsoft-Windows-DotNETRuntime        0x00000014C14FCCBD   Informational(4)  --profile


Process          : /mnt/x/users/hueifeng/Part15/02/bin/Debug/net6.0/02
Output File      : /root/02_20220104_130703.nettrace
    [00:00:12:47]    Recording trace 80.8607   (MB)
Press <Enter> or <Ctrl+C> to exit...167   (MB)
Stopping the trace. This may take several minutes depending on the application being
traced.

    Trace completed.
```

至此，收集已經結束，下面開始分析，在 PerfView 中開啟 trace.nettrace 檔案，如圖 16-29 所示。

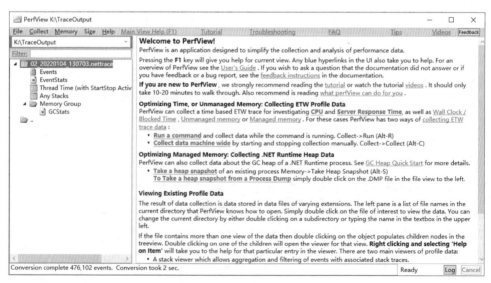

▲ 圖 16-29 開啟 trace.nettrace 檔案

在圖 16-29 左面板展示的列表中透過按兩下 Thread Time，開啟 Thread Time 視窗，如圖 16-30 所示。在 Thread Time 視窗中可以看到一張表和一些標籤，下面先介紹它們的含義。

- By Name：方法的名稱，由 GroupPats 策略可知，它也可以是一組功能。

- Inc%：整個收集樣本中的執行時間百分比，包括呼叫的方法。

- Inc：與 Inc% 相同，是指標的標本數，如果每毫秒（預設）採樣一次，那麼代表在此方法中花費的毫秒數。

- Exc%：擷取佔據整個收集樣本中的執行時間百分比，不包括被呼叫者。

- Exc：與 Exc % 相同，不同之處在於指標是樣本數。

- When：表示方法呼叫隨時間分佈，從左（開始時間）到右（結束時間）。

- First：第一次擷取樣本的時間點。

- Last：最後一次擷取樣本的時間點。

如圖 16-31 所示，透過點擊如圖 16-29 所示的左面板中的 Eventstats，可以顯示事件計數器。

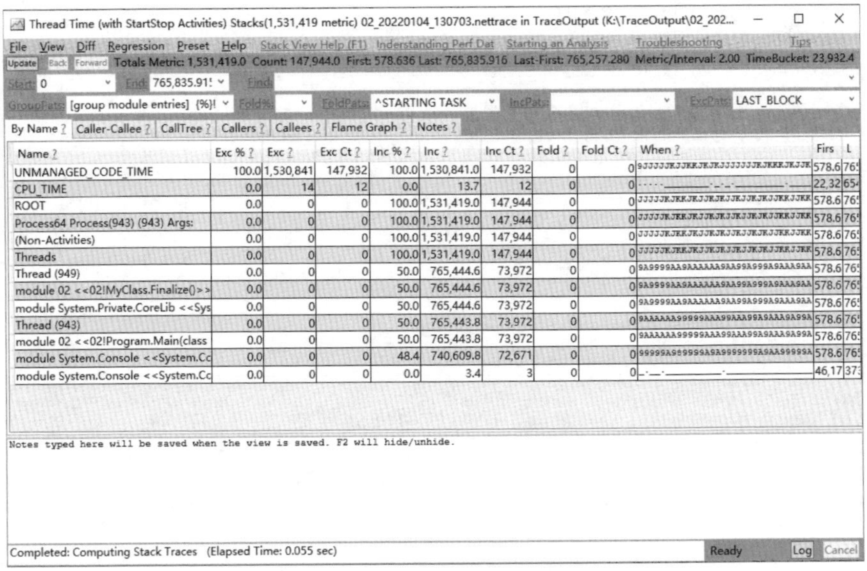

▲ 圖 16-30 Thread Time 視窗

Event Statistics

- View Event Statistics in Excel
- Total Event Count = 476,102
- Total Lost Events = 0

Name	Count	Average Data Size	Stack Count
Microsoft-DotNETCore-SampleProfiler/Thread/Sample	147,946	4	147,946
Microsoft-Windows-DotNETRuntime/GC/RestartEEStart	74,323	2	0
Microsoft-Windows-DotNETRuntime/GC/RestartEEStop	74,323	2	0
Microsoft-Windows-DotNETRuntime/GC/SuspendEEStart	74,322	10	0
Microsoft-Windows-DotNETRuntime/GC/SuspendEEStop	74,322	2	0
Microsoft-Windows-DotNETRuntime/GC/GenerationRange	24,968	27	0
Microsoft-Windows-DotNETRuntime/GC/MarkWithType	2,432	18	0
Microsoft-Windows-DotNETRuntime/GC/BulkSurvivingObjectRanges	1,186	56,972	0
Microsoft-Windows-DotNETRuntimeRundown/Method/DCStopVerbose	754	245	0
Microsoft-Windows-DotNETRuntime/GC/Stop	345	10	0
Microsoft-Windows-DotNETRuntime/GC/PerHeapHistory	345	486	0
Microsoft-Windows-DotNETRuntime/GC/HeapStats	345	110	0
Microsoft-Windows-DotNETRuntime/GC/Start	345	26	0
Microsoft-Windows-DotNETRuntime/GC/GlobalHeapHistory	345	79	341
Microsoft-Windows-DotNETRuntime/GC/Triggered	341	6	341
Microsoft-Windows-DotNETRuntime/GC/BulkMovedObjectRanges	147	49,209	0
Microsoft-Windows-DotNETRuntimeRundown/Method/ILToNativeMapDCStop	71	139	0
Microsoft-Windows-DotNETRuntime/GC/CreateSegment	21	22	0
Microsoft-Windows-DotNETRuntimeRundown/Loader/AssemblyDCStop	9	196	0
Microsoft-Windows-DotNETRuntimeRundown/Loader/DomainModuleDCStop	9	193	0
Microsoft-Windows-DotNETRuntimeRundown/Loader/ModuleDCStop	9	395	0
Microsoft-Windows-DotNETRuntime/AppDomainResourceManagement/ThreadCreated	6	30	0
Microsoft-Windows-DotNETRuntime/GC/CreateConcurrentThread	4	2	0
Microsoft-Windows-DotNETRuntime/GC/TerminateConcurrentThread	4	2	0
Microsoft-Windows-DotNETRuntimeRundown/Runtime/Start	1	177	0
Microsoft-DotNETCore-EventPipe/ProcessInfo	1	404	0
Microsoft-Windows-DotNETRuntimeRundown/Loader/AppDomainDCStop	1	34	0
Microsoft-Windows-DotNETRuntimeRundown/Method/DCStopInit	1	2	0
Microsoft-Windows-DotNETRuntimeRundown/Method/DCStopComplete	1	2	0

▲ 圖 16-31 事件計數器

透過點擊如圖 16-29 所示的 Events 節點，可以展開事件的詳情，如圖 16-32 所示。

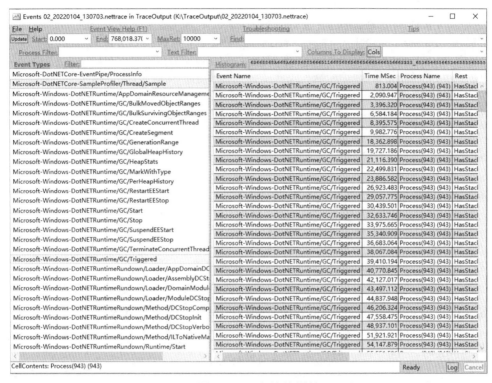

▲ 圖 16-32　事件的詳情

如程式 16-33 所示，移除 dotnet-trace。

▼ 程式 16-33

```
$ dotnet tool uninstall -g dotnet-trace
Tool 'dotnet-trace' (version '6.0.257301') was successfully uninstalled.
```

16.1.11　dotnet-counters

dotnet-counters 是一個性能監視工具，是基於 EventCounter API 發佈的指標監視器，可以用於收集 CPU、記憶體、垃圾回收器、執行緒等指標資訊。

如程式 16-34 所示，安裝 dotnet-counters。

▼ 程式 16-34

```
$ dotnet tool install --global dotnet-counters
You can invoke the tool using the following command: dotnet-counters
Tool 'dotnet-counters' (version '6.0.257301') was successfully installed.
```

如程式 16-35 所示，使用 dotnet-counters ps 命令找出正在執行的 .NET 處理程序及處理程序 ID。

▼ 程式 16-35

```
$ dotnet-counters ps
707 02          /mnt/x/Users/HueiFeng/Part15/02/bin/Debug/net6.0/02
391 dotnet      /usr/share/dotnet/dotnet
653 dotnet      /usr/share/dotnet/dotnet
```

如程式 16-36 所示，查看收集的計數器資訊，目前這些計數器資訊由 System.Runtime 和 Microsoft.AspNetCore.Hosting 提供程式公開。

▼ 程式 16-36

```
$ dotnet-counters list
Showing well-known counters for .NET (Core) version 3.1 only. Specific processes may
support additional counters.
System.Runtime
    cpu-usage                   The percent of process' CPU usage relative to all
of the system CPU resources [0-100]
    working-set                 Amount of working set used by the process (MB)
    gc-heap-size                Total heap size reported by the GC (MB)
    gen-0-gc-count              Number of Gen 0 GCs between update intervals
    gen-1-gc-count              Number of Gen 1 GCs between update intervals
    gen-2-gc-count              Number of Gen 2 GCs between update intervals
    time-in-gc                  % time in GC since the last GC
    gen-0-size                  Gen 0 Heap Size
    gen-1-size                  Gen 1 Heap Size
    gen-2-size                  Gen 2 Heap Size
```

```
    loh-size                        LOH Size
    alloc-rate                      Number of bytes allocated in the managed heap
between update intervals
    assembly-count                  Number of Assemblies Loaded
    exception-count                 Number of Exceptions / sec
    threadpool-thread-count         Number of ThreadPool Threads
    monitor-lock-contention-count   Number of times there were contention when
trying to take the monitor lock between update intervals
    threadpool-queue-length         ThreadPool Work Items Queue Length
    threadpool-completed-items-count  ThreadPool Completed Work Items Count
    active-timer-count              Number of timers that are currently active

Microsoft.AspNetCore.Hosting
    requests-per-second             Number of requests between update intervals
    total-requests                  Total number of requests
    current-requests                Current number of requests
    failed-requests                 Failed number of requests
```

如程式 16-37 所示，收集監控指標，並將結果預設儲存到 counter.csv 檔案
中。

▼ 程式 16-37

```
$ dotnet-counters collect -p 707
    --counters is unspecified. Monitoring System.Runtime counters by default.
    Starting a counter session. Press Q to quit.
    File saved to counter.csv
```

匯出的 counter.csv 檔案如圖 16-33 所示。

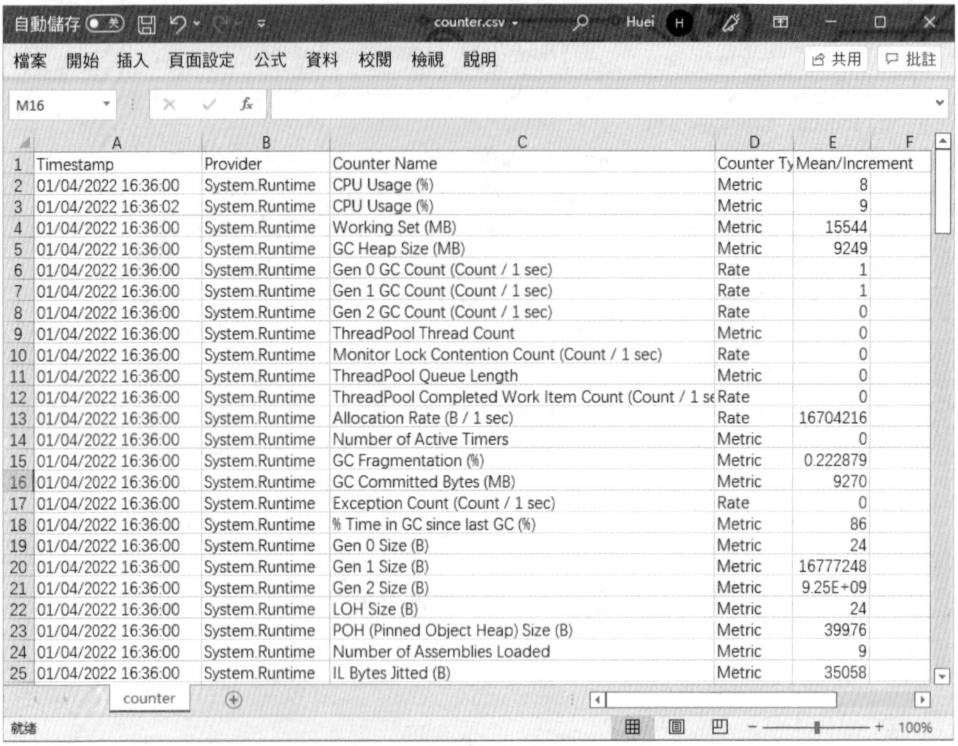

	A	B	C	D	E	F
1	Timestamp	Provider	Counter Name	Counter Ty	Mean/Increment	
2	01/04/2022 16:36:00	System.Runtime	CPU Usage (%)	Metric	8	
3	01/04/2022 16:36:02	System.Runtime	CPU Usage (%)	Metric	9	
4	01/04/2022 16:36:00	System.Runtime	Working Set (MB)	Metric	15544	
5	01/04/2022 16:36:00	System.Runtime	GC Heap Size (MB)	Metric	9249	
6	01/04/2022 16:36:00	System.Runtime	Gen 0 GC Count (Count / 1 sec)	Rate	1	
7	01/04/2022 16:36:00	System.Runtime	Gen 1 GC Count (Count / 1 sec)	Rate	1	
8	01/04/2022 16:36:00	System.Runtime	Gen 2 GC Count (Count / 1 sec)	Rate	0	
9	01/04/2022 16:36:00	System.Runtime	ThreadPool Thread Count	Metric	0	
10	01/04/2022 16:36:00	System.Runtime	Monitor Lock Contention Count (Count / 1 sec)	Rate	0	
11	01/04/2022 16:36:00	System.Runtime	ThreadPool Queue Length	Metric	0	
12	01/04/2022 16:36:00	System.Runtime	ThreadPool Completed Work Item Count (Count / 1 se	Rate	0	
13	01/04/2022 16:36:00	System.Runtime	Allocation Rate (B / 1 sec)	Rate	16704216	
14	01/04/2022 16:36:00	System.Runtime	Number of Active Timers	Metric	0	
15	01/04/2022 16:36:00	System.Runtime	GC Fragmentation (%)	Metric	0.222879	
16	01/04/2022 16:36:00	System.Runtime	GC Committed Bytes (MB)	Metric	9270	
17	01/04/2022 16:36:00	System.Runtime	Exception Count (Count / 1 sec)	Rate	0	
18	01/04/2022 16:36:00	System.Runtime	% Time in GC since last GC (%)	Metric	86	
19	01/04/2022 16:36:00	System.Runtime	Gen 0 Size (B)	Metric	24	
20	01/04/2022 16:36:00	System.Runtime	Gen 1 Size (B)	Metric	16777248	
21	01/04/2022 16:36:00	System.Runtime	Gen 2 Size (B)	Metric	9.25E+09	
22	01/04/2022 16:36:00	System.Runtime	LOH Size (B)	Metric	24	
23	01/04/2022 16:36:00	System.Runtime	POH (Pinned Object Heap) Size (B)	Metric	39976	
24	01/04/2022 16:36:00	System.Runtime	Number of Assemblies Loaded	Metric	9	
25	01/04/2022 16:36:00	System.Runtime	IL Bytes Jitted (B)	Metric	35058	

▲ 圖 16-33　匯出的 counter.csv 檔案

如程式 16-38 所示，以 10 秒的更新間隔收集執行時期效能計數器，並將其匯出到名為 test 的 JSON 檔案中。

▼ 程式 16-38

```
$ dotnet-counters collect --process-id 707 --refresh-interval 10 --output test
 --format json
```

除此之外，還可以指定要收集的類型指標，如程式 16-39 所示。

▼ 程式 16-39

```
// 以 3 秒的更新間隔監視 System.Runtime 執行時期資訊
dotnet-counters monitor --process-id 707  --refresh-interval 3 System.Runtime
```

```
// 以 3 秒的更新間隔監視 Microsoft.AspNetCore.Hosting 執行資訊
dotnet-counters monitor --process-id 707
                              --refresh-interval 3 Microsoft.AspNetCore.Hosting
```

收集即時監控指標，以 3 秒的更新間隔收集執行時期效能計數器，該結果會直接輸出到主控台中，如程式 16-40 所示。

▼ 程式 16-40

```
dotnet-counters monitor -p 707 --refresh-interval 3
Press p to pause, r to resume, q to quit.
Status: Running

[System.Runtime]
% Time in GC since last GC (%)                          83
Allocation Rate (B / 3 sec)                      33,456,104
CPU Usage (%)                                            7
Exception Count (Count / 3 sec)                          0
GC Committed Bytes (MB)                              6,119
GC Fragmentation (%)                                 0.226
GC Heap Size (MB)                                    6,105
Gen 0 GC Count (Count / 3 sec)                          2
Gen 0 Size (B)                                         24
Gen 1 GC Count (Count / 3 sec)                          1
Gen 1 Size (B)                                  16,777,248
Gen 2 GC Count (Count / 3 sec)                          0
Gen 2 Size (B)                                  6.1023e+09
IL Bytes Jitted (B)                                 28,420
LOH Size (B)                                           24
Monitor Lock Contention Count (Count / 3 sec)           0
Number of Active Timers                                 0
Number of Assemblies Loaded                             9
Number of Methods Jitted                              211
POH (Pinned Object Heap) Size (B)                   39,976
ThreadPool Completed Work Item Count (Count / 3 sec)    0
ThreadPool Queue Length                                 0
ThreadPool Thread Count                                 0
Time spent in JIT (ms / 3 sec)                          0
Working Set (MB)                                    10,220
```

如程式 16-41 所示,移除 dotnet-counters。

▼ 程式 16-41

```
$ dotnet tool uninstall -g dotnet-counters
Tool 'dotnet-counters' (version '6.0.257301') was successfully uninstalled.
```

16.1.12 dotnet-symbol

dotnet-symbol 可以用於下載符號檔案(Symbol Files)、模組檔案等。符號檔案包含應用程式二進位檔案的偵錯資訊,以 .pdb 為副檔名。

如程式 16-42 所示,安裝 dotnet-symbol。

▼ 程式 16-42

```
$ dotnet tool install -g dotnet-symbol
You can invoke the tool using the following command: dotnet-symbol
Tool 'dotnet-symbol' (version '1.0.252801') was successfully installed.
```

如程式 16-43 所示,使用 ps 命令獲取處理程序資訊,並篩選有關 dotnet 的處理程序。

▼ 程式 16-43

```
$ ps -ef|grep dotnet
root        77    62 90 11:50 pts/1    00:00:02 dotnet 02.dll
root        87    29  0 11:50 pts/0    00:00:00 grep --color=auto dotnet
```

接下來透過 createdump 生成傾印檔案,如程式 16-44 所示,createdump 在安裝 .NET SDK 時下載下來,開發人員可以使用 /usr/share/dotnet/shared/Microsoft.NETCore.App/<version>/createdump PID 建立傾印檔案。

▼ 程式 16-44

```
$ /usr/share/dotnet/shared/Microsoft.NETCore.App/6.0.1/createdump 77
Gathering state for process 77 dotnet
Writing minidump with heap to file /tmp/coredump.77
```

```
Written 4779175936 bytes (1166791 pages) to core file
Dump successfully written
```

　　獲取到傾印檔案之後，在 tmp 資料夾下建立 dump 目錄，並將傾印檔案複製到 dump 目錄下，如程式 16-45 所示。

▼ 程式 16-45

```
$ mkdir /tmp/dump
$ cp /tmp/coredump.77 /tmp/dump
```

　　如程式 16-46 所示，使用 dotnet-symbol 命令下載模組和符號。

▼ 程式 16-46

```
$ dotnet-symbol /tmp/dump/coredump.77
```

　　啟動 LLDB，並且透過參數 --core 指定傾印檔案的位址，如程式 16-47 所示。

▼ 程式 16-47

```
$ lldb --core /tmp/dump/coredump.77
Added Microsoft public symbol server
(lldb)
```

　　如程式 16-48 所示，將符號目錄透過 setsymbolserver 命令來指定路徑。

▼ 程式 16-48

```
(lldb) setsymbolserver -directory /tmp/dump
 Added symbol directory path: /tmp/dump
(lldb)
```

　　如程式 16-49 所示，可以透過 clrstack 命令來獲取對應的資訊。

▼ 程式 16-49

```
(lldb) clrstack
OS Thread Id: 0x4d (1)
```

```
        Child SP             IP Call Site
00007FFFD4B01418 00007f01204c4bdd [HelperMethodFrame: 00007ffd4b01418]
00007FFFD4B01540 00007F00A70E3128 Program.Main(System.String[]) [X:\Users\HueiFeng\
Part15\02\Program.cs @ 17]
(lldb) clrthreads
ThreadCount:      3
UnstartedThread:  0
BackgroundThread: 2
PendingThread:    0
DeadThread:       0
Hosted Runtime:   no


Lock
 DBG   ID    OSID ThreadOBJ          State GC Mode     GC Alloc Context
Domain           Count Apt Exception
   1   1     4d 0000564722C4BD90     20020 Cooperative 0000000000000000:
0000000000000000 0000564722C336E0 -00001 Ukn (GC)
   6   2     52 0000564722C593B0     21220 Preemptive  0000000000000000:
0000000000000000 0000564722C336E0 -00001 Ukn (Finalizer)
   8   3     59 0000564722C77B80     21220 Preemptive  0000000000000000:
0000000000000000 0000564722C336E0 -00001 Ukn
(lldb)
```

如程式 16-50 所示，移除 dotnet-symbol。

▼ 程式 16-50

```
$ dotnet tool uninstall -g dotnet-symbol
Tool 'dotnet-symbol' (version '1.0.252801') was successfully uninstalled.
```

16.2 | Linux 偵錯

在 Windows 環境下可以利用 Visual Studio 等進行程式偵錯，但是在 Linux 環境下應該如何偵錯呢？其實方法也不少，可以利用 WSL2 在 Visual Studio 中偵錯 Linux 環境下的程式，方便模擬和測試，除此之外，還可以利用遠端偵錯，或者利用容器工具對 Linux 環境下的程式進行偵錯。

16.2.1 在 WSL2 中偵錯

Microsoft 提 供 了 Windows Subsystem for Linux（WSL），在 Windows 環境下可以透過 Visual Studio 偵錯 Linux/WSL2 上正在執行的應用程式。即使開發人員使用的是 Windows 作業系統，也可以透過它面向 Linux 環境進行偵錯。

如圖 16-34 所示，Visual Studio 會自動辨識 WSL 的安裝，當然，也可以選擇手動增加 WSL 設定來執行和偵錯。

在選單中選擇 WSL 命令時，Visual Studio 會在「方案總管」面板中增加一個 Properties\launchSettings.json 檔案，如圖 16-35 所示。

▲ 圖 16-34 WSL 偵錯器

▲ 圖 16-35 檔案結構

launchSettings.json 檔案如程式 16-51 所示。

▼ 程式 16-51

```json
{
  "profiles": {
    "ConsoleApp2": {
      "commandName": "Project"
    },
    "WSL": {
      "commandName": "WSL2",
      "environmentVariables": {},
      "distributionName": ""
    }
  }
}
```

在 launchSettings.json 檔案中可以自訂多個 WSL2 啟動設定，如分別增加 Ubuntu 和 Debian 的設定項，如程式 16-52 所示。

▼ 程式 16-52

```json
{
  "profiles": {
    "ConsoleApp2": {
      "commandName": "Project"
    },
    "WSL": {
      "commandName": "WSL2",
      "environmentVariables": {},
      "distributionName": ""
    },
    "WSL 2 : Ubuntu 20.04": {
      "commandName": "WSL2",
      "distributionName": "Ubuntu-20.04"
    },
    "WSL 2 : Debian": {
      "commandName": "WSL2",
      "distributionName": "Debian"
    }
  }
}
```

圖 16-36 所示為多種可選的偵錯器。

▲ 圖 16-36 多種可選的偵錯器

建立一個主控台實例，如程式 16-53 所示，列印電腦相關的資訊。

▼ 程式 16-53

```csharp
using System.Runtime.InteropServices;
public class Program
{
    public static void Main(string[] args)
    {
        Console.WriteLine(
                    $" 系統架構：{RuntimeInformation.OSArchitecture}");
        Console.WriteLine(
                    $" 系統名稱：{RuntimeInformation.OSDescription}");
        Console.WriteLine(
                $" 處理程序架構：{RuntimeInformation.ProcessArchitecture}");
        Console.WriteLine(
            $" 是否為 64 位元作業系統：{Environment.Is64BitOperatingSystem}");
        Console.Read();
    }
}
```

WSL 環境下的輸出結果如圖 16-37 所示，Windows 環境下的輸出結果如圖 16-38 所示。

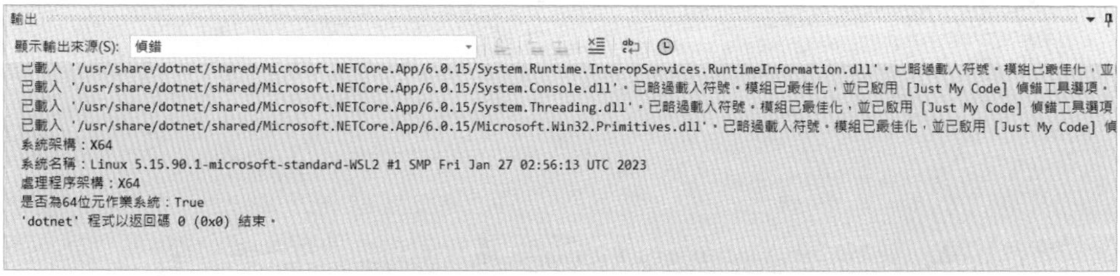

```
輸出
顯示輸出來源(S):  偵錯
已載入 '/usr/share/dotnet/shared/Microsoft.NETCore.App/6.0.15/System.Runtime.InteropServices.RuntimeInformation.dll'．已略過載入符號．模組已最佳化，並
已載入 '/usr/share/dotnet/shared/Microsoft.NETCore.App/6.0.15/System.Console.dll'．已略過載入符號．模組已最佳化，並已啟用 [Just My Code] 偵錯工具選項．
已載入 '/usr/share/dotnet/shared/Microsoft.NETCore.App/6.0.15/System.Threading.dll'．已略過載入符號．模組已最佳化，並已啟用 [Just My Code] 偵錯工具選項
已載入 '/usr/share/dotnet/shared/Microsoft.NETCore.App/6.0.15/Microsoft.Win32.Primitives.dll'．已略過載入符號．模組已最佳化，並已啟用 [Just My Code] 偵
系統架構：X64
系統名稱：Linux 5.15.90.1-microsoft-standard-WSL2 #1 SMP Fri Jan 27 02:56:13 UTC 2023
處理程序架構：X64
是否為64位元作業系統：True
'dotnet' 程式以返回碼 0 (0x0) 結束．
```

▲ 圖 16-37 WSL 環境下的輸出結果

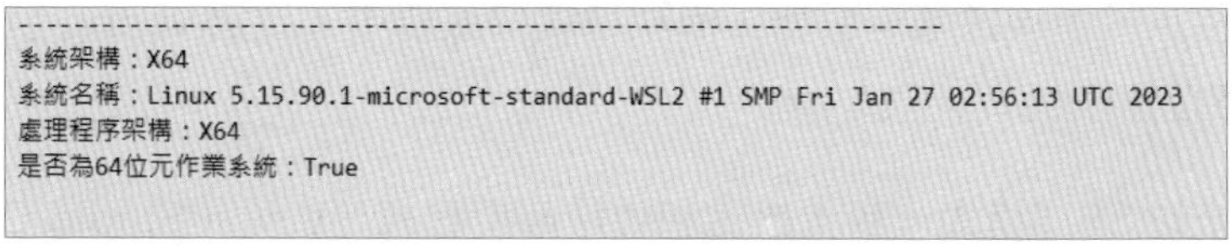

```
------------------------------------------------------------
系統架構：X64
系統名稱：Linux 5.15.90.1-microsoft-standard-WSL2 #1 SMP Fri Jan 27 02:56:13 UTC 2023
處理程序架構：X64
是否為64位元作業系統：True
```

▲ 圖 16-38 Windows 環境下的輸出結果

16.2.2 使用 Visual Studio（Code）遠端偵錯 Linux 部署的應用

Visual Studio 和 Visual Studio Code 支援遠端偵錯，使開發人員可以在本地輕鬆地偵錯線上的應用處理程序。Visual Studio 和 Visual Studio Code 的 Remote 功能都可以支援 3 種不同場景的遠端偵錯，Remote-SSH 利用 SSH 連接遠端主機進行偵錯，Remote-Container 透過連接容器進行偵錯，Remote-WSL 透過連接子系統（Windows Subsystem for Linux）進行偵錯。

圖 16-39 所示為 Visual Studio Code 遠端偵錯處理程序的過程，透過 Visual Studio Code 的 SSH 模式偵錯遠端的應用處理程序。

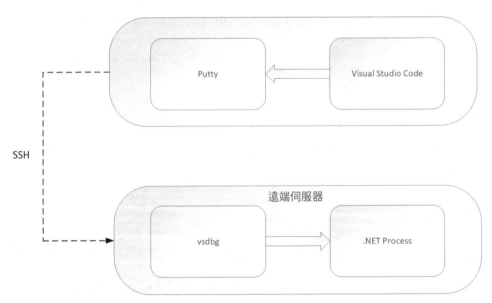

▲ 圖 16-39　Visual Studio Code 遠端偵錯處理程序的過程

如圖 16-39 所示，Visual Studio Code 透過 Putty 利用 SSH 作為遠端偵錯的傳輸協定，連接遠端伺服器，而在遠端伺服器中，透過 vsdbg 偵錯器附加到 .NET 處理程序中。

接下來以 SSH 模式一步步設定和偵錯應用程式。Visual Studio Code 中無法彈出 UI 互動視窗進行授權，因此，透過 Putty 連接 SSH 伺服器。

先進行環境設定，再下載並安裝 Putty（Putty 安裝列表如圖 16-40 所示）。
Putty 是一個支援 Telnet、SSH、Rlogin 的純 TCP 協定的序列埠連接工具，這
裡需要使用它的 SSH 功能。

如程式 16-54 所示，在目標伺服器上安裝 vsdbg 偵錯器。

▼ 程式 16-54

```
curl -sSL https://******.ms/getvsdbgsh | bash /dev/stdin -v latest -l ~/vsdbg
```

如圖 16-41 所示，開啟 Visual Studio Code，先點擊左側欄中的 Debugger
圖示，開啟 Debug 視圖，再點擊「執行和偵錯」按鈕，彈出下拉清單，選擇
.NET Auto Attach 選項（需要具備 Visual Studio Code C# 擴充）即可在專案目
錄中建立一個 .vscode 目錄和一個 launch.json 檔案。

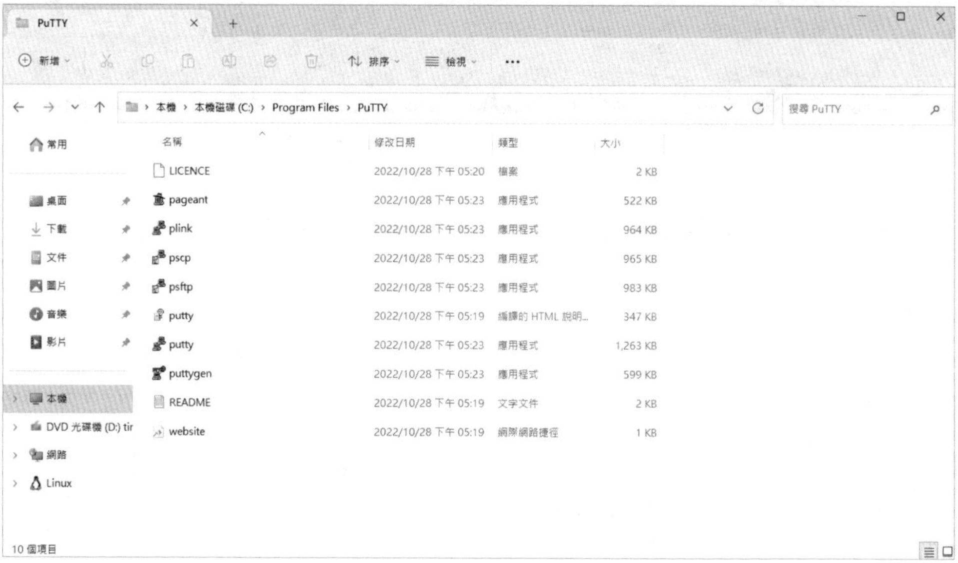

▲ 圖 16-40 Putty 安裝列表

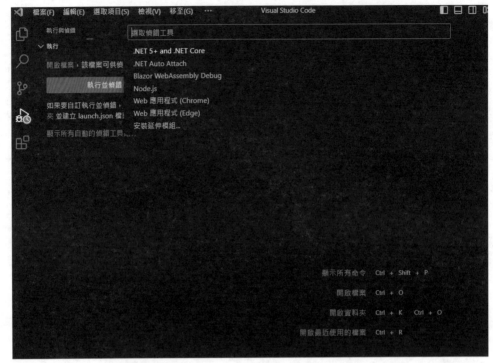

▲ 圖 16-41 開啟 Visual Studio Code

launch.json 檔案預設的設定內容如程式 16-55 所示。

▼ 程式 16-55

```
{
    "version": "0.2.0",
    "configurations": [
        {
            "name": ".NET Core Launch (web)",
            "type": "coreclr",
            "request": "launch",
            "preLaunchTask": "build",
            "program": "${workspaceFolder}/bin/Debug/net7.0/app.dll",
            "args": [],
            "cwd": "${workspaceFolder}",
            "stopAtEntry": false,
            "serverReadyAction": {
```

```
                "action": "openExternally",
                "pattern": "\\bNow listening on:\\s+(https?://\\S+)"
            },
            "env": {
                "ASPNETCORE_ENVIRONMENT": "Development"
            },
            //"envFile": "${workspaceFolder}/.env",
            "sourceFileMap": {
                "/Views": "${workspaceFolder}/Views"
            }
        },
        {

            "name": ".NET Core Attach",
            "type": "coreclr",
            "request": "attach"
        }
    ]
}
```

launch.json 檔案中常見的屬性如表 16-1 所示。

▼ 表 16-1　launch.json 檔案中常見的屬性

屬性	說明
name	設定名稱，顯示在啟動設定偵錯介面下拉式功能表中的名稱
type	設定類型，設定為 coreclr，Visual Studio Code 偵錯程式時指定的擴充類型
program	偵錯工具的路徑（絕對路徑）
env	偵錯時使用的環境變數
envFile	環境變數檔案的絕對路徑，在 env 中設定的屬性會覆蓋 envFile 中的設定
args	為需要偵錯的程式指定相關的命令列參數

如程式 16-56 所示，增加遠端偵錯的相關設定資訊。

▼ 程式 16-56

```
{
    "name": ".NET Core Remote Attach",
    "type": "coreclr",
```

```
    "request": "attach",
    "processId": "${command:pickRemoteProcess}",
    "pipeTransport":
    {
        "debuggerPath": "~/vsdbg/vsdbg",
        "pipeCwd": "${workspaceFolder}",
        "windows": {
            "pipeProgram": "plink.exe",
            "pipeArgs": [
                "-l",
                "root",
                "-pw",
                "password",
                "localhost",
                "-P",
                "22",
                "-T" ],
            "quoteArgs": true
        }
    },
    "sourceFileMap": {
        "/src": "${workspaceFolder}",
    }
}
```

接下來選擇新增的 .NET Core Remote Attach 選項，如圖 16-42 所示，建立連接後會顯示該遠端伺服器的處理程序列表。

這樣就可以在本地偵錯遠端伺服器的 .NET 處理程序，如圖 16-43 所示。

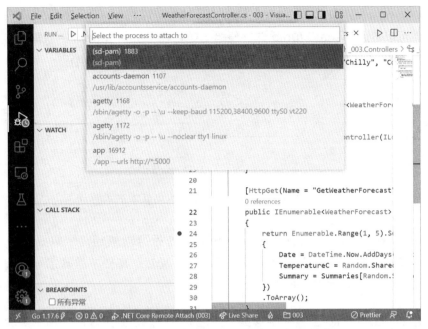

▲ 圖 16-42 遠端伺服器的處理程序列表

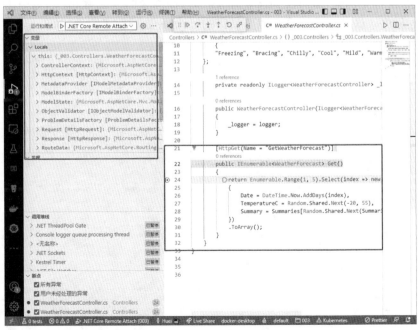

▲ 圖 16-43 偵錯遠端伺服器的 .NET 處理程序（編按：本圖例為簡體中文介面）

除了可以在本地透過 Visual Studio Code 對遠端的 .NET 處理程序進行偵錯，還可以透過 Visual Studio 進行偵錯，並且在 Visual Studio 中偵錯會變得更加簡單。圖 16-44 所示為 Visual Studio 遠端偵錯基本的連接過程。

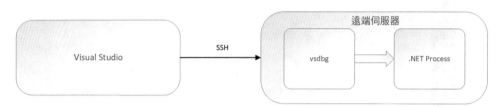

▲ 圖 16-44　Visual Studio 遠端偵錯基本的連接過程

如圖 16-44 所示，當使用 Visual Studio 進行遠端偵錯時，需要利用 SSH 連接到遠端伺服器的處理程序後再進行偵錯。當然，萬變不離其宗，遠端伺服器將 vsdbg 作為偵錯器進行互動處理。

在 Visual Studio 工具列中選擇「偵錯」→「附加到處理序」命令，開啟如圖 16-45 所示的「附加至處理序」對話方塊，在該對話方塊中將「連接類型」設定為 SSH，同時設定連接目標，輸入遠端伺服器的連接資訊，顯示上面執行的處理程序，最後只需要選擇需要偵錯的 dotnet 處理程序即可。

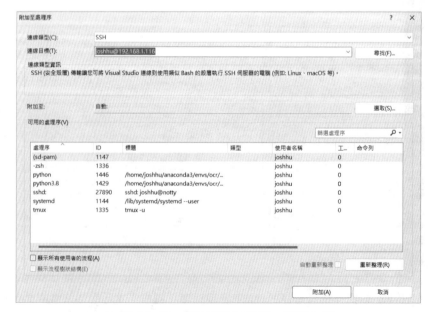

▲ 圖 16-45　「附加至處理序」對話方塊

綜上所述，在 Visual Studio 中透過 SSH 模式偵錯的步驟很簡單，這是因為該 IDE 會在遠端伺服器建立連接成功後，自動將 vsdbg 下載到 .vs-debugger 目錄下，根據當前 IDE 的版本在該目錄下建立指定版本的資料夾。圖 16-46 所示為在 Linux 中搜尋 vsdbg 檔案。

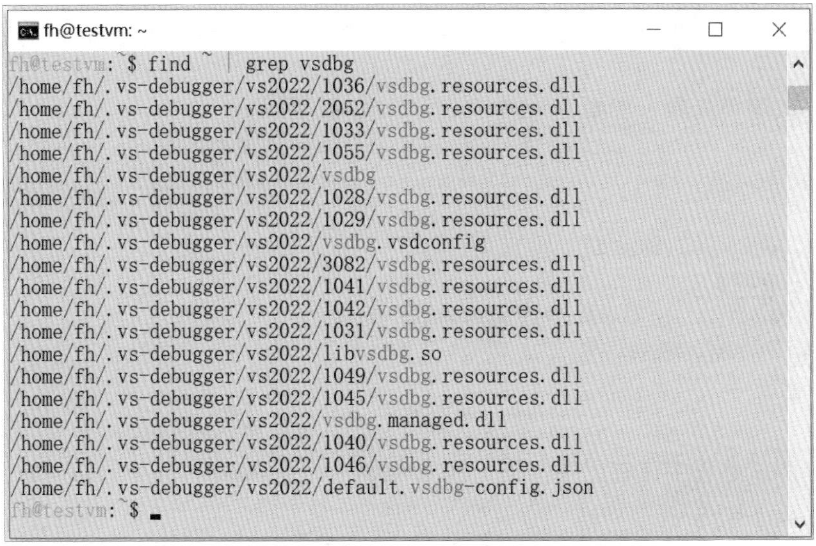

```
fh@testvm: ~                                           —    □    ×
fh@testvm: ~ $ find ~ | grep vsdbg
/home/fh/.vs-debugger/vs2022/1036/vsdbg.resources.dll
/home/fh/.vs-debugger/vs2022/2052/vsdbg.resources.dll
/home/fh/.vs-debugger/vs2022/1033/vsdbg.resources.dll
/home/fh/.vs-debugger/vs2022/1055/vsdbg.resources.dll
/home/fh/.vs-debugger/vs2022/vsdbg
/home/fh/.vs-debugger/vs2022/1028/vsdbg.resources.dll
/home/fh/.vs-debugger/vs2022/1029/vsdbg.resources.dll
/home/fh/.vs-debugger/vs2022/vsdbg.vsdconfig
/home/fh/.vs-debugger/vs2022/3082/vsdbg.resources.dll
/home/fh/.vs-debugger/vs2022/1041/vsdbg.resources.dll
/home/fh/.vs-debugger/vs2022/1042/vsdbg.resources.dll
/home/fh/.vs-debugger/vs2022/1031/vsdbg.resources.dll
/home/fh/.vs-debugger/vs2022/libvsdbg.so
/home/fh/.vs-debugger/vs2022/1049/vsdbg.resources.dll
/home/fh/.vs-debugger/vs2022/1045/vsdbg.resources.dll
/home/fh/.vs-debugger/vs2022/vsdbg.managed.dll
/home/fh/.vs-debugger/vs2022/1040/vsdbg.resources.dll
/home/fh/.vs-debugger/vs2022/1046/vsdbg.resources.dll
/home/fh/.vs-debugger/vs2022/default.vsdbg-config.json
fh@testvm: ~ $ ▄
```

▲ 圖 16-46 在 Linux 中搜尋 vsdbg 檔案

除此之外，還可以選擇手動安裝 vsdbg，但是需要注意的是目錄，如程式 16-57 所示，在 .vs-debugger 的家目錄下建立一個名為 vs2022（根據 Visual Studio 的版本來定義）的資料夾。

▼ 程式 16-57

```
mkdir -p ~/.vs-debugger/vs2022
```

如程式 16-58 所示，下載 GetVsDbg.sh 指令稿，另外還需要下載 vsdbg。

▼ 程式 16-58

```
wget https://******.ms/getvsdbgsh -O ~/.vs-debugger/GetVsDbg.sh
wget https://vsdebugger.***.net/vsdbg-17-0-10712-2/vsdbg-linux-x64.zip
```

在目標伺服器下載完成後，先解壓縮到目錄下，再刪除，如程式 16-59 所示。

▼ 程式 16-59

```
unzip vsdbg-linux-x64.zip -d ~/.vs-debugger/vs2022
rm vsdbg-linux-x64.zip
```

修改環境變數，加權並測試，如程式 16-60 所示。

▼ 程式 16-60

```
cd  ~/.vs-debugger/vs2022
chmod +x vsdbg
export DOTNET_SYSTEM_GLOBALIZATION_INVARIANT=true
export COMPlus_LTTng=0
./vsdbg
```

在測試過程中沒有出現例外，建立 success.txt 檔案，並填入版本編號，如程式 16-61 所示。

▼ 程式 16-61

```
cd  ~/.vs-debugger/vs2022
touch success.txt
echo "17.0.10712.2" >> success.txt
```

如程式 16-62 所示，執行如下操作並輸出結果。

▼ 程式 16-62

```
$ ~/.vs-debugger
$ sh GetVsDbg.sh -v vs2022 -l ~/.vs-debugger/vs2022 -d vscode
Info: Last installed version of vsdbg is '17.0.10712.2'
Info: VsDbg is up-to-date
Info: Using vsdbg version '17.0.10712.2'
Using arguments
    Version                     : 'vs2022'
```

```
    Location                : '/root/.vs-debugger/vs2022'
    SkipDownloads           : 'true'
    LaunchVsDbgAfter        : 'true'
        VsDbgMode           : 'vscode'
    RemoveExistingOnUpgrade : 'false'
Info: Skipping downloads
Info: Launching vsdbg
```

16.2.3 使用容器工具偵錯

Visual Studio 中的 Docker 容器工具非常好用，並且大大簡化了生成、偵錯和部署容器化應用程式的過程。下面從偵錯的角度來介紹 Docker 容器工具。

在建立新專案時可以透過選取「啟用 Docker」核取方塊來啟用 Docker 支援，如圖 16-47 所示。

▲ 圖 16-47 啟用 Docker 支援

注意：對於 .NET Framework 專案來說，只有 Windows 容器可用。

透過在「方案總管」面板中選擇 Add →「Docker 支援」命令來向現有專案增加 Docker 支援，如圖 16-48 所示。

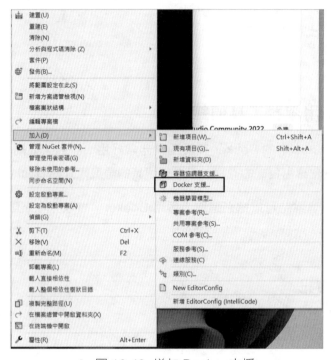

▲ 圖 16-48　增加 Docker 支援

當啟用或增加 Docker 支援後，Visual Studio 會向專案中增加如下檔案和引用。

- Dockerfile 檔案。

- .dockerignore 檔案。

- Microsoft.VisualStudio.Azure.Containers.Tools.Targets 的 NuGet 套件引用。

Dockerfile 檔案如程式 16-63 所示。

▼ 程式 16-63

```
FROM mcr.microsoft.com/dotnet/aspnet:6.0 AS base
WORKDIR /app
EXPOSE 80
EXPOSE 443

FROM mcr.microsoft.com/dotnet/sdk:6.0 AS build
WORKDIR /src
COPY ["test.csproj", "."]
RUN dotnet restore "./test.csproj"
COPY . .
WORKDIR "/src/."
RUN dotnet build "test.csproj" -c Release -o /app/build

FROM build AS publish
RUN dotnet publish "test.csproj" -c Release -o /app/publish

FROM base AS final
WORKDIR /app
COPY --from=publish /app/publish .
ENTRYPOINT ["dotnet", "test.dll"]
```

接下來就可以利用 Docker 偵錯器對應用程式進行偵錯,如圖 16-49 所示。

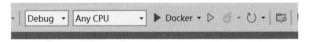

▲ 圖 16-49 Docker 偵錯器

16.3 小結

本章主要介紹 .NET 技術的偵錯工具,讀者可以利用這些工具對應用程式進行偵錯。對於偵錯來說,我們無須專注於某一種偵錯工具,可以將多種偵錯工具結合使用。

第17章
編譯技術精講

對於有志成為 .NET 專家的開發人員來說,學習和了解編譯技術尤為重要。透過學習編譯技術,讀者可以深入了解 .NET 平臺。本章主要介紹 IL 解析、JIT 編譯、AOT 編譯等內容。

17.1 | IL 解析

IL(Intermediate Language,中繼語言,又稱中間語言)是一種程式設計語言,並且具備可讀性。透過編譯器將原始程式碼編譯成 IL 程式後,儲存到 .dll 檔案中。通常,使用反編譯工具可以查看 IL 程式,以及編譯器對它做了哪些最佳化,或者一些語法糖背後到底做了什麼,這是一件很有趣的事情,並且對於深入理解 .NET 尤為重要。

17.1.1 IL 簡介

IL 也稱為 CIL 和 MSIL，是一種程式設計語言。其目標是透過編譯器先將原始程式碼編譯成 IL 程式，再組合語言成位元組碼。IL 類別似於物件導向的組合語言，等執行的時候會被載入到執行時期函式庫，由執行時期的 Just-In-Time（JIT）編譯器編譯成機器程式再執行。

17.1.2 從 .NET 程式到 IL 程式

原始程式碼被編譯成 IL 程式後，並不是特定於平臺或處理器的目標程式。IL 程式是獨立於 CPU 和平臺指令集的，可以在 .NET 執行時期支援的任何環境中執行，如可以在 Linux、Windows 等環境中執行同一份程式。

執行過程如下。

（1）將原始程式碼編譯為 IL 程式並建立程式集。

（2）在執行 IL 程式集時，程式透過執行時期的 JIT 編譯器編譯為機器程式。

（3）電腦處理器執行機器程式。

如程式 17-1 所示，在 x86 組合語言中將兩個數相加，其中的 eax 和 edx 用於指定不同的通用暫存器。

▼ 程式 17-1

```
add eax, edx
```

如程式 17-2 所示，在 IL 程式集中，0 表示 eax，1 表示 edx。

▼ 程式 17-2

```
// 把方法的第一個參數存入堆疊中
ldarg.0
// 把方法的第二個參數存入堆疊中
ldarg.1
// 執行 add 操作後，將結果儲存到堆疊頂
```

```
add
// 把堆疊頂的值儲存到本地或臨時變數 0 中
stloc.0
```

　　暫存器 eax 和 edx 的值先推送到堆疊中，再呼叫 add 指令將結果儲存到堆疊頂，最後移出堆疊的結果值將儲存在 eax 暫存器中。

　　類別和靜態方法如程式 17-3 所示。

▼ 程式 17-3

```
.class public Foo
{
  .method private static int32
    Add(
      int32 a,
      int32 b
    ) cil managed
  {
    .maxstack 8
    // 載入第一個參數
    IL_0000: ldarg.0        //a
    // 載入第二個參數
    IL_0001: ldarg.1        //b
    // 執行 add 操作，將堆疊中最上面的兩個數相加，並彈出結果
    IL_0002: add
    // 傳回結果
    IL_0003: ret

  }
}
```

　　如程式 17-4 所示，在 C# 程式中呼叫 Add 方法。

▼ 程式 17-4

```
Foo.Add(3, 2); //5
```

如程式 17-5 所示，在 IL 程式中呼叫 Add 方法。

▼ 程式 17-5

```
ldc.i4.3
ldc.i4.2
call        int32 Foo::Add(int32, int32)
pop
ret
```

17.1.3 IL 語法的格式

為了讓讀者可以更好地了解 IL 語法，下面以 IL 專案為例建立一個簡單的實例，但是該實例只是一個 DEMO，在實際的程式設計過程中，建議直接採用 C# 撰寫程式，因為編譯器會為程式做出更多的最佳化，所以直接採用 IL 撰寫程式會對性能產生一定的影響。

如程式 17-6 所示，建立一個類別庫。

▼ 程式 17-6

```
mkdir MyILProject\MyILlib
cd MyILProject\MyILlib
dotnet new classlib
```

首先建立資料夾目錄，在 MyILProject 目錄下建立 MyILlib 資料夾，然後透過 cd 命令切換到 MyILlib 目錄下，最後透過 dotnet 命令列工具建立一個類別庫專案。

如程式 17-7 所示，建立並定義 global.json 檔案中的內容。

▼ 程式 17-7

```
{
  "msbuild-sdks": {
    "Microsoft.NET.Sdk.IL": "6.0.0"
  }
}
```

將 MyILlib.csproj 檔案重新命名為 MyILlib.ilproj，將專案修改為 IL 類別庫專案。

接下來開啟 MyILlib.ilproj 檔案，修改專案屬性，如程式 17-8 所示。

▼ 程式 17-8

```xml
<Project Sdk="Microsoft.NET.Sdk.IL">
  <PropertyGroup>
    <TargetFramework>net6.0</TargetFramework>
    <ProduceReferenceAssembly>false</ProduceReferenceAssembly>
  </PropertyGroup>
</Project>
```

在 MyILlib.ilproj 檔案中，將 SDK 更改為 Microsoft.NET.Sdk.IL。

如程式 17-9 所示，新增一個 helloworld.il 檔案，並增加如下 IL 程式。

▼ 程式 17-9

```
.assembly extern System.Runtime
{
    .publickeytoken = (B0 3F 5F 7F 11 D5 0A 3A )
    .ver 4:0:0:0
}

.assembly MyILlib
{
  .ver 1:0:0:0
}

.module MyILlib.dll

.class public auto ansi beforefieldinit Hello
  extends [System.Runtime]System.Object
{
  .method public hidebysig static string World() cil managed
  {
// 評價堆疊的最大深度
```

```
.maxstack 8
// 把字串 "Hello World!" 存入評價堆疊
ldstr    "Hello World!"
//return，傳回值
    ret
  }
}
```

上述程式中包含程式集執行所需的外部程式集（System.Runtime.dll），透過 extern 修飾的 .assembly 表示外部程式集。

.publickeytoken 表 示 程 式 集 的 公 開 鍵；.ver 用 於 標 識 程 式 集 的 版本；.assembly 用於標識當前程式集的名稱，通常還可以定義程式集的版本等資訊；.module 用於標識模組的名稱；public 關鍵字定義了類型的可存取性。

auto 關鍵字定義了類別的布局風格（自動布局，預設值）。其他可選關鍵字有 sequential（儲存欄位的指定順序）和 explicit（顯示透過 FieldOffset 特性設定每個成員的位置），在 C# 中可以透過 StructLayoutAttribute 特性設定類別或結構的欄位在託管記憶體中的物理布局。

ansi 關鍵字定義了類別與其他非受控碼互動操作時的字串轉換模式，這個關鍵字預設指定字串與標準 C 語言風格的位元組字串進行轉換，其他可選關鍵字還有 unicode（字串和 UTF-16 格式的 Unicode 編碼相互轉換）和 autochar（由底層平臺決定字串轉換的模式）。

static 關鍵字標識了靜態方法；hidebysig 關鍵字表示隱藏透過 hidebysig 關鍵字標識的方法簽名；string 關鍵字表示方法的傳回類型；cil managed 是方法的實作標識，表示這個方法是在 IL 中實作的。除此之外，還有 native（機器程式實作）屬性、optil（最佳化 IL 程式時實作）屬性和 runtime（.NET 執行時期內部實作）屬性。

如程式 17-10 所示，建立一個主控台專案並引入該 IL 類別庫。

▼ 程式 17-10

```
cd ../
mkdir MyApp
cd MyApp
dotnet new console
dotnet add reference ../MyILlib
```

如程式 17-11 所示，修改 Program.cs 檔案。

▼ 程式 17-11

```
Console.WriteLine(Hello.World());
```

如程式 17-12 所示，執行主控台專案。

▼ 程式 17-12

```
$ dotnet run
Hello World!
```

17.2 | JIT 簡介

JIT 是 Just-In-Time 的縮寫形式，也就是即時編譯。使用 JIT 技術可以避免硬體環境的差異性，並且可以根據不同的平臺舉出最優的機器程式。

17.2.1 JIT 編譯器

在 .NET 中，編譯分為兩部分，首先編譯器將程式編譯為 IL 程式，然後 .NET 執行時期會透過 JIT 編譯器將 IL 程式即時編譯為機器程式，這種方式給開發人員帶來了便捷性，可以做到「一次編譯，處處執行」，開發人員無須關注平臺指令的差異性（見圖 17-1）。另外，JIT 編譯器可以根據當前硬體環境的實際情況編譯出最優的機器程式，這也是 JIT 最明顯的特徵。

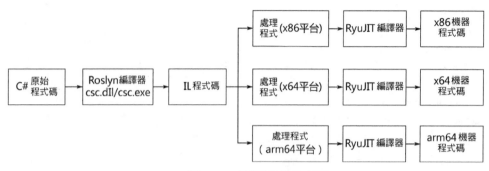

▲ 圖 17-1 編譯過程示意圖

　　JIT 編譯器在應用程式跨平臺的實作中具有重要作用，可以避免編譯器直接生成本機機器程式，而透過 JIT 進行即時編譯，在 JIT 編譯器的幫助下開發人員無須分別維護多個平臺的程式。

17.2.2　在 Visual Studio 中查看組合語言程式碼

　　Visual Studio 支援在偵錯時查看 .NET 應用程式生成的組合語言程式碼。在偵錯時，可以選擇「偵錯」→「視窗」→「反組譯」命令，如圖 17-2 所示。

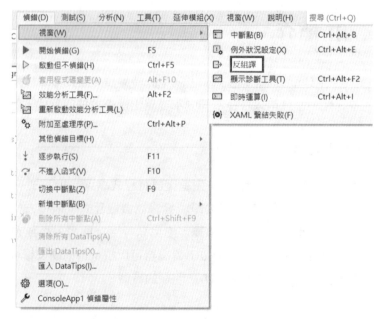

▲ 圖 17-2　選擇「偵錯」→「視窗」→「反組譯」語言

如圖 17-3 所示，查看組合語言程式碼。

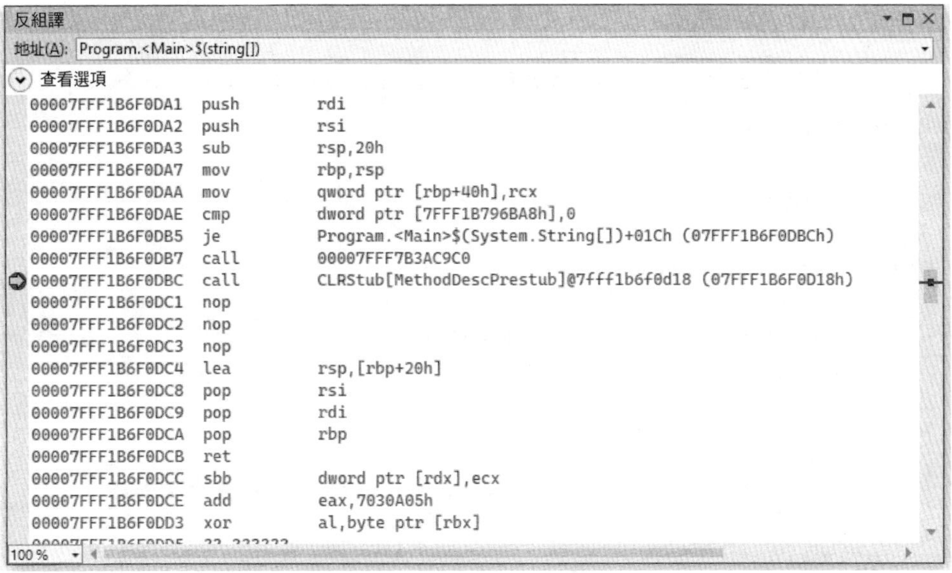

▲ 圖 17-3 查看組合語言程式碼

17.3 | JIT 編譯

在 .NET 中，對 JIT 的最佳化也提出了不少功能，本節以分層編譯（Tiered Compilation）和設定檔引導最佳化（Profile-Guided Optimization，PGO）兩個功能為例詳細說明，探討如何最佳化 JIT 可以使其達到更優（合適）的模式。

17.3.1 分層編譯

從 IL 程式到機器程式的過程中，需要進行一次 JIT 編譯，這會影響應用程式第一次執行的速度。為了解決這個問題，可以加入分層編譯的特性，在啟動應用程式時，JIT 先快速生成具有一定的最佳化功能的 tier0 程式，由於生成 tier0 程式時做的最佳化程度不深，因此 JIT 生成速度快，輸送量也高，可以改善一定的延遲時間。但是，隨著應用程式的執行，對於頻繁呼叫的方法，根據計數器測量對應的「熱點程式」，再次生成具有 JIT 最佳化的 tier1 程式，以提升程式的執行效率，這樣可以平衡編譯速度和性能。

注意：在 .NET Core 3.0 中預設啟用分層編譯，在 .NET Core 2.1 和 .NET Core 2.2 中預設關閉分層編譯。

如程式 17-13 所示，在 .csproj 檔案中增加 TieredCompilation 屬性可以啟用或關閉分層編譯。

▼ 程式 17-13

```
<Project Sdk="Microsoft.NET.Sdk">
  <PropertyGroup>
    <TieredCompilation>false</TieredCompilation>
  </PropertyGroup>
</Project>
```

程式 17-14 展示了如何在 runtimeconfig.json 檔案中開啟分層編譯。

▼ 程式 17-14

```
{
  "runtimeOptions": {
    "configProperties": {
      "System.Runtime.TieredCompilation": false
    }
  }
}
```

啟用 Quick（快速）JIT 可以更快速地完成編譯，雖然不會進行最佳化，但是可以縮短啟動的時間。如果禁用了 TieredCompilationQuickJit 屬性，啟用了分層編譯，則只有預編譯的程式會參與分層編譯。

如程式 17-15 所示，在 .csproj 檔案中增加 TieredCompilationQuickJit 屬性。

▼ 程式 17-15

```
<Project Sdk="Microsoft.NET.Sdk">
  <PropertyGroup>
```

```
    <TieredCompilationQuickJit>false</TieredCompilationQuickJit>
  </PropertyGroup>
</Project>
```

如程式 17-16 所示，在 runtimeconfig,json 檔案中增加 System.Runtime. TieredCompilation.QuickJit 屬性。

▼ 程式 17-16

```
{
    "runtimeOptions": {
      "configProperties": {
          "System.Runtime.TieredCompilation.QuickJit": false
      }
    }
}
```

為迴圈方法啟用 Quick JIT，可以提高應用程式的性能。如果禁用 Quick JIT，那麼 TieredCompilationQuickJitForLoops 屬性就起不到最佳化的作用。

如程式 17-17 所示，在 .csproj 檔案中增加 TieredCompilationQuickJitFor Loops 屬性。

▼ 程式 17-17

```
<Project Sdk="Microsoft.NET.Sdk">
  <PropertyGroup>
    <TieredCompilationQuickJitForLoops>true</TieredCompilationQuickJitForLoops>
  </PropertyGroup>
</Project>
```

程式 17-18 展示了如何在 runtimeconfig.json 檔案中增加 System.Runtime. TieredCompilation.QuickJitForLoops 屬性。

▼ 程式 17-18

```
{
    "runtimeOptions": {
```

```
        "configProperties": {
            "System.Runtime.TieredCompilation.QuickJitForLoops": false
        }
    }
}
```

17.3.2 使用 PGO 最佳化程式編譯（動態 PGO）

PGO 是一種 JIT 編譯器最佳化技術，允許 JIT 編譯器在 tier0 程式生成中收集執行時期資訊，以便後期從 tier0 升級到 tier1 的過程中相依性 PGO 來獲取「熱點程式」，進而提升執行程式的效率。.NET 提供了動態（Dynamic）PGO 和靜態（Static）PGO。靜態 PGO 透過工具收集 profile 資料，應用程式會在下一次編譯時引導編譯器對程式進行最佳化；動態 PGO 則是在執行時期一邊收集 profile 資料一邊進行最佳化。

如程式 17-19 方式，可以使用環境變數啟用動態 PGO。

▼ 程式 17-19

```
# 啟用動態 PGO
export DOTNET_TieredPGO=1
# 禁用 AOT
export DOTNET_ReadyToRun=0
# 為迴圈啟用 Quick JIT
export DOTNET_TC_QuickJitForLoops=1
```

如程式 17-20 所示，在 Windows 作業系統中透過 PowerShell 增加環境變數。

▼ 程式 17-20

```
$env:DOTNET_TieredPGO=1
$env:DOTNET_ReadyToRun=0
$env:DOTNET_TC_QuickJitForLoops=1
```

如程式 17-21 所示，增加一個基準測試專案，用於測試動態 PGO 和預設模
式的性能的差異性。

▼ 程式 17-21

```csharp
// 執行基準測試專案
BenchmarkRunner.Run<PgoBenchmarks>();

[Config(typeof(MyEnvVars))]
public class PgoBenchmarks
{
    // 自訂設定環境 Default 和 DPGO
    class MyEnvVars : ManualConfig
    {
        public MyEnvVars()
        {
            // 使用預設模式
            AddJob(Job.Default.WithId("Default mode"));
            // 使用動態 PGO
            AddJob(Job.Default.WithId("Dynamic PGO")
                .WithEnvironmentVariables(
                    new EnvironmentVariable("DOTNET_TieredPGO", "1"),
                    new EnvironmentVariable("DOTNET_TC_QuickJitForLoops", "1"),
                    new EnvironmentVariable("DOTNET_ReadyToRun", "0")));

        }
    }

    [Benchmark]
    [Arguments(6, 100)]
    public int HotColdBasicBlockReorder(int key, int data)
    {
        if (key == 1)
            return data - 5;
        if (key == 2)
            return data += 4;
        if (key == 3)
            return data >> 3;
        if (key == 4)
```

```
        return data * 2;
    if (key == 5)
        return data / 1;
    return data; // 預設 key 為 6，所以會使用傳回的 data
    }
}
```

表 17-1 所示為性能測試的輸出結果。表 17-1 簡化了輸出專案，透過預設模式和動態 PGO 設定的最佳化可以看出，兩種模式存在一個明顯的差距。

▼ 表 17-1　性能測試的輸出結果

方法	模式	環境變數	均值	誤差	標準誤差
HotColdBasic BlockReorder	預設模式	Empty	1.8672 毫微秒	0.0412 毫微秒	0.0386 毫微秒
HotColdBasic BlockReorder	動態 PGO	DOTNET_ TieredPGO=1, DOTNET_TC_ QuickJitForLoops=1， DOTNET_ ReadyToRun=0	0.0370 毫微秒	0.0445 毫微秒	0.0416 毫微秒

通常，編譯器會將應用程式進行冷熱分區，但不夠智慧化，在動態 PGO 模式下，可以擷取到在「實際」業務執行時期程式的呼叫資訊，使用該資訊可以引導應用程式的編譯，以達到最佳化的目的。利用記錄的 Basic Block（BB）區塊呼叫頻率，可以更加準確地劃分出冷熱區塊，做到冷熱分離，並利用 BB 區塊進行最佳化，其中包括迴圈展開、函式內聯等。在劃分完程式中的冷區和熱區後，編譯器還會權衡性能，在指令重排時，將它們合理地放到對應的位置（見圖 17-4）。

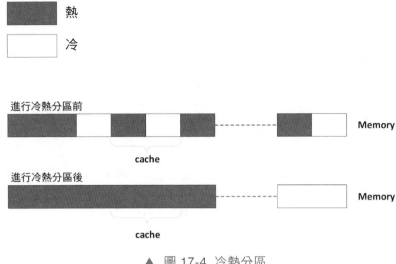

▲ 圖 17-4 冷熱分區

　　冷程式是指不頻繁執行的程式，熱程式是指頻繁執行的程式。使用動態 PGO 對冷熱區域進行劃分，有利於提高指令快取的使用率。

17.3.3　使用 PGO 最佳化程式編譯（靜態 PGO）

　　靜態 PGO 允許開發人員提前收集 profile 資料，將收集的 profile 資料在應用程式啟動時引導並最佳化。

　　在撰寫本書期間，正式版 PGO 工具還未發佈，所以筆者在專案目錄下新增一個 NuGet.config 檔案，並增加 NuGet 來源，如程式 17-22 所示。

▼ 程式 17-22

```
<configuration>
  <packageSources>
    <add key="dotnet-public" value="https://pkgs.dev.***.com/dnceng/ public/_
packaging/dotnet-public/nuget/v3/index.json" />
    <add key="dotnet-tools" value="https://pkgs.dev.***.com/dnceng/ public/_
packaging/dotnet-tools/nuget/v3/index.json" />
    <add key="dotnet-eng" value="https://pkgs.dev.***.com/dnceng/ public/_
packaging/dotnet-eng/nuget/v3/index.json" />
    <add key="dotnet6" value="https://pkgs.dev.***.com/dnceng/ public/_ packaging/
```

```
dotnet6/nuget/v3/index.json" />
    <add key="dotnet6-transport" value="https://pkgs.dev.***.com/ dnceng/ public/_
packaging/dotnet6-transport/nuget/v3/index.json" />
  </packageSources>
</configuration>
```

如程式 17-23 所示，安裝 dotnet-pgo，該工具用於生成靜態的 PGO 資料。

▼ 程式 17-23

```
$ dotnet tool install dotnet-pgo --version 6.0.0-* -g
可以使用以下命令呼叫工具：dotnet-pgo
已成功安裝工具 "dotnet-pgo"( 版本 "6.0.0-rtm.21522.10")。
```

如程式 17-24 所示，在 Windows 作業系統中增加環境變數。

▼ 程式 17-24

```
SETX DOTNET_ReadyToRun 0              #禁用 AOT
SETX DOTNET_TieredPGO 1               #啟用分層 PGO
SETX DOTNET_TC_CallCounting 0     #永遠不產生 tier1 程式
SETX DOTNET_TC_QuickJitForLoops 1
SETX DOTNET_JitCollect64BitCounts 1
SETX DOTNET_JitEdgeProfiling 1
```

如程式 17-25 所示，在 Linux 作業系統中增加環境變數。

▼ 程式 17-25

```
export DOTNET_ReadyToRun 0
export DOTNET_TieredPGO 1
export DOTNET_TC_CallCounting 0
export DOTNET_TC_QuickJitForLoops 1
export DOTNET_JitCollect64BitCounts 1
export DOTNET_JitEdgePro；ling 1
```

新增一個主控台專案，如程式 17-26 所示。

▼ 程式 17-26

```csharp
public interface IFoo
{
    int Value { get; }
}

public interface IFooFactory
{
    IFoo Foo { get; }
}

public class FooImpl : IFoo
{
    public int Value => 42;
}

public class FooFactoryImpl : IFooFactory
{
    public IFoo Foo { get; } = new FooImpl();
}
```

如程式 17-27 所示，撰寫測試程式。

▼ 程式 17-27

```csharp
using System;
using System.Diagnostics;
using System.Runtime.CompilerServices;
using System.Threading;

public static class Tests
{
    static void Main()
    {
        Console.WriteLine("Running...");
        var sw = Stopwatch.StartNew();
        var factory = new FooFactoryImpl();
```

```
        for (int iteration = 0; iteration < 10; iteration++)
        {
            sw.Restart();
            for (int i = 0; i < 10000000; i++)
                Test(factory);
            sw.Stop();
            Console.WriteLine($"[{iteration}]/9]: {sw.ElapsedMilliseconds} ms.");
            Thread.Sleep(20);
        }
    }

    [MethodImpl(MethodImplOptions.NoInlining)]
    static int Test(IFooFactory factory)
    {
        IFoo? foo = factory?.Foo;
        return foo?.Value ?? 0;
    }
}
```

如程式 17-28 所示，透過 dotnet trace 收集性能檔案，會得到一個 trace. nettrace 檔案，裡面包含追蹤的資料，同時利用 dotnet-pgo 生成 PGO 資料。

▼ 程式 17-28

```
$ dotnet trace collect
    --providers Microsoft-Windows-DotNETRuntime:0x1F000080018:5
 -o trace.nettrace  -- dotnet 04.dll
```

注意：參數 04.dll 為具體的檔案，當執行 dotnet trace collect 命令時，檔案一定要指定正確，否則對當前應用程式起不到最佳化作用。

如程式 17-29 所示，透過 dotnet-pgo 將 trace.nettrace 檔案生成出 PGO 資料。

▼ 程式 17-29

```
$ dotnet-pgo create-mibc -t trace.nettrace -o pgo.mibc
```

如程式 17-30 所示,透過 PGO 資料引導對程式的編譯。

▼ 程式 17-30

```
$ dotnet publish -c Release -r win-x64 /p:PublishReadyToRun=true
/p:PublishReadyToRunComposite=true /p:PublishReadyToRunCrossgen2ExtraArgs= --embed-
pgo-data%3b--mibc%3apgo.mibc
```

如程式 17-31 所示,在 PGO 最佳化後,執行應用程式。

▼ 程式 17-31

```
$ cd bin/Release/net6.0/win-x64/publish
$ dotnet 04.dll
Running...
[0/9]: 17 ms.
[1/9]: 17 ms.
[2/9]: 17 ms.
[3/9]: 17 ms.
[4/9]: 17 ms.
[5/9]: 16 ms.
[6/9]: 17 ms.
[7/9]: 17 ms.
[8/9]: 17 ms.
[9/9]: 17 ms.
```

如程式 17-32 所示,查看預設模式下的輸出。

▼ 程式 17-32

```
$ dotnet run -c Release
Running...
[0/9]: 54 ms.
[1/9]: 54 ms.
[2/9]: 64 ms.
```

```
[3/9]: 51 ms.
[4/9]: 51 ms.
[5/9]: 52 ms.
[6/9]: 53 ms.
[7/9]: 53 ms.
[8/9]: 52 ms.
[9/9]: 52 ms.
```

17.4 | AOT 編譯

AOT 編譯是一種最佳化手段，使應用程式在執行前編譯，既可以避免 JIT 編譯器帶來的性能損耗，又可以顯著加快應用程式的啟動速度。

17.4.1 用 Crossgen2 進行 AOT 預編譯

.NET 6 中引入了 Crossgen2，用來代替原有的 Crossgen。Crossgen 和 Crossgen2 是提供預編譯的工具，可以改進應用程式的啟動時間，並根據執行情況利用 JIT 編譯器進行最佳化，這是混合 AOT 編譯的一種策略，透過這種方式可以減少 JIT 編譯器在執行期間的工作量。

Crossgen2 首先對 System.Private.Corelib 專案開展工作，至於為什麼開展它，官方的解釋是這個專案並不是為了提升性能而改進，而是為託管 RyuJIT 提供更好的系統結構。它可以在非執行期間以離線的方式生成程式，以便更好地支援交叉編譯。

目前有兩種方式可以將應用程式透過 Crossgen2 發佈。

第一種方式是利用 dotnet publish 命令，如程式 17-33 所示。

▼ 程式 17-33

```
$ dotnet publish -c Release -r win-x64 /p:PublishReadyToRun=true
 /p:PublishReadyToRunUseCrossgen2=true
```

發佈之後，在發佈目錄下可以看到有一個 [program].r2r.dll 檔案，AOT 編譯後的程式就在其中。

第二種方式是增加指定的專案屬性，如程式 17-34 所示，修改 .csproj 檔案。

▼ 程式 17-34

```
<PropertyGroup>
  <PublishReadyToRun>true</PublishReadyToRun>
  <PublishReadyToRunComposite>True</PublishReadyToRunComposite>
  <PublishReadyToRunUseCrossgen2>true</PublishReadyToRunUseCrossgen2>
</PropertyGroup>
```

如程式 17-35 所示，執行程式。

▼ 程式 17-35

```
$ dotnet publish -c Release -r win-x64
```

17.4.2 Source Generators

元程式設計（Metaprogramming）是一種程式設計範式，相當於以程式生成程式，在編譯和執行時期生成或更改程式。下面介紹 Source Generators 功能。利用 Source Generators 功能可以在編譯時生成程式，也就是所謂的「編譯時元程式設計」。圖 17-5 所示為 Source Generators 編譯階段。

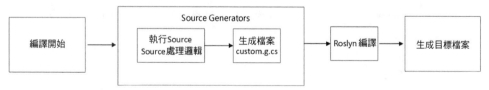

▲ 圖 17-5 Source Generators 編譯階段

Source Generators 會在程式編譯時生成程式，並將編譯時生成的程式參與編譯進行建構。

Source Generators 抽象了 Microsoft.CodeAnalysis.ISourceGenerator 介面,如程式 17-36 所示。

▼ 程式 17-36

```
public interface ISourceGenerator
{
    void Initialize(GeneratorInitializationContext context);
    void Execute(GeneratorExecutionContext context);
}
```

ISourceGenerator 介面提供了兩個方法:Initialize 方法接收一個 GeneratorInitializationContext 類型,用於初始化呼叫,在生成之前呼叫該方法,生成器可以利用該方法進行註冊並執行所需的回呼方法;Execute 方法透過 GeneratorExecutionContext 物件對具體的程式執行生成操作,並將程式進行織入。

接下來建立一個主控台專案,如程式 17-37 所示。

▼ 程式 17-37

```
HelloFrom("HueiFeng");
partial class Program
{
    static partial void HelloFrom(string name);
}
```

建立一個類別庫,將 TargetFramework 屬性修改為 netstandard2.0,如程式 17-38 所示。

▼ 程式 17-38

```
<Project Sdk="Microsoft.NET.Sdk">
<Project Sdk="Microsoft.NET.Sdk">
    <PropertyGroup>
        <TargetFramework>netstandard2.0</TargetFramework>
    </PropertyGroup>
```

```
        <ItemGroup>
                <PackageReference Include="Microsoft.CodeAnalysis" Version="4.0.1"
                                                PrivateAssets="all" />
                <PackageReference
                        Include="Microsoft.CodeAnalysis.Analyzers" Version="3.3.3"
                                                PrivateAssets="all"/>
        </ItemGroup>
</Project>
```

　　生成器實作 Microsoft.CodeAnalysis.ISourceGenerator 介面之後，還需要增加 Microsoft.CodeAnalysis.Generator 屬性進行標記。如果需要偵錯 Source Generator，則可以增加 Debugger.Launch 方法，增加該方法後，可以在編譯時呼叫偵錯器進行偵錯，如程式 17-39 所示。

▼ 程式 17-39

```
using System.Diagnostics;
using System.Text;
using Microsoft.CodeAnalysis;
using Microsoft.CodeAnalysis.Text;

namespace SourceGenerator
{
    [Generator]
    public class CustomGenerator : ISourceGenerator
    {
        public void Initialize(GeneratorInitializationContext context)
        {
            // 如果需要偵錯 Source Generator，則可以設定如下程式
            Debugger.Launch();
        }

        public void Execute(GeneratorExecutionContext context)
        {
            var mainMethod =
                    context.Compilation.GetEntryPoint(context. CancellationToken);

            // 設定需要織入的程式
```

```
            string source = $@" //Auto-generated code using System;

    public static partial class {mainMethod.ContainingType.Name}
    {{
        static partial void HelloFrom(string name) =>
            Console.WriteLine($""Generator says: Hi from '{{name}}'"");
    }}
";
            SourceText sourceText = SourceText.From(source, Encoding. UTF8);
            var typeName = mainMethod.ContainingType.Name;

            //Add the source code to the compilation
            context.AddSource($"{typeName}.g.cs", sourceText);
        }
    }
}
```

首先定義一個 mainMethod 實例在編譯時獲取 main 入口，mainMethod 實例傳回一個 IMethodSymbol 物件，用於獲取命名空間、方法名稱和類型名稱。然後建立一個需要織入的程式片段，建立 SourceText 物件，透過 SourceText. From 靜態方法增加需要插入的原始程式碼，並設定目標編碼格式。最後利用 context.AddSource 方法將原始程式碼增加到編譯中。

設定完之後，透過主控台專案引入類別庫，如程式 17-40 所示。

▼ 程式 17-40

```
<ItemGroup>
  <ProjectReference Include="..\SourceGenerator\SourceGenerator.csproj"
                    OutputItemType="Analyzer"
                    ReferenceOutputAssembly="false"/>
</ItemGroup>
```

- ReferenceOutputAssembly：預設為 true，如果設定為 false，則不包括引用專案的輸出作為此專案的引用，但仍可確保在此專案之前生成其他專案。

- OutputItemType：可選項，預設為空，設定要輸出的類型。

輸出結果如圖 17-6 所示。

▲ 圖 17-6 輸出結果

17.5 小結

本章首先介紹了 .NET 的多種編譯技術（如 IL），然後介紹了 JIT 編譯器的工作方式、JIT 最佳化手段（如分層編譯、PGO 編譯），最後介紹了 AOT 編譯。透過本章的學習，讀者基本上可以了解編譯技術的相關知識。

第18章
部署

通常，應用程式在開發和測試後，就可以部署到生產環境中使用。本章對應用程式的部署詳細說明，18.1 節會透過一個實例將程式發佈並上傳到 Ubuntu、CentOS 及 Windows Server IIS 中進行部署。

本章以 Docker 為例探討容器技術。除此之外，本章還介紹了 Docker 家族的 Docker Compose 和 Docker Swarm。18.7 節將探討 Kubernetes 的安裝與使用，以及如何輕鬆地將應用程式部署到容器雲端。

18.1 發佈與部署

上面介紹了如何開發 ASP.NET Core 應用程式。當應用程式開發完成並且經過測試後，還需要部署到伺服器中，對外提供服務存取。.NET 是跨平臺的開發框架，能夠在 Windows 作業系統、Linux 作業系統、macOS 作業系統中執行，基於 .NET 開發的應用程式可以執行在主流的 CPU 和作業系統中，目前 .NET 官方已經支援在 x86、x64、ARM32 和 ARM64 架構的硬體平臺上執行。

18.1.1 部署至 Ubuntu 作業系統中

如程式 18-1 所示，透過 dotnet 命令列工具發佈應用程式。

▼ 程式 18-1

```
dotnet publish -c Release -r linux-x64
```

輸出的發佈內容儲存在 bin\Release\net6.0\linux-x64\publish 目錄下，接下來透過 Xftp 檔案傳輸軟體將發佈的目錄複寫並傳輸到 Ubuntu 伺服器上。

注意：安裝執行環境可以參考官網，查看支援的具體的作業系統及對應版本的環境。

如程式 18-2 所示，安裝環境。筆者的環境是 Ubuntu 18.04，透過執行如下命令，將 Microsoft 套件簽名金鑰增加到受信任的金鑰列表中，並增加套件儲存庫。

▼ 程式 18-2

```
wget https://packages.**.com/config/ubuntu/18.04/packages-microsoft-prod.deb
  -O package-microsoft-prod.deb
  sudo dpkg -I packages-microsoft-prod.deb
  rm package-microsoft-prod.deb
```

如程式 18-3 所示，安裝執行時期。

▼ 程式 18-3

```
sudo apt-get update; \
  sudo apt-get install -y apt-transport-https && \
  sudo apt-get update && \
  sudo apt-get install -y aspnetcore-runtime-6.0
```

在環境安裝完成後，可以直接執行應用程式，如程式 18-4 所示，MyProject 為發佈後的可執行檔。

▼ 程式 18-4

```
fh@vm:/$ cd wwwroot
fh@vm:/wwwroot$ ./MyProject
info: Microsoft.Hosting.Lifetime[14]
      Now listening on: http://localhost:5000
info: Microsoft.Hosting.Lifetime[0]
      Application started. Press Ctrl+C to shut down.
info: Microsoft.Hosting.Lifetime[0]
      Hosting environment: Production
info: Microsoft.Hosting.Lifetime[0]
      Content root path: /wwwroot/
```

如程式 18-4 所示，可以看到 Now listening on: http://localhost:5000，它監聽 localhost 本地通訊埠，通訊埠編號為 5000，但它僅能在本地存取，接下來進行修改，使其允許公網 IP 位址存取，如程式 18-5 所示。

▼ 程式 18-5

```
using System.Runtime.InteropServices;
using System.Text;

var builder = WebApplication.CreateBuilder(args);

var app = builder.Build();
```

```
app.MapGet("/", () =>
    {
        StringBuilder sb = new StringBuilder();
        sb.AppendLine($" 系統架構：{RuntimeInformation.OSArchitecture}");
        sb.AppendLine($" 系統名稱：{RuntimeInformation.OSDescription}");
        sb.AppendLine($" 處理程序架構：{RuntimeInformation.ProcessArchitecture}");
        sb.AppendLine($" 是否為 64 位元作業系統：{Environment.Is64BitOperatingSystem}");
        return sb.ToString();
    })
    .WithName("GetInfo");

app.Run("http://*:5000");
```

透過在 app.Run 方法中增加需要監聽的 URL，就可以使用公網 IP 位址存取伺服器上的應用程式。如程式 18-6 所示，執行應用程式。

▼ 程式 18-6

```
root@vm:/wwwroot# ./MyProject
info: Microsoft.Hosting.Lifetime[14]
      Now listening on: http://[::]:5000
info: Microsoft.Hosting.Lifetime[0]
      Application started. Press Ctrl+C to shut down.
info: Microsoft.Hosting.Lifetime[0]
      Hosting environment: Production
info: Microsoft.Hosting.Lifetime[0]
      Content root path: /wwwroot/;
```

接下來在用戶端瀏覽器中存取應用程式，如圖 18-1 所示，可以看到在 Ubuntu 伺服器中獲取的詳細資訊。

▲ 圖 18-1 詳細資訊

　　這還不算結束，在應用程式啟動後，如果命令視窗（終端）關閉，則應用程式也會隨著命令視窗的關閉而關閉，接下來利用 Systemd 增加一個守護處理程序。在 /ect/systemd/system 目錄下建立一個 myproject.service 檔案，如程式 18-7 所示。

▼ 程式 18-7

```
[Unit]
Description=myproject

[Service]
WorkingDirectory=/wwwroot/
ExecStart=/wwwroot/MyProject
Restart=always

[Install]
WantedBy=multi-user.target
```

　　WorkingDirectory 屬性為工作目錄，ExecStart 屬性用於定義執行啟動的指令稿，Restart= always 表示如果此過程崩潰或停止，則始終進行重新啟動。

　　如程式 18-8 所示，執行 systemctl daemon-reload 命令，以便 Systemd 載入新設定檔。

▼ 程式 18-8

```
sudo systemctl daemon-reload
```

　　如程式 18-9 所示，啟動和停止服務。

▼ 程式 18-9

```
sudo systemctl start myproject.service
sudo systemctl stop myproject.service
sudo systemctl restart myproject.service
```

如程式 18-10 所示,透過 systemctl status 命令查看服務的狀態。如圖 18-2 所示,透過 systemctl 命令查看服務的狀態。

▼ 程式 18-10

```
sudo systemctl status myproject.service
```

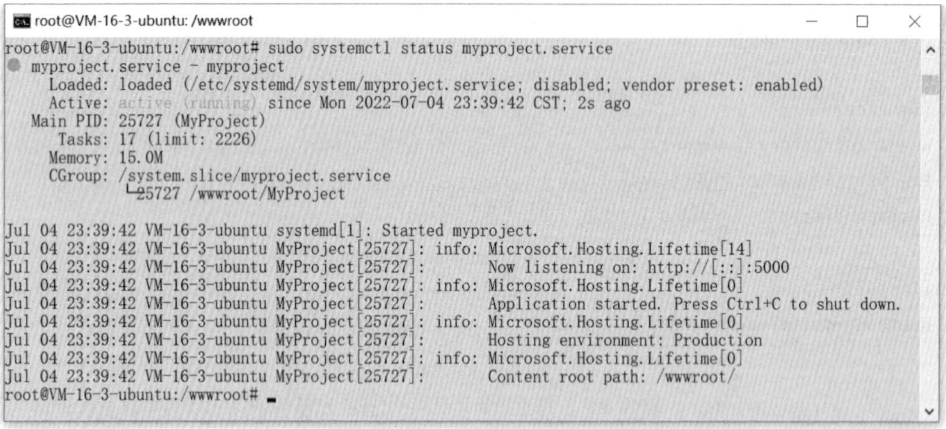

```
root@VM-16-3-ubuntu: /wwwroot                                          —    □    ×
root@VM-16-3-ubuntu:/wwwroot# sudo systemctl status myproject.service
● myproject.service - myproject
   Loaded: loaded (/etc/systemd/system/myproject.service; disabled; vendor preset: enabled)
   Active: active (running) since Mon 2022-07-04 23:39:42 CST; 2s ago
 Main PID: 25727 (MyProject)
    Tasks: 17 (limit: 2226)
   Memory: 15.0M
   CGroup: /system.slice/myproject.service
           └─25727 /wwwroot/MyProject

Jul 04 23:39:42 VM-16-3-ubuntu systemd[1]: Started myproject.
Jul 04 23:39:42 VM-16-3-ubuntu MyProject[25727]: info: Microsoft.Hosting.Lifetime[14]
Jul 04 23:39:42 VM-16-3-ubuntu MyProject[25727]:       Now listening on: http://[::]:5000
Jul 04 23:39:42 VM-16-3-ubuntu MyProject[25727]: info: Microsoft.Hosting.Lifetime[0]
Jul 04 23:39:42 VM-16-3-ubuntu MyProject[25727]:       Application started. Press Ctrl+C to shut down.
Jul 04 23:39:42 VM-16-3-ubuntu MyProject[25727]: info: Microsoft.Hosting.Lifetime[0]
Jul 04 23:39:42 VM-16-3-ubuntu MyProject[25727]:       Hosting environment: Production
Jul 04 23:39:42 VM-16-3-ubuntu MyProject[25727]: info: Microsoft.Hosting.Lifetime[0]
Jul 04 23:39:42 VM-16-3-ubuntu MyProject[25727]:       Content root path: /wwwroot/
root@VM-16-3-ubuntu:/wwwroot# _
```

▲ 圖 18-2 透過 systemctl 命令查看服務的狀態

18.1.2 部署至 CentOS 作業系統中

如程式 18-11 所示,發佈應用程式。

▼ 程式 18-11

```
dotnet publish -c Release -r linux-x64
```

輸出的發佈檔案預設在 bin\Release\net6.0\linux-x64\publish 目錄下,隨後,透過 Xftp 檔案傳輸軟體將發佈的目錄複寫到 CentOS 伺服器上。

如程式 18-12 所示,安裝環境。筆者的環境是 CentOS 7.6,透過執行如下命令,將 Microsoft 套件簽名金鑰增加受信任的金鑰列表,並增加套件儲存庫。

▼ 程式 18-12

```
sudo rpm -Uvh https://packages.******.com/config/centos/7/packages
-microsoft-prod.rpm
```

　　如程式 18-13 所示，安裝 ASP.NET Core 執行時期。

▼ 程式 18-13

```
sudo yum install aspnetcore-runtime-6.0
```

注意：將生成的檔案複製到 CentOS 作業系統中，在執行時期需要設定執行許可權，777 表示擁有完全控制的許可權。

　　如程式 18-14 所示，設定執行許可權。

▼ 程式 18-14

```
chmod 777 ./MyProject
```

　　如程式 18-15 所示，執行應用程式。

▼ 程式 18-15

```
[root@centosvm wwwroot]# ./MyProject
info: Microsoft.Hosting.Lifetime[14]
      Now listening on: http://[::]:5000
info: Microsoft.Hosting.Lifetime[0]
      Application started. Press Ctrl+C to shut down.
info: Microsoft.Hosting.Lifetime[0]
      Hosting environment: Production
info: Microsoft.Hosting.Lifetime[0]
      Content root path: /wwwroot/
```

圖 18-3 所示為獲取的詳細資訊。

▲ 圖 18-3 獲取的詳細資訊

如程式 18-16 所示，增加守護處理程序，接下來利用 Systemd 增加一個守護處理程序服務，並且在 /etc/systemd/system 目錄下建立一個 myproject.service 檔案。

▼ 程式 18-16

```
[Unit]
Description=myproject

[Service]
WorkingDirectory=/wwwroot/
ExecStart=/wwwroot/MyProject
Restart=always

[Install]
WantedBy=multi-user.target
```

WorkingDirectory 屬性為工作目錄，ExecStart 屬性用於定義執行啟動的指令稿，Restart= always 表示如果應用程式崩潰或停止，則始終重新啟動。

如程式 18-17 所示，執行 systemctl daemon-reload 命令，以便 Systemd 載入新設定檔。

▼ 程式 18-17

```
sudo systemctl daemon-reload
```

如程式 18-18 所示，啟動和停止服務。

▼ 程式 18-18

```
sudo systemctl start myproject.service
sudo systemctl stop myproject.service
sudo systemctl restart myproject.service
```

如程式 18-19 所示，查看服務的狀態。如圖 18-4 所示，使用 systemctl 命令可以查看服務的狀態。

▼ 程式 18-19

```
sudo systemctl status myproject.service
```

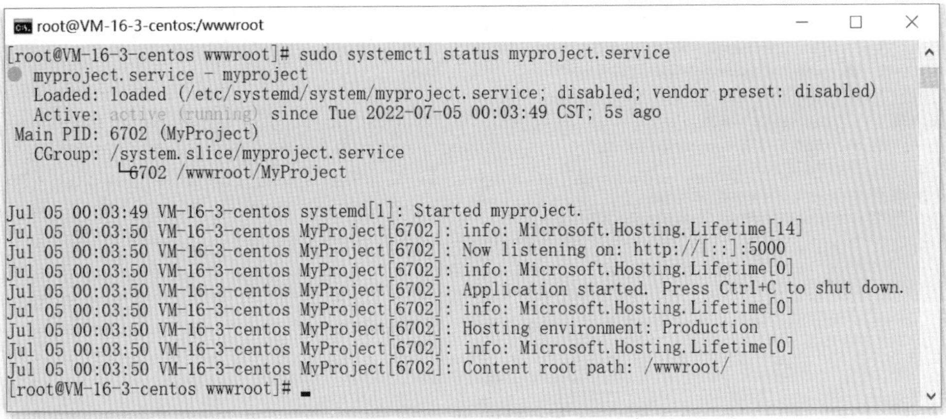

▲ 圖 18-4 服務的狀態

18.1.3 部署至 Windows Server IIS 中

下面以 Windows Server 2016 Datacenter 為例，安裝 Windows 執行環境。

安裝 IIS

首先安裝 IIS（Internet Information Services），開啟伺服器管理器後選擇「增加角色和功能」命令，然後在開啟的「增加角色和功能精靈」視窗的「選擇伺服器角色」介面中選取「Web 伺服器（IIS）」核取方塊（見圖 18-5，此為在 Windows 11 下安裝）進行安裝即可。

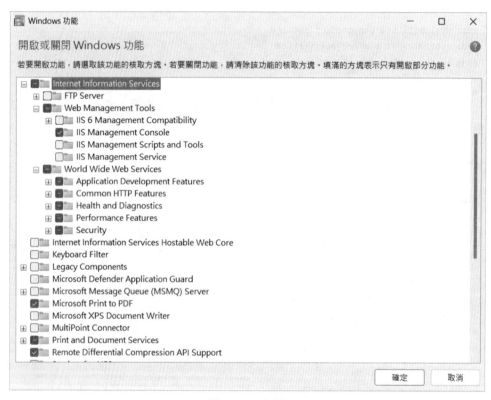

▲ 圖 18-5 安裝 IIS

安裝 .NET Windows Server Hosting

如圖 18-6 所示，安裝 .NET 6.0.1 Windows Server Hosting 軟體套件。該套件屬於綁定套件，包含 .NET 執行時期和 ASP.NET Core Module 的綁定，屬於 ASP.NET Core 應用程式在 IIS 中執行的基礎套件。

▲ 圖 18-6 安裝 .NET 6.0.1 Windows Server Hosting 軟體套件

如圖 18-7 所示,透過 Visual Studio 發佈應用程式。

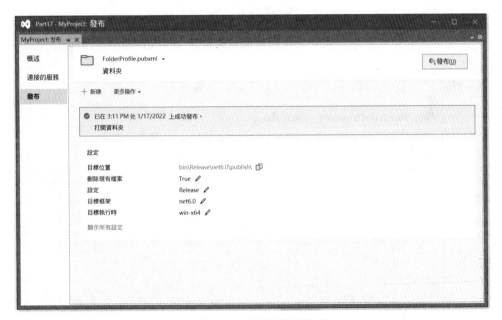

▲ 圖 18-7 發佈應用程式

應用程式被發佈到指定的目錄下，先將它上傳到伺服器中，並且建立一個 Web 網站，再進行調整，更改應用池的設定，將其改為「無受控碼」（見圖 18-8）。設定為「無受控碼」，只需要利用它的轉發請求功能即可，而不需要透過它進行程式託管。

如圖 18-9 所示，透過瀏覽器存取網站並查看網站輸出資訊。

▲ 圖 18-8 「編輯應用程式集區」對話方塊

▲ 圖 18-9 網站輸出資訊

處理程序內託管和處理程序外託管

IIS 部署有兩種模式可以選擇，分別為處理程序內託管和處理程序外託管。處理程序內託管是指不使用 Kestrel 伺服器，直接透過 IIS 託管應用程式；處理程序外託管則透過 Kestrel 伺服器託管應用程式，並利用 IIS 轉發到 Kestrel 伺服器中。所以，二者的區別是，一個是獨立的處理程序，另一個則是單處理程序。圖 18-10 所示為處理程序內託管。

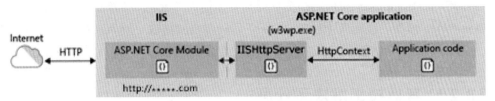

▲ 圖 18-10　處理程序內託管

在預設情況下，在 IIS 中部署通常採用處理程序內託管。如程式 18-20 所示，如果需要顯性設定處理程序內託管，則可以在 .csproj 檔案中透過 AspNetCoreHostingModel 屬性設定處理程序內託管的 InProcess 屬性值。

▼ 程式 18-20

```
<PropertyGroup>
  <AspNetCoreHostingModel>InProcess</AspNetCoreHostingModel>
</PropertyGroup>
```

除了處理程序內託管，還可以修改為處理程序外託管，在 .csproj 檔案中透過 AspNetCoreHostingModel 屬性設定處理程序外託管的 OutOfProcess 屬性值。圖 18-11 所示為處理程序外託管。

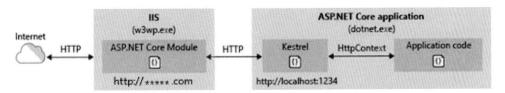

▲ 圖 18-11　處理程序外託管

18.2 │ Docker

Docker 是一個開放原始碼專案，誕生於 2013 年年初，是一種容器技術。容器這個概念並不是 Docker 公司發明的，Docker 只是許多容器技術中的一種。容器類似於沙箱技術，具備沙箱的特性，使容器可以像貨櫃一樣，把應用裝到貨櫃內。透過這種天然的特性，容器與容器之間彼此隔離，互不干擾。鏡像與容器均可透過 Docker 提供的命令進行建立，而在 Docker 中建立容器可以利用 Dockerfile 檔案，該檔案中包含 Docker 能夠解析的指令，利用這些指令可以在 Docker 中建構一個鏡像，使容器可以輕易「搬來搬去」。

18.2.1 容器技術解決了什麼

容器技術有很多種，Docker 只是其中的一種。Docker 與虛擬化看起來類似。虛擬化的核心是為了解決資源調配問題，最大限度地解決機器的佔用情況，有效地提高資源的使用率；而容器技術的核心是縮小細微性，提高程式的密度，解決應用環境相依性的問題，避開編譯、打包與部署之間的問題，提高應用程式開發和運行維護的效率。

容器最直觀的是環境的統一，容器技術提供了一個隔離的環境，使用容器技術開發人員可以快速建立和銷毀應用程式及執行環境。另外，容器還具有啟動快和易遷移等優勢，可以將容器從本地遷移到雲端，或者將一份環境複製到另一台開發機器上都是非常簡單的事情。因為容器直接執行於宿主機核心，所以無須啟動一個完整的系統環境，而它又具備比傳統虛擬機器啟動快的優勢，可以做到秒級啟動。Docker 容器技術與傳統虛擬機器的對比如圖 18-12 所示。

▲ 圖 18-12 Docker 容器技術與傳統虛擬機器的對比

在應用程式開發中，利用容器技術不僅可以節省開發、測試、部署的時間，還可以輕鬆地複製一個相同的環境用來進行測試和部署。

在應用部署中，利用容器技術可以快速從一個平臺複製到另一個平臺上，而無須擔心執行環境的差異性，所以它提供了一次建構、多處執行的方式。

與傳統的虛擬化技術不同，利用容器技術不僅可以避免系統等額外的銷耗，還可以提高對資源的使用率。無論是啟動速度，還是應用的執行速度，容器技術都比傳統的虛擬化技術更高效。

18.2.2 安裝 Docker

在 Linux 作業系統中簡化了安裝，可以在 CentOS 作業系統、Debian 作業系統、Ubuntu 作業系統中透過指令稿一鍵安裝，如程式 18-21 所示。

▼ 程式 18-21

```
curl -sSL https://get.******.com/ | sh
```

如程式 18-22 所示，啟動 Docker 服務。

▼ 程式 18-22

```
systemctl start docker
```

設定開機自動啟動 Docker 服務，如程式 18-23 所示。

▼ 程式 18-23

```
systemctl enable docker
```

重新啟動 Docker 服務，如程式 18-24 所示。

▼ 程式 18-24

```
systemctl restart docker
```

停止 Docker 服務，如程式 18-25 所示。

▼ 程式 18-25

```
systemctl stop docker
```

利用 docker version 命令查看 Docker 的版本，如程式 18-26 所示。

▼ 程式 18-26

```
$ docker version
Client: Docker Engine - Community
 Version:           20.10.12
 API version:       1.41
 Go version:        go1.16.12
 Git commit:        e91ed57
 Built:             Mon Dec 13 11:45:41 2021
 OS/Arch:           linux/amd64
 Context:           default
 Experimental:      true
```

```
Server: Docker Engine - Community
 Engine:
  Version:          20.10.12
  API version:      1.41 (minimum version 1.12)
  Go version:       go1.16.12
  Git commit:       459d0df
  Built:            Mon Dec 13 11:44:05 2021
  OS/Arch:          linux/amd64
  Experimental:     false
 containerd:
  Version:          1.4.12
  GitCommit:        7b11cfaabd73bb80907dd23182b9347b4245eb5d
 runc:
  Version:          1.0.2
  GitCommit:        v1.0.2-0-g52b36a2
 docker-init:
  Version:          0.19.0
  GitCommit:        de40ad0
```

如圖 18-13 所示，可以透過 docker 命令搜尋鏡像。

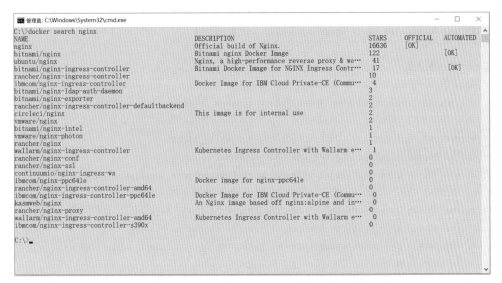

▲ 圖 18-13 透過 docker 命令搜尋鏡像

docker search 命令常用的參數如表 18-1 所示。

▼ 表 18-1 docker search 命令常用的參數

參數	說明
--automated	只列出自動建構的鏡像
--no-trunc	顯示完整的鏡像描述
-f < 過濾條件 >	根據提供的 filter 過濾鏡像

如 程 式 18-27 所 示，透 過 執 行 docker run hello-world 命 令 可 以 驗 證 Docker 的安裝是否正確。

▼ 程式 18-27

```
$ docker run hello-world
# 在本地找不到 hello-world 鏡像
Unable to find image 'hello-world:latest' locally
# 拉取最新版本的 hello-world 鏡像
latest: Pulling from library/hello-world
2db29710123e: Pull complete
Digest: sha256:975f4b14f326b05db86e16de00144f9c12257553bba9484fed41f9b6f2257800
Status: Downloaded newer image for hello-world:latest

# 表示已正常安裝
Hello from Docker!
This message shows that your installation appears to be working correctly.

To generate this message, Docker took the following steps:
 1. The Docker client contacted the Docker daemon.
 2. The Docker daemon pulled the "hello-world" image from the Docker Hub.
    (amd64)
 3. The Docker daemon created a new container from that image which runs the
    executable that produces the output you are currently reading.
 4. The Docker daemon streamed that output to the Docker client, which sent it
    to your terminal.

To try something more ambitious, you can run an Ubuntu container with:
 $ docker run -it ubuntu bash
```

Share images, automate workflows, and more with a free Docker ID:
 https://hub.******.com/

For more examples and ideas, visit:
 https://docs.******.com/get-started/

　　如程式 18-28 所示，拉取鏡像。

▼ 程式 18-28

```
$ docker pull centos
Using default tag: latest
latest: Pulling from library/centos
a1d0c7532777: Pull complete
Digest: sha256:a27fd8080b517143cbbbab9dfb7c8571c40d67d534bbdee55bd6c473f432b177
Status: Downloaded newer image for centos:latest
docker.io/library/centos:latest
```

　　docker pull 命令的參數如表 18-2 所示。

▼ 表 18-2　docker pull 命令的參數

參數	說明
-a	拉取鏡像庫中所有標籤名為 tag 的鏡像
--disable-content-trust	忽略鏡像驗證，預設開啟

　　如程式 18-29 所示，查看本地所有的鏡像。

▼ 程式 18-29

```
$ docker images
REPOSITORY    TAG       IMAGE ID       CREATED        SIZE
hello-world   latest    feb5d9fea6a5   3 months ago   13.3kB
centos        latest    5d0da3dc9764   4 months ago   231MB
```

如程式 18-30 所示，執行容器。

▼ 程式 18-30

```
$ docker run centos echo "hello world"
hello world
```

如程式 18-31 所示，透過 systemctl status docker 命令查看 Docker 的狀態。

▼ 程式 18-31

```
$ systemctl status docker
● docker.service - Docker Application Container Engine
   Loaded: loaded (/usr/lib/systemd/system/docker.service; enabled; vendor preset:
disabled)
   Active: active (running) since Tue 2022-01-18 09:25:24 UTC; 13min ago
     Docs: https://docs.******.com
 Main PID: 30960 (dockerd)
   CGroup: /system.slice/docker.service
           └─30960 /usr/bin/dockerd -H fd://--containerd=/run/ containerd/
containerd.sock

Jan 18 09:25:24 centosvm dockerd[30960]: time="2022-01-18T09: 25:24.453604783Z"
level=info msg="ccResolverWrapper:...=grpc
Jan 18 09:25:24 centosvm dockerd[30960]: time="2022-01-18T09:25: 24.453616683Z"
level=info msg="ClientConn switchi...=grpc
Jan 18 09:25:24 centosvm dockerd[30960]: time="2022-01-18T09:25: 24.511816386Z"
level=info msg="Loading containers...art."
Jan 18 09:25:24 centosvm dockerd[30960]: time="2022-01-18T09:25:24. 731312613Z"
level=info msg="Default bridge (do...ress"
Jan 18 09:25:24 centosvm dockerd[30960]: time="2022-01-18T09:25:24. 826292635Z"
level=info msg="Loading containers: done."
Jan 18 09:25:24 centosvm dockerd[30960]: time="2022-01-18T09:25:24. 845654867Z"
level=info msg="Docker daemon" com...10.12
Jan 18 09:25:24 centosvm dockerd[30960]: time="2022-01-18T09:25:24. 846156604Z"
level=info msg="Daemon has complet...tion"
Jan 18 09:25:24 centosvm systemd[1]: Started Docker Application Container Engine.
Jan 18 09:25:24 centosvm dockerd[30960]: time="2022-01-18T09:25:24. 890245963Z"
```

```
level=info msg="API listen on /var...sock"
Jan 18 09:37:47 centosvm dockerd[30960]: time="2022-01-18T09:37:47. 765449596Z"
level=info msg="ignoring event" co...lete"
Hint: Some lines were ellipsized, use -l to show in full.
```

查看使用 yum 命令安裝的 Docker 檔案套件，如程式 18-32 所示。

▼ 程式 18-32

```
$ yum list installed | grep docker
containerd.io.x86_64                   1.4.12-3.1.el7          @docker-ce-stable
docker-ce.x86_64                       3:20.10.12-3.el7        @docker-ce-stable
docker-ce-cli.x86_64                   1:20.10.12-3.el7        @docker-ce-stable
docker-ce-rootless-extras.x86_64 20.10.12-3.el7               @docker-ce-stable
docker-scan-plugin.x86_64              0.12.0-3.el7            @docker-ce-stable
```

如程式 18-33 所示，移除 Docker。

▼ 程式 18-33

```
$ sudo yum remove docker-ce docker-ce-cli containerd.io
$ sudo rm -rf /var/lib/docker
```

如程式 18-34 所示，刪除鏡像或容器。

▼ 程式 18-34

```
# 刪除鏡像
$ docker rmi <your-image-id> <your-image-id> ...

# 根據容器的名稱或 ID 刪除容器
$ docker rm [OPTIONS] CONTAINER [CONTAINER...]
```

如程式 18-35 所示，批次刪除鏡像和容器。

▼ 程式 18-35

```
# 刪除所有鏡像
$ docker rmi $(docker images -q)
```

```
# 停止所有的容器
$ docker stop $(docker ps -a -q)
# 刪除所有停止的容器
$ docker rm $(docker ps -a -q)
```

Docker CLI 如上所示，在操作時可以進行條件篩選。Docker CLI 支援 shell 語法，可以透過「$( )」在括弧內填寫條件篩選命令。採用這種命令篩選的方式，可以快速停止和刪除多個容器。

利用 docker ps 命令列出容器。

下面對 docker ps 命令的參數進行說明。

- -a：用於顯示所有容器，包括已經停止執行的。

- -q：用於僅顯示容器的 ID。

18.2.3 使用加速器

可以透過修改設定檔 /etc/docker/daemon.json 來使用加速器，如果沒有該檔案則可以新增，如程式 18-36 所示。

▼ 程式 18-36

```
$ vim /etc/docker/daemon.json
```

如程式 18-37 所示，增加加速器地址。

▼ 程式 18-37

```
{
    "registry-mirrors": [ 加速器地址 ]
}
```

如程式 18-38 所示，可以使用開放原始碼鏡像 docker.mirrors.ustc.edu.cn 和自行架設的開放原始碼鏡像 hub-mirror.c.163.com。

▼ 程式 18-38

```
{
    "registry-mirrors":[
        "http://hub-******.c.163.com",
        "https://docker.******.ustc.edu.cn"
    ]
}
```

如程式 18-39 所示，多載設定檔並重新啟動 Docker 服務。

▼ 程式 18-39

```
$ sudo systemctl daemon-reload
$ sudo systemctl restart docker
```

18.2.4　下載基礎鏡像

如程式 18-40 所示，下載 Ubuntu 鏡像。

▼ 程式 18-40

```
$ docker pull ubuntu
```

如程式 18-41 所示，查看已經下載的鏡像。

▼ 程式 18-41

```
$ docker images
REPOSITORY    TAG       IMAGE ID       CREATED        SIZE
ubuntu        latest    d13c942271d6   11 days ago    72.8MB
hello-world   latest    feb5d9fea6a5   3 months ago   13.3kB
centos        latest    5d0da3dc9764   4 months ago   231MB
```

執行容器，因為容器內部沒有任何可以駐留的應用程式，所以需要加上參數 -it，如程式 18-42 所示。

▼ 程式 18-42

```
$ docker run -d -it d13c942271d6
241328b7c6213d0f5a9386be6d5477627090569db2f1e8433516fd1c7c9799c2
```

　　如程式 18-43 所示,查看執行中的容器。

▼ 程式 18-43

```
$ docker ps
CONTAINER ID    IMAGE       COMMAND    CREATED       STATUS         PORTS      NAMES
241328b7c621 d13c942271d6 "bash" 7seconds ago Up 5 seconds         sleepy_lehmann
```

18.3 | 撰寫 Dockerfile 檔案

　　使用 docker build 命令可以在目前的目錄下找到 Dockerfile 檔案進行建構,而命令後面的「.」代表目前的目錄,如程式 18-44 所示。

▼ 程式 18-44

```
$ docker build .
```

FROM 指令

　　FROM 指令用於指定基礎鏡像,允許開發人員基於基礎鏡像進行更改,基礎鏡像是必須指定的,如程式 18-45 所示。

▼ 程式 18-45

```
FROM Ubuntu
```

RUN 指令

　　RUN 指令用於執行命令列命令,如安裝相依項等操作,是定制化鏡像的常用指令之一,如程式 18-46 所示。

▼ 程式 18-46

```
RUN apt-get install -y vim
RUN ls
```

CMD 指令

　　CMD 指令用於指定預設容器主處理程序的啟動命令，通常放在 Dockerfile 檔案的尾端。例如，開發人員可以在容器啟動時透過 docker run -it ubuntu 命令直接進入 bash，也可以在執行時期指定命令，如建立一個名為 test 的鏡像。可以透過 docker run 命令在啟動容器時增加需要執行的指令，如程式 18-47 所示。

▼ 程式 18-47

```
docker run -d test__nginx  /usr/sbin/nginx  -g  "daemon off;"
```

　　如程式 18-48 所示，透過 CMD 指令啟動服務。

▼ 程式 18-48

```
CMD ["nginx", "-g", "daemon off;"
```

> **注意**：Dockerfile 檔案只能指定一筆 CMD 指令，如果存在多筆也只執行最後一筆，docker run 命令如果指定了指令，就會覆蓋 Dockerfile 檔案中的 CMD 指令。

ENTRYPOINT 指令

　　ENTRYPOINT 指令和 CMD 指令都可以用來執行命令，區別是 CMD 指令會因為 docker run 命令指定的參數被覆蓋，而 ENTRYPOINT 指令可以接收 docker run 命令帶來的參數並結合使用。

　　例如，在 Dockerfile 檔案中指定 ENTRYPOINT ["nginx"]，並透過如程式 18-49 所示的命令執行。

▼ 程式 18-49

```
docker run -d test_nginx -g "daemon off;"
```

執行如程式 18-49 所示的命令，等於執行如程式 18-50 所示的命令。

▼ 程式 18-50

```
docker run -d test__nginx /usr/sbin/nginx -g  "daemon off;"
```

如程式 18-51 所示，ENTRYPOINT 指令還可以結合 CMD 指令使用。

▼ 程式 18-51

```
ENTRYPOINT ["nginx"]
CMD ["-h"]
```

程式 18-51 等於程式 18-52。

▼ 程式 18-52

```
docker run -d test__nginx nginx -h
```

VOLUME 指令

為了防止應用的輸出檔案寫入容器儲存層，如程式 18-53 所示，可以事先在 Dockerfile 檔案中指定某些需要掛載的檔案目錄，即使使用者不指定掛載目錄，這些目錄也會以匿名卷的方式存在。

▼ 程式 18-53

```
VOLUME ["/var/www/html"]
```

這裡的 /var/www/html 目錄會自動掛載為匿名卷，任何向 /var/www/html 目錄輸出的檔案都儲存在容器中，進而保證容器儲存層的無狀態化。當然，在執行容器時可以覆蓋這個掛載設定，如程式 18-54 所示。

▼ 程式 18-54

```
$ docker run -p 8080:80 -d -v /d/mydata:/var/www/html test__nginx
```

上述命令使用了 mydata 這個命名卷冊，掛載到了 /var/www/html 目錄下，代替了 Dockerfile 檔案中定義的匿名卷的掛載設定。

-v /d/mydata:/var/www/html 表示將本地資料夾掛載到 Docker 容器中，/d/mydata 對應的 Windows 作業系統中的資料夾路徑為 D:\mydata，/var/www/html 為容器目錄中的絕對路徑。

COPY 指令與 ADD 指令

如程式 18-55 所示，將目前的目錄下的內容複製到容器的 app 目錄下。

▼ 程式 18-55

```
COPY . /app
```

ADD 指令和 COPY 指令的性質基本一致，但是 ADD 指令在 COPY 指令的基礎上增加了一些功能，如 < 來源路徑 > 可以指定 URL，也就是說允許將檔案下載到 < 目標路徑 >，如程式 18-56 所示。

▼ 程式 18-56

```
ADD ["http://download.******.io/releases/redis-5.0.4.tar.gz",
"/www/redis/"]
```

EXPORT 指令

如程式 18-57 所示，在 Dockerfiler 檔案中開放 80 通訊埠。

▼ 程式 18-57

```
EXPORT 80
```

如果要在本地主機存取，則可以透過參數 -p 映射到容器內的通訊埠上，如程式 18-58 所示。

▼ 程式 18-58

```
docker run -p 8080:80 -d --name nginxtest test__nginx
```

WORKDIR 指令

如程式 18-59 所示，WORKDIR 指令用於切換目錄，類似於 cd 命令。

▼ 程式 18-59

```
WORKDIR /wwwroot/web
RUN dotnet project.dll
```

18.4 建構 .NET 應用鏡像

Dockerfile 是一個用於承載 Docker 鏡像而建構的指令檔。開發人員可以先撰寫 Dockerfile 檔案，再透過該檔案執行 docker build 命令，生成一個鏡像（Docker Image），最後透過 docker run 命令執行容器。產生容器的過程如圖 18-14 所示。

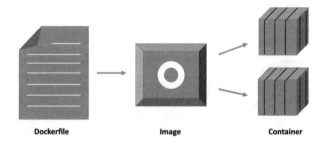

▲ 圖 18-14 產生容器的過程

下面透過一個簡單的實例來介紹如何執行一個容器。執行 docker build 命令在目前的目錄下找到 Dockerfile 檔案並建構，命令後面的「.」代表目前的目錄，如程式 18-60 所示。

▼ 程式 18-60

```
docker build .
```

建立一個 Dockerfile 檔案，如程式 18-61 所示。

▼ 程式 18-61

```
FROM mcr.microsoft.com/dotnet/aspnet:6.0-alpine AS base
WORKDIR /app
EXPOSE 80

FROM mcr.microsoft.com/dotnet/sdk:6.0-alpine AS publish
WORKDIR /app
COPY . .

RUN dotnet publish -c Release -o output

FROM base AS final
WORKDIR /app
COPY --from=publish /app/output .
ENTRYPOINT ["dotnet", "MyProject.dll"]
```

在 base 階段定義了容器內的 80 通訊埠；在 publish 階段將目錄切換到 /app 目錄下，同時將目前的目錄的本地檔案複製到容器內的 /app 目錄下，透過 Dockerfile 檔案中的 RUN 指令定義 dotnet publish 命令，並將應用程式發佈到 output 目錄下；將 publish 階段的結果複製到 final 階段新的容器中，並利用 ENTRYPOINT 指令指定容器的啟動命令。表 18-3 所示為 dotnet 鏡像。

▼ 表 18-3 dotnet 鏡像

鏡像地址	鏡像	鏡像說明
mcr.microsoft.com/dotnet/runtime	.NET Runtime	.NET 執行時期
mcr.microsoft.com/dotnet/runtime-deps	.NET Runtime Dependencies	用於獨立發佈的應用程式
mcr.microsoft.com/dotnet/sdk	.NET SDK	建構 .NET 或 ASP. NET Core 應用程式
mcr.microsoft.com/dotnet/aspnet	ASP.NET Core Runtime	部署 ASP.NET Core 應用程式

如程式 18-62 所示，建構一個名為 aspnetapp 的鏡像。

▼ 程式 18-62

```
docker build -t aspnetapp .
```

執行 aspnetapp 鏡像，並且定義該容器名為 myapp，同時對外開放 8000
通訊埠，如程式 18-63 所示。

▼ 程式 18-63

```
docker run --name myapp -p 8000:80 -d aspnetapp
```

如程式 18-64 所示，使用 docker images 命令可以查看鏡像。

▼ 程式 18-64

```
$ docker images
REPOSITORY                    TAG           IMAGE ID       CREATED        SIZE
<none>                        <none>        19d0af582978   3 minutes ago  592MB
aspnetapp                     latest        5f01befdd381   3 minutes ago  100MB
mcr.microsoft.com/dotnet/sdk 6.0-alpine  9d2c47a10a43   6 weeks ago    579MB
mcr.microsoft.com/dotnet/aspnet 6.0-alpine 043f270b380c 6 weeks ago    100MB
```

要把本地鏡像推送到 Docker Hub 上，需要把鏡像加上 tag。程式 18-65 展
示了如何使用 docker tag 命令，以及 docker tag ${ 鏡像名稱 } DockerHub 帳
號 / 鏡像名稱。

▼ 程式 18-65

```
$ docker tag aspnetapp hueifeng/aspnetapp
$ docker images
REPOSITORY                        TAG          IMAGE ID       CREATED         SIZE
hueifeng/aspnetapp                latest       5f01befdd381   22 minutes ago  100MB
aspnetapp                         latest       5f01befdd381   22 minutes ago  100MB
<none>                            <none>       19d0af582978   22 minutes ago  592MB
mcr.microsoft.com/dotnet/sdk      6.0-alpine   9d2c47a10a43   6 weeks ago     579MB
mcr.microsoft.com/dotnet/aspnet   6.0-alpine   043f270b380c   6 weeks ago     100MB
```

如程式 18-66 所示，使用 docker login 命令可以登入 Docker Hub 官網。

▼ 程式 18-66

```
$ docker login
Login with your Docker ID to push and pull images from Docker Hub. If you don't have
a Docker ID, head over to https://hub.******.com to create one.
Username: hueifeng
Password:
WARNING! Your password will be stored unencrypted in /root/.docker/config.json.
Configure a credential helper to remove this warning. See
https://docs.******.com/engine/reference/commandline/login/#credentials-store

Login Succeeded
```

如程式 18-67 所示，使用 docker push 命令可以把鏡像推送到 Docker Hub 中。圖 18-15 所示為透過 Docker Hub 官網查到的鏡像詳情。

▼ 程式 18-67

```
$ docker push hueifeng/aspnetapp
Using default tag: latest
The push refers to repository [docker.io/hueifeng/aspnetapp]
996e5254f895: Pushed
2fc5396cf731: Pushed
11c15b90ebce: Pushed
98bc857b3aed: Pushed
1a058d5342cc: Pushed
latest: digest: sha256: 5502bca044e8b3320564d9ac69cf56b7b429bc1d0a816b82386dbb7adccd
7e92 size: 1371
```

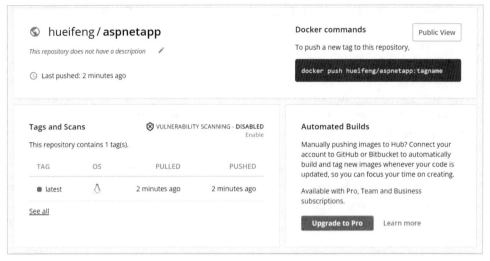

▲ 圖 18-15　鏡像詳情

先使用 docker rmi 命令將本地鏡像刪除，再從 Docker Hub 中拉取鏡像，如程式 18-68 所示。

▼ 程式 18-68

```
$ docker rmi -f hueifeng/aspnetapp
Untagged: hueifeng/aspnetapp:latest
Untagged: hueifeng/aspnetapp@sha256:5502bca044e8b3320564d9ac69cf56b7b429bc1d0a816b8238
6dbb7adccd7e92
[root@centosvm ~]#docker rmi -f aspnetapp
Untagged: aspnetapp:latest
Deleted: sha256:5f01befdd38144a70a7f5c34665d4bc10ad3c59451a2d7ffc2aa4cbff9801b54
Deleted: sha256:5a391f6e00654414c4330c4e0c5b75aa0e1e5e29455f6659152f8ba61c252a1b
Deleted: sha256:720f806c485366c92103384f4512ac948fa7b17c7c7e38d6d5fac8d58a3de882
Deleted: sha256:cf0b2f3aee2fe68b71f588a928cf5bb9d60ab38fa1e9c5f10ab0cee83c258fd2
```

如程式 18-69 所示，使用 docker pull 命令可以拉取鏡像。

▼ 程式 18-69

```
$ docker pull hueifeng/aspnetapp
Using default tag: latest
```

```
latest: Pulling from hueifeng/aspnetapp
97518928ae5f: Already exists
e907ef816d7d: Already exists
b96604a8317d: Already exists
32010f400c96: Already exists
b4fca380e1f5: Pull complete
Digest: sha256:5502bca044e8b3320564d9ac69cf56b7b429bc1d0a816b82386dbb7adccd7e92
Status: Downloaded newer image for hueifeng/aspnetapp:latest
docker.io/hueifeng/aspnetapp:latest
```

如程式 18-70 所示，執行容器。

▼ 程式 18-70

```
$ docker run -p 8000:80 hueifeng/aspnetapp
```

18.5 | Docker Compose

Docker Compose 是 Docker 官方的開放原始碼專案，負責實作 Docker 容器編排（Container Orchestration），同時提供 docker-compose 命令列工具。類似於 Docker 的 Dockerfile 檔案，docker-compose 命令列工具會透過 YAML 檔案對容器進行管理。

18.5.1 安裝 docker-compose 命令列工具

使用 pip 命令安裝 docker-compose 命令列工具，如程式 18-71 所示。

▼ 程式 18-71

```
$ pip install docker-compose
```

透過存取 GitHub 官網的 docker/compose 倉庫獲取最新版本的 docker-compose（如 docker-compose 2.2.3），執行以下命令安裝 docker-compose 命令列工具，如程式 18-72 所示。

▼ 程式 18-72

```
# 將最新版本的 docker-compose 下載到 /usr/bin 目錄下
curl -L https://******.com/docker/compose/releases/download/2.2.3/docker-compose-
`uname -s`-`uname -m` -o /usr/bin/docker-compose
# 為 docker-compose 授權
chmod +x /usr/bin/docker-compose
```

18.5.2 命令列

build 命令

如程式 18-73 所示，建構或重新增構服務，執行該命令後，自訂 Dockerfile 檔案並執行，先建構再執行，如果鏡像不存在則從鏡像倉庫中拉取。

▼ 程式 18-73

```
docker-compose build
```

up 命令

使用 up 命令可以啟動 docker-compose.yml 中的所有服務，如程式 18-74 所示，利用參數 -d 可以讓服務在背景執行，也就是說日誌不會輸出到主控台中。

▼ 程式 18-74

```
docker-compose up -d
```

logs 命令

如程式 18-75 所示，查看服務日誌的輸出。

▼ 程式 18-75

```
docker-compose logs
```

down 命令

如程式 18-76 所示，停止並銷毀所有透過 up 命令建立的容器。

▼ 程式 18-76

```
docker-compose down
```

ps 命令

如程式 18-77 所示，列出執行的所有容器。

▼ 程式 18-77

```
docker-compose ps
```

stop 命令

如程式 18-78 所示，停止正在執行的容器，也可以透過 docker-compose start 命令再次啟動。

▼ 程式 18-78

```
docker-compose stop
```

start 命令

如程式 18-79 所示，啟動已經存在的容器。

▼ 程式 18-79

```
docker-compose start [SERVICE…]
docker-compose start
```

restart 命令

如程式 18-80 所示，重新啟動容器。

▼ 程式 18-80

```
docker-compose restart
```

exec 命令

如程式 18-81 所示，進入容器。

▼ 程式 18-81

```
docker-compose exec [serviceName] sh
```

18.5.3 部署 .NET 實例

建立一個 MyApp 目錄，同時利用 dotnet cli 命令建立一個 Web 應用程式，如程式 18-82 所示。

▼ 程式 18-82

```
mkdir MyApp
cd MyApp
dotnet new webapp
```

在 MyApp 目錄下建立一個 Dockerfile 檔案，如程式 18-83 所示。

▼ 程式 18-83

```
FROM mcr.microsoft.com/dotnet/aspnet:6.0-alpine AS base
WORKDIR /app
EXPOSE 80

FROM mcr.microsoft.com/dotnet/sdk:6.0-alpine AS publish
WORKDIR /app
COPY . .

RUN dotnet publish -c Release -o output

FROM base AS final
```

```
WORKDIR /app
COPY --from=publish /app/output .
ENTRYPOINT ["dotnet", "MyApp.dll"]
```

建立一個 docker-compose.yml 檔案，如程式 18-84 所示。

▼ 程式 18-84

```
version: '3.4'

services:
  myapp:
    image: ${DOCKER_REGISTRY-}myapp
    build:
      context: .
      dockerfile: MyApp/Dockerfile
    ports:
      - "8000:80"
```

version 描述當前的版本，而 services 則指明了提供服務的容器，myapp 是一個容器，image 表示當前鏡像的名稱，build 設定項定義了 context 屬性和 dockerfile 屬性，context 表示在目前的目錄下，dockerfile 表示 Dockerfile 檔案的位置，ports 則定義了本機 8000 通訊埠並且映射到容器內部的 80 通訊埠。

如程式 18-85 所示，建構鏡像。

▼ 程式 18-85

```
docker-compose build
```

如程式 18-86 所示，啟動容器。

▼ 程式 18-86

```
docker-compose up
```

18.6 | Docker Swarm

作為 Docker 的三大「劍客」之一，Docker Swarm 是 Docker 公司推出的用來管理 Docker 叢集的平臺。和 Docker Compose 一樣，Docker Swarm 也是 Docker 容器的編排專案。

Docker Compose 可用於單台伺服器，而 Docker Swarm 則可以在多個伺服器容器叢集中使用。Docker Swarm 提供了 Docker 容器叢集的管理服務，是 Docker 對容器雲端管理的核心方案。使用 Docker Swarm，開發人員可以打通多台主機，進而進行統一化管理，快速打造一套容器雲端平台。

18.6.1 叢集初始化

初始化主節點，如程式 18-87 所示。

▼ 程式 18-87

```
docker swarm init --advertise-addr xxx.xxx.xxx.xxx
```

xxx.xxx.xxx.xxx 代表主節點的 IP 位址，docker swarm init 命令執行成功後，會舉出一筆 join 的命令，同時附帶一個 Token。

連接主節點，如程式 18-88 所示。

▼ 程式 18-88

```
docker swarm join --token xxxxx xxx.xxx.xxx.xxx:2377
```

根據上面舉出的 Token 與主節點進行連接。

在叢集中部署應用，如程式 18-89 所示。

▼ 程式 18-89

```
docker stack deploy -c docker-compose.yml myapp
```

查看部署的應用，如程式 18-90 所示。

▼ 程式 18-90

```
docker stack services myapp
```

刪除應用，如程式 18-91 所示。

▼ 程式 18-91

```
docker stack rm myapp
```

開發人員可以使用 docker stack 命令對服務進行編排。如程式 18-92 所示，定義一個 docker-compose.yml 設定檔。

▼ 程式 18-92

```
version: '3.4'

services:
  redis:
    image: redis:alpine
    deploy:
      replicas: 6
      update_config:
        parallelism: 2
        delay: 10s
      restart_policy:
        condition: on-failure
```

由此可知，透過 replicas 屬性指定 6 個容器；update_config 屬性用於指定更新策略；parallelism 屬性指定每組更新兩個，完成之後延遲 10 秒再更新下一組；restart_policy 屬性用於指定容器重新啟動的策略；condition 是條件，表示失敗後重新啟動。

18.6.2 建構 .NET 實例

如程式 18-93 所示，更改 Index.cshtml 檔案，用於獲取不同容器實例的 IP 位址。

▼ 程式 18-93

```
@page
@model IndexModel
@{
    ViewData["Title"] = "Home page";
}


<div class="text-center">
<h1 class="display-4">
@(HttpContext.Connection.LocalIpAddress?.MapToIPv4().ToString())
</h1>
</div>
```

增加 docker-compose.yml 檔案，如程式 18-94 所示。

▼ 程式 18-94

```
version: '3.9'

services:
  web:
    image: myapp
    deploy:
      replicas: 6
      resources:
        limits:
          cpus: "0.1"
          memory: 50M
      restart_policy:
        condition: on-failure
    ports:
      - "8080:80"
```

　　叢集模式不支援建構鏡像,所以只能將建構工作分開,resources 的 limits 屬性用於對系統資源進行限制,如程式 18-94 所示,限制容器使用不超過 0.1 (10%)的 CPU 與 50MB 的記憶體。

　　如程式 18-95 所示,初始化節點。

▼ 程式 18-95

```
docker swarm init
```

　　執行 docker swarm init 命令,如圖 18-16 所示。

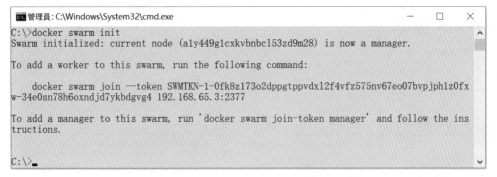

▲ 圖 18-16 執行 docker swarm init 命令

　　增加 Dockerfile 檔案,如程式 18-96 所示。

▼ 程式 18-96

```
FROM mcr.microsoft.com/dotnet/aspnet:6.0-alpine AS base
WORKDIR /app
EXPOSE 80

FROM mcr.microsoft.com/dotnet/sdk:6.0-alpine AS publish
WORKDIR /app
COPY . .

RUN dotnet publish -c Release -o output

FROM base AS final
```

```
WORKDIR /app
COPY --from=publish /app/output .
ENTRYPOINT ["dotnet", "MyApp.dll"]
```

如程式 18-97 所示,建構鏡像。

▼ 程式 18-97

```
docker build -t myapp .
```

建構鏡像,如圖 18-17 所示。

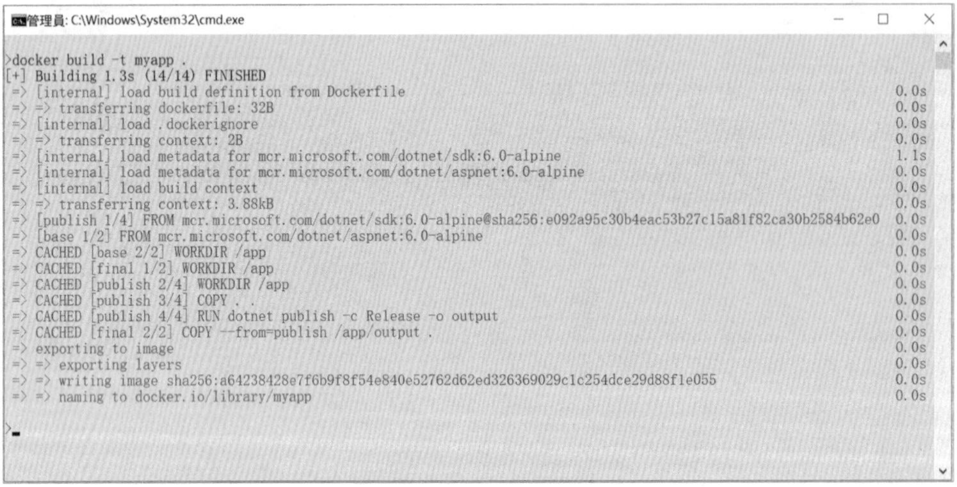

```
管理員: C:\Windows\System32\cmd.exe                                      —    □    ×

>docker build -t myapp .
[+] Building 1.3s (14/14) FINISHED
=> [internal] load build definition from Dockerfile                      0.0s
=> => transferring dockerfile: 32B                                       0.0s
=> [internal] load .dockerignore                                         0.0s
=> => transferring context: 2B                                           0.0s
=> [internal] load metadata for mcr.microsoft.com/dotnet/sdk:6.0-alpine  1.1s
=> [internal] load metadata for mcr.microsoft.com/dotnet/aspnet:6.0-alpine  0.0s
=> [internal] load build context                                         0.0s
=> => transferring context: 3.88kB                                       0.0s
=> [publish 1/4] FROM mcr.microsoft.com/dotnet/sdk:6.0-alpine@sha256:e092a95c30b4eac53b27c15a81f82ca30b2584b62e0  0.0s
=> [base 1/2] FROM mcr.microsoft.com/dotnet/aspnet:6.0-alpine            0.0s
=> CACHED [base 2/2] WORKDIR /app                                        0.0s
=> CACHED [final 1/2] WORKDIR /app                                       0.0s
=> CACHED [publish 2/4] WORKDIR /app                                     0.0s
=> CACHED [publish 3/4] COPY . .                                         0.0s
=> CACHED [publish 4/4] RUN dotnet publish -c Release -o output          0.0s
=> CACHED [final 2/2] COPY --from=publish /app/output .                  0.0s
=> exporting to image                                                    0.0s
=> => exporting layers                                                   0.0s
=> => writing image sha256:a64238428e7f6b9f8f54e840e52762d62ed326369029c1c254dce29d88f1e055  0.0s
=> => naming to docker.io/library/myapp                                  0.0s
>_
```

▲ 圖 18-17 建構鏡像

如程式 18-98 所示,執行服務。

▼ 程式 18-98

```
docker stack deploy -c docker-compose.yml myapp
Creating network myapp_default
Creating service myapp_web
```

myapp 是這個叢集的名稱。

如程式 18-99 所示，查看服務。

▼ 程式 18-99

```
docker stack services myapp
```

查看服務，如圖 18-18 所示。

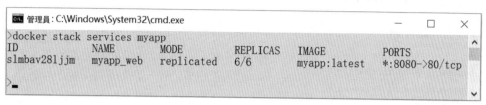

▲ 圖 18-18 查看服務

存取 Web 應用程式，如圖 18-19 所示。

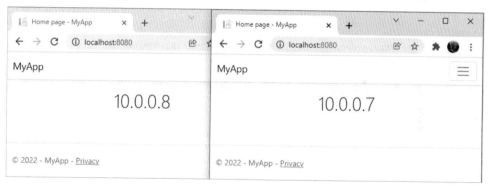

▲ 圖 18-19 存取 Web 應用程式

18.7 | Kubernetes

Kubernetes 簡稱 K8s，是一個容器叢集管理平臺，並且是開放原始碼的，可以實現容器叢集自動化部署、自動擴充 / 縮容等功能。Kubernetes 是 CNCF（Cloud Native Computing Foundation）的專案，依靠的是一個成熟的生態系統。

Kubernetes 是一個 PaaS（Platform as a Service，平臺即服務）平臺，滿足了在生產環境中執行應用的一些常見需求，如捲動更新、彈性伸縮、負載平衡、資源監控等。

18.7.1 安裝 Kubernetes

如程式 18-100 所示，關閉防火牆。

▼ 程式 18-100

```
systemctl stop firewalld
systemctl disable firewalld
```

如程式 18-101 所示，關閉 SELinux。

▼ 程式 18-101

```
setenforce 0
sed -i 's/^SELINUX=enforcing$/SELINUX=disabled/' /etc/selinux/config
```

自 Kubernetes 1.8 起，要求關閉 Swap（見程式 18-102），如果不關閉則預設導致 Kubelet 無法正常啟動。

▼ 程式 18-102

```
sudo sed -i '/swap/d' /etc/fstab
sudo swapoff -a
```

建立 k8s.conf 檔案，調整核心參數，如程式 18-103 所示。

▼ 程式 18-103

```
cat <<EOF > /etc/sysctl.d/k8s.conf
net.bridge.bridge-nf-call-ip6tables = 1
net.bridge.bridge-nf-call-iptables = 1
EOF
sysctl --system
```

如程式 18-104 所示，在節點上設定主機名稱。

▼ 程式 18-104

```
hostnamectl set-hostname <hostname>
```

如程式 18-105 所示，增加 Kubernetes 的 yum 來源。

▼ 程式 18-105

```
cat <<EOF > /etc/yum.repos.d/kubernetes.repo
[kubernetes]
name=Kubernetes
baseurl=https://packages.cloud.******.com/yum/repos/kubernetes-el7-x86_64
enabled=1
gpgcheck=1
repo_gpgcheck=1
gpgkey=https://packages.cloud.******.com/yum/doc/yum-key.gpg
https://packages.cloud.******.com/yum/doc/rpm-package-key.gpg
EOF
```

如程式 18-106 所示，安裝 Kubelet、Kubeadm 和 Kubectl。

▼ 程式 18-106

```
sudo yum install -y kubelet kubeadm kubectl
```

- Kubelet：分佈在叢集的每個節點上，是一個可以用於啟動 Pod 和容器的工具。

- Kubeadm：是一個可以用於初始化叢集和啟動叢集的命令列工具。

- Kubectl：是一個用來與叢集通訊的命令列工具。使用 Kubectl 不僅可以部署和管理應用，還可以查看各種資源，以及建立、刪除和更新各種元件。

如程式 18-107 所示，啟動 Kubelet 並設定開機啟動。

▼ 程式 18-107

```
systemctl enable kubelet
systemctl start kubelet
```

使用 systemd 來代替 cgroupfs，如程式 18-108 所示。

▼ 程式 18-108

```
$ vim /etc/docker/daemon.json

{
  "exec-opts": ["native.cgroupdriver=systemd"]
}
```

修改 Kubelet，如程式 18-109 所示。

▼ 程式 18-109

```
$ cat > /var/lib/kubelet/config.yaml <<EOF
apiVersion: kubelet.config.k8s.io/v1beta1
kind: KubeletConfiguration
cgroupDriver: systemd
EOF
```

如程式 18-110 所示，重新啟動 Docker 與 Kubelet。

▼ 程式 18-110

```
$ systemctl daemon-reload
$ systemctl restart docker
$ systemctl restart kubelet
```

如程式 18-111 所示，初始化叢集。

▼ 程式 18-111

```
$ kubeadm init --pod-network-cidr=10.244.0.0/16
```

　　Kubeadm 還會提示開發人員在第一次使用 Kubernetes 時需要設定的命令，如程式 18-112 所示，設置設定檔。

▼ 程式 18-112

```
mkdir -p $HOME/.kube
sudo cp -i /etc/kubernetes/admin.conf $HOME/.kube/config
sudo chown $(id -u):$(id -g) $HOME/.kube/config
```

　　如程式 18-113 所示，部署網路外掛程式，以 Flannel 外掛程式為例，只需要執行一筆 kubectl apply 命令即可。

▼ 程式 18-113

```
sudo kubectl apply -f          https://raw.*********.com/coreos
/flannel/master/Documentation/kube-flannel.yml
```

　　此時就可以使用 kubectl get 命令來查看當前節點的狀態，如程式 18-114 所示。

▼ 程式 18-114

```
$ kubectl get nodes
NAME        STATUS     ROLES                   AGE     VERSION
centosvm    Ready      control-plane,master    108s    v1.23.3
```

　　向叢集中增加新節點，執行在主節點上 kubeadm init 輸出的 kubeadm join 命令，如程式 18-115 所示。

▼ 程式 18-115

```
$ kubeadm join 172.18.0.5:6443 --token k50281.npyirun0yey2kb1a \
    --discovery-token-ca-cert-hash
sha256:f59523b1a7611cfd0dfab04b1573f67f3be2016f9280b01e042b2c03de80882a
```

18.7.2 安裝 Kubernetes Dashboard

下載 Kubernetes Dashboard 的 YAML 檔案，如程式 18-116 所示。

▼ 程式 18-116

```
$ wget https://raw.******.com/kubernetes/dashboard/v2.4.0/
aio/deploy/recommended.yaml
```

如程式 18-117 所示，編輯 recommended.yaml 檔案。

▼ 程式 18-117

```
kind: Service
apiVersion: v1
metadata:
  labels:
    k8s-app: kubernetes-dashboard
  name: kubernetes-dashboard
  namespace: kubernetes-dashboard
spec:
  ports:
    - port: 443
      targetPort: 8443
  selector:
    k8s-app: kubernetes-dashboard
```

如程式 18-118 所示，更改程式，採用 NodePort 方式存取 Kubernetes Dashboard，並指定一個 nodePort 屬性。

▼ 程式 18-118

```
kind: Service
apiVersion: v1
metadata:
  labels:
    k8s-app: kubernetes-dashboard
  name: kubernetes-dashboard
  namespace: kubernetes-dashboard
```

```
spec:
  type: NodePort
  ports:
    - port: 443
      targetPort: 8443
      nodePort: 30002
  selector:
    k8s-app: kubernetes-dashboard
```

如程式 18-119 所示，使用 kubectl apply 命令部署 Dashboard。

▼ 程式 18-119

```
$ kubectl apply -f recommended.yaml
namespace/kubernetes-dashboard unchanged
serviceaccount/kubernetes-dashboard unchanged
service/kubernetes-dashboard configured
secret/kubernetes-dashboard-certs unchanged
secret/kubernetes-dashboard-csrf unchanged
secret/kubernetes-dashboard-key-holder unchanged
configmap/kubernetes-dashboard-settings unchanged
role.rbac.authorization.k8s.io/kubernetes-dashboard unchanged
clusterrole.rbac.authorization.k8s.io/kubernetes-dashboard unchanged
rolebinding.rbac.authorization.k8s.io/kubernetes-dashboard unchanged
clusterrolebinding.rbac.authorization.k8s.io/kubernetes-dashboard unchanged
deployment.apps/kubernetes-dashboard unchanged
service/dashboard-metrics-scraper unchanged
deployment.apps/dashboard-metrics-scraper unchanged
```

建立一個名為 dashboard-adminuser.yaml 的檔案，如程式 18-120 所示，
建立一個 Dashboard 使用者來登入。

▼ 程式 18-120

```
apiVersion: v1
kind: ServiceAccount
metadata:
  name: admin-user
  namespace: kubernetes-dashboard
```

```
---
apiVersion: rbac.authorization.k8s.io/v1
kind: ClusterRoleBinding
metadata:
  name: admin-user
roleRef:
  apiGroup: rbac.authorization.k8s.io
  kind: ClusterRole
  name: cluster-admin
subjects:
- kind: ServiceAccount
  name: admin-user
  namespace: kubernetes-dashboard
```

使用 kubectl apply 命令應用設定檔建立使用者，如程式 18-121 所示。

▼ 程式 18-121

```
kubectl apply -f dashboard-adminuser.yaml
```

如程式 18-122 所示，獲取使用者的 token 資訊用於登入。

▼ 程式 18-122

```
$ kubectl describe secrets -n kubernetes-dashboard admin-user
Name:          admin-user-token-rnbkf
Namespace:     kubernetes-dashboard
Labels:        <none>
Annotations:   kubernetes.io/service-account.name: admin-user
               kubernetes.io/service-account.uid: 49ca275a-b5d4-4456-b4d7-46ac9b1561da


Type:  kubernetes.io/service-account-token

Data
====
ca.crt:      1099 bytes
namespace:   20 bytes
token:
```

eyJhbGciOiJSUzI1NiIsImtpZCI6IjBCNFpWaXZoOGRIS3VrSWg4a01qR21kZHlsb1lWNE1LUDY0bzA4NjR1S
VUifQ.eyJpc3MiOiJrdWJlcm5ldGVzL3NlcnZpY2VhY2NvdW50Iiwia3ViZXJuZXRlcy5pby9zZXJ2aWNlYWN
jb3VudC9uYW1lc3BhY2UiOiJrdWJlcm5ldGVzLWRhc2hib2FyZCIsImt1YmVybmV0ZXMuaW8vc2VydmljZWFj
Y291bnQvc2VjcmV0Lm5hbWUiOiJhZG1pbi11c2VyLXRva2VuLXJuYmtmIiwia3ViZXJuZXRlcy5pby9zZXJ2a
WNlYWNjb3VudC9zZXJ2aWNlYWNjb3VudC5uYW1lIjoiYWRtaW4tdXNlciIsImt1YmVybmV0ZXMuaW8vc2Vydm
ljZWFjY291bnQvc2VydmljZWFjY291bnQudWlkIjoiI0OWNhMjc1YS1iNWQ0LTQ0NTYtYjRkNy00NmFjjOWI
xNTYxZGEiLCJzdWIiOiJzeXN0ZW06c2VydmljZWFjY291bnQ6a3ViZXJuZXRlcy1kYXNoNoYm9hcmQ6YWRtaW4t
dXNlciJ9.N4rW8bb7Bu_BKR40-cpd2sYKcSuG8SanmreKvjU855lEhKNkEkdTyjBeWhIj2hWYq6d_vSRwh_Ab
ttyvTy9nvBU4WvyLjlphTk7T1SNU85QjxQiu0yNl_niQOXkbpNUV4Jskh5639YlCagRzTO2qiu35vTIWpW4kL
qdvrphlKR2zkx2wO8Ilpj9LlglEERKLlkHbD1TIwjveL7Msnaq1fbXOMafHZaOAoZORdr8vFNpYba8uOk8CzT
Jts5gTVeCZABzjZXmap9i3pM9T64l-0T1sigx_O0uCAIpcZZvwAvcC4U0nELZiOtmvS_BiWRcuzxF5SuRFfb_
Whv5fkXkj6g

如圖 18-20 所示，透過 Kubernetes Dashboard Token 登入。

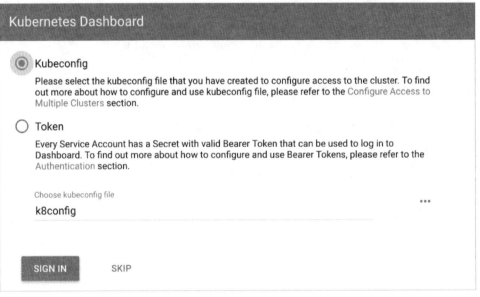

▲ 圖 18-20　透過 Kubernetes Dashboard Token 登入

18 部署

圖 18-21 所示為 Kubernetes Dashboard 首頁。

▲ 圖 18-21 Kubernetes Dashboard 首

18.7.3 部署 .NET 應用

建立一個 Kubernetes Deployment 物件來執行一個應用，可以在 YAML 檔案中描述 Deployment。如程式 18-123 所示，YAML 檔案使用了 DockerHub 倉庫中的 hueifeng/aspnetapp Docker 鏡像。

▼ 程式 18-123

```
apiVersion: apps/v1
kind: Deployment
metadata:
  name: myapp-deployment
spec:
  selector:
    matchLabels:
      app: myapp
  replicas: 2
  template:
    metadata:
```

18-52

```
    labels:
      app: myapp
  spec:
    containers:
    - name: myapp
      image: hueifeng/aspnetapp
      resources:
        requests:
          memory: "32Mi"
          cpu: "100m"
        limits:
          memory: "128Mi"
          cpu: "500m"
      ports:
      - containerPort: 80
```

如果想要一個單節點的 Kubernetes，則刪除這個 Taint 才是正確的選擇，如程式 18-124 所示。

▼ 程式 18-124

```
kubectl taint nodes --all node-role.kubernetes.io/master-
```

如程式 18-125 所示，使用 kubectl create 命令建立一個 Pod。

▼ 程式 18-125

```
$ kubectl create -f myapp-deployment.yaml
deployment.apps/myapp-deployment created
```

使用 kubectl get 命令檢查執行這個 YAML 檔案的狀態是否與預期的一致，如程式 18-126 所示。

▼ 程式 18-126

```
$ kubectl get pods -l app=myapp
NAME                                 READY   STATUS    RESTARTS   AGE
myapp-deployment-7c64869cbf-bdc76    1/1     Running   0          5m
myapp-deployment-7c64869cbf-crpm7    1/1     Running   0          5m
```

可以使用 kubectl describe 命令查看一個 API 物件的細節，如程式 18-127 所示。

▼ 程式 18-127

```
$ kubectl describe pods myapp-deployment-7c64869cbf-bdc76
Name:          myapp-deployment-7c64869cbf-bdc76
Namespace:     default
Priority:      0
Node:          centosvm/172.18.0.5
Start Time:    Thu, 27 Jan 2022 13:59:33 +0000
Labels:        app=myapp
               pod-template-hash=7c64869cbf
Annotations:   <none>
Status:        Running
IP:            10.244.0.7
IPs:
  IP:          10.244.0.7
Controlled By:  ReplicaSet/myapp-deployment-7c64869cbf
...
Events:
  Type    Reason     Age    From             Message
  ----    ------     ----   ----             -------
  Normal  Scheduled  100s   default-scheduler  Successfully assigned default/myapp-
deployment-7c64869cbf-bdc76 to centosvm
  Normal  Pulling    99s    kubelet          Pulling image "hueifeng/aspnetapp"
  Normal  Pulled     57s    kubelet          Successfully pulled image "hueifeng/
aspnetapp" in 41.747279s
  Normal  Created    57s    kubelet          Created container myapp
  Normal  Started    57s    kubelet          Started container myapp
```

在使用 kubectl describe 命令傳回的結果中，可以清楚地看到這個 Pod 的詳細資訊，如它的 IP 位址等。另外一個值得特別關注的部分就是 Events。

使用 kubectl exec 命令可以進入這個 Pod，如程式 18-128 所示。

▼ 程式 18-128

```
$ kubectl exec -it myapp-deployment-7c64869cbf-bdc76 -- /bin/sh
```

如果需要從 Kubernetes 叢集中刪除整個 MyApp Deployment，則可以直接透過命令執行，如程式 18-129 所示。

▼ 程式 18-129

```
$ kubectl delete -f myapp-deployment.yaml
```

18.7.4 公佈應用程式

如程式 18-130 所示，定義 Service 服務。

▼ 程式 18-130

```
apiVersion: v1
kind: Service
metadata:
  name: myapp-service
spec:
  type: NodePort
  selector:
    app: myapp
  ports:
  - port: 80
    nodePort: 30010
    protocol: TCP
    targetPort: 80
```

如程式 18-131 所示，透過 kubectl create 命令，以 YAML 檔案為基礎建立一個 Service 服務。

▼ 程式 18-131

```
$ kubectl create -f myapp-service.yaml
```

如程式 18-132 所示，透過 Service 服務的 IP 位址 10.111.168.204，就可以存取它所代理的 Pod。

▼ 程式 18-132

```
$ kubectl get svc myapp-service
NAME               TYPE       CLUSTER-IP       EXTERNAL-IP   PORT(S)        AGE
myapp-service      NodePort   10.111.168.204    <none>       80:30010/TCP   8m3s
```

NodePort，顧名思義，在所有的節點上開放指定的通訊埠，接下來就可以透過 http://ip:30010 查看網站。圖 18-22 所示為使用 Kubernetes 部署的網站。

▲ 圖 18-22 使用 Kubernetes 部署的網站

18.8 小結

本章介紹了 .NET 跨平臺部署和容器化部署。透過本章的學習，讀者可以將 .NET 應用程式上雲端。在雲端原生時代，避免不了的是上容器雲端。本章以 Docker 這個容器工具為基礎詳細説明，利用 Docker 可以讓應用程式快速部署容器雲端，同時利用 Docker Compose 進行容器的編排，而利用 Docker Swarm 管理 Docker 叢集可以將 Docker 打造為一個容器雲端平台。在 18.7 節中，筆者以 Kubernetes 為例，介紹從 Kubernetes 的安裝到 Kubernetes Dashboard 視覺化介面的安裝，以及將應用程式部署到 Kubernetes 中，使其具備對外存取的能力。讀者閱讀完本章後，基本上就可以掌握應用程式快速邁向容器雲端的使用。

MEMO

MEMO

MEMO

MEMO

深智數位
股份有限公司